气候变化经济过程的复杂性丛书

全球治理：气候治理政策模拟及系统研发

吴乐英　刘昌新　王　铮　著

国家重点研发计划 2016YFA0602702　　资助

科学出版社
北　京

内 容 简 介

本书以EMRICES为例，介绍了气候变化经济学集成评估模型的建模原理，可计算一般均衡模型开发技术和EMRICES作为IAM的大量应用分析，预测了未来气候变化经济影响的发展趋势，研究了人类共同应对气候变化的治理政策。全球围绕一个模型展开，具有写作理论清晰，模型简明和应用明确的特点，适合气候变化研究人员、地球科学建模人员参考，也可以作为高年级大学生和研究生的学习教材。

图书在版编目（CIP）数据

全球治理：气候治理政策模拟及系统研发/吴乐英，刘昌新，王铮著. —北京：科学出版社，2019.3

（气候变化经济过程的复杂性丛书）

ISBN 978-7-03-060542-9

I. ①全… II. ①吴… ②刘… ③王… III. ①气候变化–治理–国际合作–研究 IV. ①P467

中国版本图书馆CIP数据核字(2019)第028463号

责任编辑：万 峰 朱海燕 / 责任校对：何艳萍
责任印制：吴兆东 / 封面设计：北京图阅盛世文化传媒有限公司

科 学 出 版 社 出版
北京东黄城根北街16号
邮政编码：100717
http://www.sciencep.com

北京虎彩文化传播有限公司 印刷

科学出版社发行 各地新华书店经销

*

2019年3月第 一 版 开本：787×1092 1/16
2020年3月第二次印刷 印张：11 1/2
字数：254 000

定价：108.00元

(如有印装质量问题，我社负责调换)

《气候变化经济过程的复杂性丛书》序

气候变化经济学是新近20 年才被认识的学科，它是自然科学与社会科学结合的产物，旨在评估气候变化和人类应对气候变化行为的经济影响与经济效益，并且涉及经济伦理问题。由于它是一个交叉科学，气候变化经济学面临很多复杂问题。这种复杂问题，许多可以追踪到气候问题、经济问题的复杂性。这是一个艰难的任务，是一个人类面临的科学挑战，鉴于这种情况，科技部启动了国家重大基础研究计划（973）项目：气候变化经济过程的复杂性机制、新型集成评估模型簇与政策模拟平台研发（No.2012CB955800），我们很幸运接受了这一任务。本丛书就是它的序列成果。

在这个项目研究中，我们围绕国际上应对气候变化和气候保护的政策问题，展开气候变化经济学的复杂性研究，气候保护的国际策略与比较研究，气候变化与适应的全球性经济地理演变研究，中国应对气候变化的政策需求与管治模式研究。项目在基础科学层次研究气候变化与保护评估的基础模型，气候变化与保护的基本经济理论、伦理学原则、经济地理学问题，在技术层面完成气候变化应对的管治问题以及气候变化与保护的集成评估平台研究与开发，试图解决从基础科学到技术开发的一系列气候变化经济学的科学问题。

由于是正在研究的前沿性课题，所以本序列丛书将连续发布，并且注重基础科学问题与中国实际问题的结合，作为本丛书主编，我希望本丛书对气候变化经济学的基础理论和研究方法有明显的科学贡献，而不是一些研究报告汇编。我也盼望着本书在政策模拟的方法论研究、人地关系协调的理论研究方面有所贡献。

我有信心完成这一任务的基础是，我们的项目组包含了第一流的有责任心的科学家，还包揽了大量勤奋的、有聪明才智的博士后和研究生。

王　铮
气候变化经济过程的复杂性机制、新型集成评估模型簇
与政策模拟平台研发首席科学家
2014 年9 月18 日

前　言

气候变化是 20 世纪末期以来最大的全球性环境灾害，人类社会因此提出了气候变化经济学的全球应对和全球治理问题。治理的基础是对气候变化及其应对的后果做出评估，系统评估是系统治理的基础，因此国际上以 Nordhaus 为代表的科学家或学者，发展了一系列气候变化经济学集成评估模型，以开展气候变化及其治理的经济影响评估。为了完成这个评估，模型必须是集成的，这里的集成一词，英文原文是 integrated，包含了合成一体、融合、整合和综合的含义，不仅是一般意义的综合。气候经济学的集成评估模型（integrated assessment model），集成气候系统模型、经济系统模型和社会治理模型为一体。发展这样的集成评估模型是我们课题组长期的一种努力。

我们课题组最初发展的 IAM 是基于 Nordhaus 和杨自力的 RICE 原型的，据我所知，许多 IAM 模型是这样的。这个模型有两个基本特点，集成了全球气候系统和经济系统，计算涉及的区域是全球性的。在我们的研究中，发现最初的多个国家形成的全球经济体，经济过程是相互独立的，国家与国家之间经济没有相互影响，这显然是违背全球经济现实的；其次，在技术进步推动下，经济增长是内生的，各个经济体由于经济增长扩展了自己的经济实力，也有可能通过技术进步来降低自己的排放水平，至少，2008 年当年，Nordhaus 的模型还没有将技术进步内生化，这对于描述中国、印度这种发展中国家的碳排放是不公平的，也是不科学的。因此必须改变现有的气候变化经济学集成模型，增加系统的国际经济合作和内生技术进步的作用。

这里的模型是我们课题组一系列探索的结果，MRICES，这里的 M 强调模型包含的是一个相互作用的多元因素（包含内生技术进步的模型）系统，M 还有一个意义，就是它是我们发展系列的一环，最初我们使用 LRICE 命名我们的系统，不是他具有“干中学”的内生特点，也强调它是从 RICE 学习的。MRICES 是 LRICE 之后又意味着后续发展的中间性产物，是新型的（new）模型系统的重心所在，即是个新型的改进的 RICE 系统核心，由于这个模型后续发展的主要作者王铮、吴静、张帅和黎华群都是华东师范大学的教师或学生，这模型被我们命名为含有 MRICES 改进的 NRICES，这里的 N，有新版的意义，也有华东师大（Normal University）版的意义。2012 年，在我们完成将 MRICE 发展为 NRICE（发表于《科学通报》）后，我们发现，世界经济正在复杂化，一方面是世界经济正在一体化，这意味着一个全球经济强耦合的世界正在形成，另一方面当时出现了一些反一体化迹象，以至于有了“美国优先”的口号，因此我划分我们课题组为两个，一个是以世界经济一体化现象为对象的模型，以顾高翔为核心，吴静、龚轶参加的小组，最终建立了 CINXIA 集成评估系统。另一个是以刘昌新为核心，黄蕊、吴乐英共同研究的 EMRICES（E 代表着增强，增强的 MRICES）。根据主要研究人员所在单位，我称 CINXIA 是我们的中科院版评估系统，EMRICES 为华东师大版评估系统（当然，也不尽然，如刘昌新是中科院的青年研究人员，顾高翔毕业后回了华东师范大学），CINXIA 考虑了世界资本市场是流动的、一体化的，EMRICE 强调世界经济是“各顾各”的自己国家优先，各国首先谋求各自本国经济平衡和增长。联系前者的是全球经济一体化，全球资本市场投资接近最优流动。在后者的模型中，全球经济是依靠各国 GDP 溢出联系在一起的，蒙代尔-费律明关系刻画了这种关系。因为无论世界经济是否一体化，国际经济活动总是耦合在一起的，事实上提出 GDP 溢出概念的蒙代尔是欧洲一体化的积极推进者。因此在技术上这个模型首先在 CGE 框架下计算各经济体的一般均衡，然后基于 CGE 的计算结果，用 GDP 溢出机制将世界经济联系在一起，至于全球经济是否达到一般均衡，在类似“美国优先”的各国“各顾各”的平衡行为下，模型未予考虑。这就彰显了我们出版了 CINXIA 模型后出版本模型的意义，因为它显得更符合特朗普政策冲击下的当前世界经济。关于模型的这种特点，学者们在应用时应该注意。

在本书中，作者基于全球经济逆一体化的现实，研究了全球国家“合作”应对气候变化的全球治理模式，探讨了新的世界经济现实下，减排二氧化碳，保护气候的情景。我们正在努力将这个模型最终与北京师范大学研究的地球系统动力学模型耦合在一起，新的模型可以称为两个师范大学合作的成果，NN 版 IAM 系统。从 20 世纪中国建立的第一批大学，几乎都是“师范大学”，师范大学在中国创新活动中，已经成为一支强有力的研发力量。希望这个“NN”牌模型能对中国乃至于全球气候变化治理有科学的参考价值。

本书，吴乐英是主要作者，刘昌新是重要作者，因为他带着吴乐英编写了基本的程序和代码，虽然他们借助了吴静、张帅、黎华群、龚轶早期的一些工作，计算模型的相容性是天津财经大学张书华、严明证明的，特此鸣谢。我仅仅是这项工作的模型提出者和组织者而已，如果有什么模型错误，责任在我。

本书的最后完成与出版得到了我们先后承担的科技部重点研发项目的支持，也得到了河南大学学科建设经费的支持。

目　录

第1章　引　　论

1.1　全球气候治理的两种解决模式

气候变化问题是最近几十年来全球的重要议题，对全球的社会经济发展和政治造成巨大的影响。气候变化涉及经济、生态、气候、政治甚至社会公平伦理等问题，是一个非常庞杂的难题，应对气候变化需要全球的共同参与。《联合国气候变化框架公约》（*United Nations Framework Convention on Climate Change*，UNFCCC）对气候变化的定义是：在可比较的时期内观察到的，除了自然气候变异之外，由人类活动直接或间接造成的全球大气构成的改变（UNFCC，1992）。当前，全球气候变化与气候保护的经济学问题已经成为最为广泛讨论的热点问题之一，也是最具挑战性的问题（Gardiner and Hartzell-Nichols，2012）。

为了应对气候变化，需要全球共同的行动，这种情况下全球经济是否一体化是十分重要的。目前关于全球共同的行动有两个层面的研究方向。第一，研究各国各自采取减排措施所带来的影响，减排必然使得各国经济受到冲击，由于各国经济间的相互联系，单个国家经济的调整或冲击必然对全球经济带来冲击，从而需要全球经济调整。即全球经济紧密联系且趋向一般均衡，为此，需要全球经济紧密联系的模型（Wang et al.，2016c）以研究全球治理问题。第二，共同行动则意味着需要一体的经济治理，然而当前世界经济的发展出现了逆全球化现象，如英国脱欧、特朗普当选，重新赋权于地方和国家层面的思潮开始出现，在最近的G20会议中，各国在贸易问题上出现了“倒退”，气候承诺协议被放弃[①]，各国经济自治，经济发展采用类似于特朗普的“美国优先”的世界经济“各顾各”的发展模式。在这种情况下，全球气候治理会怎么样呢？这是我们需要回答的最新问题。

1.1.1　气候变化与合作应对的发展历程

全球变暖自19世纪中期开始出现（Mann et al.，2009；Screen and Simmonds，2010），全球平均温度自1850年以来上升了约0.8℃（Solomon et al.，2007），大气中CO_2的浓度从1832年的284ppm[②]上升到2013年的397ppm，正是这些温室气体浓度的上升导致了气候变暖（Wheeler and Von Braun，2013）。在气候变暖的原因分析方面，人类对化工燃料的使用被认为是重要因素（Stern，2007）。全球变暖不仅会导致温度的升高、极端天气的出现、极地的融化、海平面的上升，还会导致夏季亚热带季风气候区的降雨增加，

---

① 第一财经日报. G20 公告出炉：删反贸易保护主义内容 弃气候协定. http://news.ifeng.com/a/20170319/50795940_0.shtml 2017/03/19

② 1 ppm=10^{-6}。

而非洲的北部和南部会越来越干旱（Solomon et al.，2007）。气候变化将会加重原来已经有食品缺乏国家的情况，导致更多的饥荒，且随着时间的推移可能变得更加严重；极端天气的出现也会导致那些对环境变化敏感性较高的地区人民遭受极大的损失（Wheeler and Von Braun，2013）。气候变暖将会给人体健康带来不利影响，导致极端天气的出现、污染物和传染病的增加，连续高热的温度导致工人生产力的下降，从而引起经济下降（Patz et al.，2014）。如果全球气候变化的趋势不改变，那么气候变化造成的经济损失将远远超出人们的预期；到 21 世纪末，全球经济将会受到更加严重的损失，77%的国家贫困程度会增加；与没有气候变化的情况相比，全球人均 GDP 将减少 23%，且中国受气候变化的影响更是超过了这一平均水平（Marshall et al.，2015）。

鉴于气候变化所带来的诸多负面影响，世界各国必须开始采取行动来应对气候变化。而温度变化又与 CO_2 浓度几乎为线性相关（Allen et al.，2009；Matthews et al.，2009；Meinshausen et al.，2009），因此面对当前全球变暖的现实，减少人类活动过程中温室气体的排放是最直接的减缓措施（刘昌新，2013）。由于温室气体容量是全球公共财富，因此，对气候变化的控制迫切需要所有国家的共同努力，以减少气候变化问题的负外部性（Held et al.，2011），即全社会因温室气体排放所带来的危害而增加的成本。这就意味着减轻气候变化需要展开全球气候治理。全球气候治理是伴随着全球治理体系的不断演进和发展而建立、完善和运转起来的，反映了全球治理体系的变迁，是全球治理的一个有机组成部分。全球气候治理涉及经济学、社会学、自然科学等学科，是一个具有广泛性特点的新兴领域，与国家公共管理系统、商业部门、非政府组织及居民个体相联系（吴静等，2016）。全球气候治理涉及一系列的制度、政策和程序，主要包括：通过碳减排减缓气候变化、通过适应机制减少气候变化的负面影响、建立应对气候变化的制度机制（Tilley，2015；Burke et al.，2016）。

世界气象组织（World Meteorological Organization，WMO）和联合国环境规划署（United Nations Environment Programme，UNEP）在 1988 年共同建立的政府间气候变化专门委员会（Intergovernmental Panel on Climate Change，IPCC），主要从事全球范围内的气候变化及其影响、减缓和适应气候变化措施的评估。IPCC 第二次评估报告中对气候变化的科学问题、气候变化产生的影响及减缓气候变化对策的阐释，为《京都议定书》的谈判提供了依据（丁一汇，1997）。截至 2016 年 6 月，IPCC 已经发布了第五次评估报告，并确定了第六次评估报告的主题，这一系列的报告不仅为国际社会认识和了解气候变化的相关问题提供了主要的科学依据，也影响了气候变化的国际谈判进程。

在 1992 年召开的联合国环境与发展大会上，全世界达成共识——实现可持续发展战略，签订了全球可持续发展战略文件《21 世纪议程》和防范全球气候变暖的《联合国气候变化框架公约》（简称《公约》）。《公约》将缔约国区分为附件一国家（发达国家和经济转型国家）和非附件一国家（发展中国家），各个国家或地区基于经济、能源、环境等方面的差别，承担“共同”但“不同”的减排责任，最终目的为“将大气中温室气体的浓度稳定在防止气候系统受到危险的人为干扰的水平上”。《公约》的作用在于其明确了各个国家承担“共同但有区别的减排责任”，但对于温室气体的减排目标只是一般性地确立，未能明确给出发达国家具体的减排目标，导致无法在政策上落实减排责任，各国间还需要进一步协商以确定减排责任。

1997年在《联合国气候变化框架公约》第三次缔约方大会上通过的《京都议定书》在碳减排方面具有重要作用，开创了在气候变化问题上采取全球共同行动的先河，是国际气候谈判的重要里程碑。《京都议定书》明确规定附件一国家在第一承诺期（2008~2012年）的温室气体排放量比1990年减少5.2%，而对于发展中国家则没有规定减排义务。同时，《京都议定书》中引入清洁发展机制（clean development mechanism，CDM）、排放贸易（emissions trading，CT）和联合履约（joint implementation，JI），允许发达国家采用更为灵活的方式实现碳减排。《京都议定书》的确推动了全球气候变化的进程，但未能解决如何进一步加强《公约》下各国承诺的减排力度这一关键性的问题。另外，2001年美国的退出使得《京都议定书》的生效条件无法满足，直到2004年11月俄罗斯的加入才为其实施扫清了障碍。总体来看，国际合作在《京都议定书》谈判阶段受阻，国际社会在气候变化问题上的热情遭受打击，应对气候变化的全球合作进程陷入低谷。

进入21世纪以后，全球大部分国家对减缓全球变暖、减少温室气体排放等问题，持有更加务实的态度，关注的重点集中在各国承诺的具体减排目标和国际合作减排方面。各缔约方经过多次谈判协商之后，55个国家于2009年在哥本哈根世界气候大会后提出《哥本哈根协议》。该协议基本反映了缔约国的共识，但由于发达国家与发展中国家在温室气体减排责任、资金支持和监督机制等议题上存在较多分歧，该会议并未取得实质性进展。在2010年的坎昆世界气候大会上，各国在全球升温2℃以内的长期目标、“共同但有区别的责任”原则、资金支持目标、技术机制安排等问题上顺利达成共识（王勤花，2010）。坎昆会议逐渐提升了发达国家与发展中国家在全球气候治理问题上的互信度，但仍未对2012年后全球温室气体如何排放这一核心问题提出解决方案，也未能给出发达国家每年向发展中国家提供1000亿美元的“绿色气候基金”的筹集方案（马晓哲，2016）。“绿色气候基金”在2012年的德班世界气候大会上正式启动，但对于发达国家向发展中国家进行基金援助而言，仍然没有具体的数额和明确的机制来确保援助进行，发达国家在出资责任的分担方面存在严重的分歧和推诿。2015年12月，《公约》第二十一次缔约方大会所通过的《巴黎协定》，对2020年后全球应对气候变化的行动作出安排。在制定《巴黎协定》的历程中，中国政府强调“万物各得其和以生，各得其养以成”的基于中国经典哲学的气候伦理原则，引导各方同意将全球平均气温升幅与前工业化时期相比控制在2℃以内，并争取把温度升幅限定在1.5℃之内，以降低气候变化的风险的气候目标。协定规定发达国家继续带头减排，并协助发展中国家，在减缓气候变化和适应气候变化两方面提供资金资源，将“2020年后每年提供1000亿美元帮助发展中国家应对气候变化”作为底线，提出各方最迟应在2025年前提出新的资金资助目标；各方以“自主贡献”的方式参与全球应对气候变化行动，同时负有“共同但有区别的责任”，从而开启了全球气候合作治理的时代。截至2016年6月，大约有190个国家或地区按照自主原则，提出了适合各自地区的中短期减排目标及可能采取的方式，并正式提交了“国家自主贡献（Intended Nationally Determined Contributions，INDCs）预案”。已提交INDCs的这些国家或地区2012年由能源使用带来的CO_2排放比例超过了全球总CO_2排放量的98%，表明全球气候保护合作已经开始步入具体实施的阶段。巴黎大会取得了实质性的成果，尽管仍有问题需要进一步解决和完善，但使全球气候治理的进程往前迈进了一大步，成为全球气候治理的新起点。

整体来看，气候保护中多国合作的手段在温室气体减排中起着至关重要的作用，一系列气候保护和减排协议的签订量化了温室气体减排目标，推进了气候变化全球治理的进程（IPCC，2014）。但是，各国对减排的目标和责任目前仍然存在较大的分歧，尤其是发达国家和发展中国家之间的责任划分，成为各方争论的焦点（Hedegaard，2011），这些分歧在一定程度上阻碍了气候变化全球治理的进程，特别是 2017 年美国政府提出退出《巴黎协定》，导致了应对气候变化的倒退。美国的特朗普政府退出《巴黎协定》的理由是担心减排对美国经济的影响。的确，减排政策的实施必然会对执行国的经济造成影响，而这种经济影响存在着不确定性，进而使各国对经济损失分摊和经济利益分配的问题更为敏感，因此当前需要研究减排对经济影响有多大。对于退出减排，复杂的问题是特朗普政府推行的逆全球化政策。因此评价经济影响需要分别分析全球经济一体化的各国减排影响和全球经济体各自自主运行的影响。目前对全球经济一体化条件下减排的影响，已经有顾高翔（2014）、马晓哲（2016）进行的研究工作，当前需要的是研究在经济自治体自治情况下各国减排的影响和合作减排的可能性；针对这种可能性，刘昌新等（2016）发现在博弈论的理论下，全球减排合作存在一个帕累托改进的合作减排方案，说明合作减排有意义。本书就是要研究这种经济自治条件下的诸多问题。

1.1.2　全球气候治理与地理计算

气候问题需要全球各国共同合作进行解决，而全球范围内的治理需要从地理计算的角度进行。地理计算是计算机科学与地理学结合的一个重要分支，是地理信息科学的核心内容之一（王铮等，2007b），其考虑到计算对象的地理背景，并考虑由于地理差异产生的经济的、政治的、地理学的差别。

在 20 世纪 60 年代，随着计量革命的兴起，计算机方法被逐渐用于解决传统地理学研究方法无法解决的问题，其主要表现为不断将多元统计和数据挖掘等方法用于分析全球经济治理问题（Macmillan，1997）。考虑到经济系统的复杂性、动态演化性等，基于多元统计分析建立的经济地理模型多为经验模型而非解释模型，并不能从机制上及时空角度上探讨多区域经济增长的空间进化过程，进而也难以阐述全球气候治理问题中的经济治理。随后，GIS 逐渐被用来解释区域经济增长现象和经典地理问题（Openshaw，2000）。在一定程度上使得多区域经济发展的空间可视化得到了强化，但其在区域经济治理问题的数据模型和分析原理上仍存在不足，并不能较好地满足地理问题的分析（Gahegan，2002），通过 GIS 系统甚至难以解决早期采用统计模型所能解决的经济地理问题。90 年代，基于计算机技术解决复杂经济空间过程问题的地理计算方法逐渐兴起，由于其在解释复杂区域经济增长过程、地理空间发展等问题上具有显著优势，因此其一经推出并得到了广泛应用。GeoComputation（地理计算）出现于 90 年代，是采用计算机来解决复杂空间问题的一门艺术和科学，其在技术手段上并不强调 GIS 的运用（李山，2006）。地理计算根据操作数和运算类型大致可以分为以下 4 类（王铮，2011）：①利用非空间运算来解决非空间问题；②利用非空间运算来解决空间问题；③利用空间运算来解决非空间问题和④利用空间运算来解决空间问题。而 Gahegan（2002）认为当下地理计算中需要解决的问题大致有以下 5 种：①将地理“领域知识”变成工具以提高性能和可信度；②设计合适的地理算子进行数据挖掘和知识发现；③发展能够计算跨越时空尺度的鲁棒的聚类算法；④针对目前软硬件还无法解决的复杂地理问题，提出可计算方法；⑤将地理现象可视化，提供虚拟现实范式，帮助人们探索、理解地理现象，交流地理知识。国内对地理计算的重视始于 2000 年左右，陈述彭（2001）提出地理科学优先发展的领域是地理信息系统环境下的空间分析和地理概念的计算机实现。在第 169 次香山会议“社会信息化与人地关系”提出人地系统新模式从单纯的人-机或人-地关系发展成复杂的天-地-人-机关系模式。而要反映这种复杂的关系，必须进行可计算模型研究。因此我们认为，地理计算是数量地理学和地理信息科学的结合，包含在地理学领域中的基于数学模型的数学计算、基于概念模型的非数学计算、基于知识的推断、可视化等内容。

从当前的研究来看，GIS 应用系统大量存在，但是缺乏相应的地理模型，而可计算的地理模型则更是少之又少。当下地理学界对 GIS 的认识也正在发生着从地理信息系统到地理信息科学的转变，而地理计算正是其核心所在。大数据和计算机等信息化技术方法的快速发展也给全球气候治理研究带来革命性变革。信息技术化发展，并不仅仅是数字化或者电子化办公等，而是面对众多社会经济数据，通过演绎与归纳等方式将全球治理问题构建可计算化模型（Cheng et al.，2012）。因此，本书将全球气候治理研究问题建立数学模型并实现可计算化，以保持全球气候治理研究理论与方法的先进性。

1.1.3　当前世界的碳排放形势

从世界银行公布的数据可知，全球的碳排放量在 1960~2013 年处于不断上升的趋势（图 1.1）。从区域上来看，目前全球碳排放的分布仍然处于不均衡状态，大量的碳排放集中在少数的国家或区域，全世界碳排放量最多的十个国家［欧洲联盟（简称欧盟）被视为一个国家］的碳排放量占到总碳排放量的 70%（IPCC，2014）。可以看出，除了 2008~2009 年各国碳排放量上升速度有所下降外，其他年份各国家或地区的碳排放均处于增加状态。总体而言，中国的碳排放量增长速度最快，从 2000 年的 0.93GtC 上升到 2013 年的 2.80GtC，增加了约 2 倍。印度的碳排放量从 2000 年的 0.28GtC 上升到 2013 年的 0.55GtC，增加了约 1 倍。中等偏上收入国家、中等偏下收入国家和低收入国家的增长速度比较近似，美国、欧盟的碳排放量在后期呈现出下降趋势。日本的碳排放量在 2005~2009 年有所下降，从 2010 年开始回升，但整体增加速度不高。考虑到人均碳排放量，在 2013 年，美国的人均碳排放量为 4.46tC，在所有国家中排名第一。而中国等发展中国家由于较大的人口基数，虽然拥有较高的碳排放量，其人均碳排放量明显低于美国和日本等发达国家。正是由于各国的碳排放和人均碳排放排名顺序不一致，如何确定不同类型国家的减排责任成为气候谈判中各国争论的焦点。

在图 1.1 中，我们可以看到俄罗斯的碳排放处于底端，这是最近几年俄罗斯在经济上被隔离，经济得不到增长导致的。这似乎表现出经济逆全球化，可能导致经济衰退和气候状况改善。但这是一个复杂的问题，需要进行模拟研究。

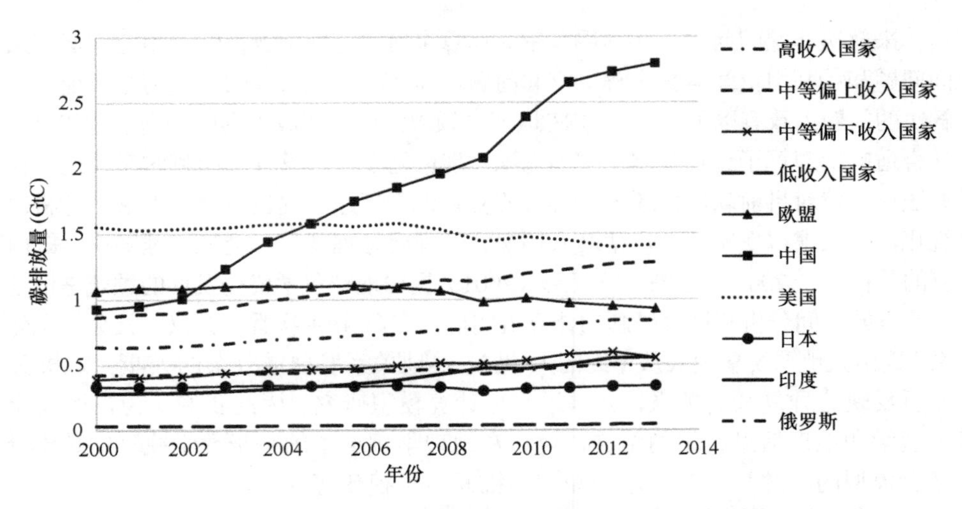

图 1.1　2000~2013 年世界各个国家或地区的碳排放量（彩图扫描封底二维码获取）

考虑各个国家或地区的碳排放强度，即二氧化碳排放量与同期 GDP 之间的比值，如图 1.2 所示。中国、俄罗斯、印度、中等偏上收入国家、中等偏下收入国家、低收入国家的碳排放强度较高，均表现出下降趋势，其中中国和俄罗斯的数据有较明显的波动，仍有较大的下降空间。美国、日本、欧盟、高收入国家的碳排放强度则相对较低，且没有太大起伏。从碳排放强度的发展情况来看，生产技术较为低碳的发达国家的碳排放强度明显小于发展中国家的碳排放强度，表明发达国家对发展中国家提供减排所需的技术和资金，对于帮助发展中国家提高能源使用效率，在全球温室气体减排方面的工作是有非常重要的现实意义的。

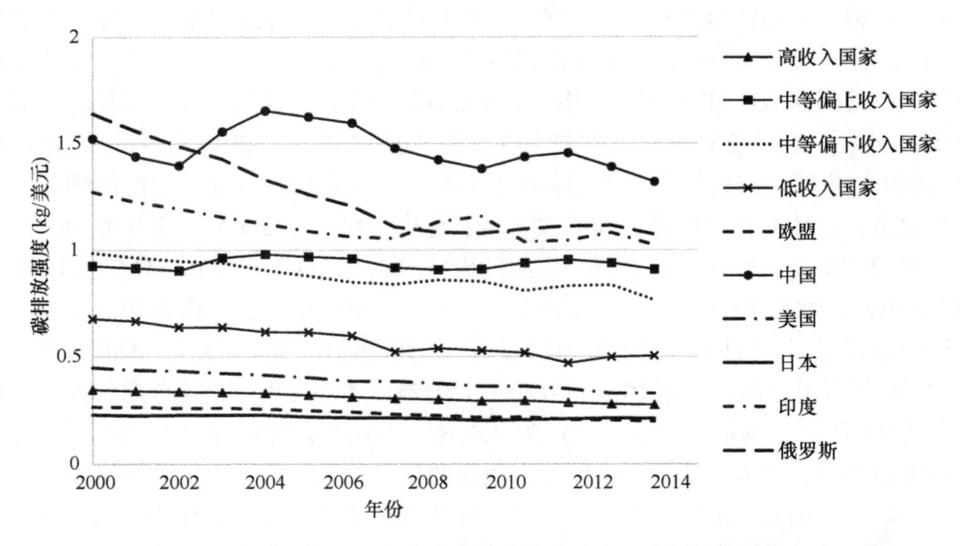

图 1.2　2000~2013 年世界各个国家或地区的碳排放强度（彩图扫描封底二维码获取）

但是在发达国家对发展中国家援助的过程中，需要注意在经济一体化的发展情况下，发达国家为了减少自身的碳排放量，有可能将其碳排放强度高的产业转移至发展中国家或经济相对落后的地区，而这些发展中国家和经济相对落后的国家为了增加自身经济的发展，难免将从发达国家承接一些高碳排放强度的产业，加之本身的碳排放强度较高，将面临较高的碳排放压力。但考虑各国经济自主发展的情形，这种情况或许会有所减弱，发展中国家和经济相对落后的国家可以选择减少生产高碳排放强度的产品，仅用于满足其自身经济发展即可，而无须满足发达国家的经济生产需求。因此，考虑自主经济体的均衡发展，对于模拟减排过程中的各国家发展更加准确。

1.2 气候变化经济学模型

气候变化的全球治理中存在诸多难题，而国际谈判和合作是应对气候变化的有效手段。如何评估应对气候变化所制定的政策则需要科学模型的研究提供支持。尽管模型的一些假设条件是不可能完全实现的，但没有这些科学研究是得不到针对气候变化实质性的解决方案的。鉴于气候变化问题的特殊性，需要在全球尺度上进行复杂问题的研究，目前关于全球气候变化模型研究的侧重点大概分为两类：自然物理系统和经济系统。在自然物理系统模型方面，常用的为大气环流模型（atmospheric general circulation models，AGCMs），将地表分解为一系列的区域，基于物理上的数值公式，决定大气温度及海洋表层运动的化学规律，基于非线性微分方程来表示区域间元素的相互作用，模拟步长为每半小时或每小时求解一次，模拟时长可达到几百年，从而能够清晰地向人类展示未来地球的发展情况。但对于气候保护方案的研究而言，这些显然是不够的，还需要进一步分析减排方案所产生的成本和效益，这就使得经济模型在气候保护中的作用更加重要。正如Nordhaus（1982）所言，减少温室气体排放的气候政策需通过经济系统方可发生作用；气候变化也不可避免地会对经济系统产生影响。同时，不同于其他环境问题，气候变化是一个全球性的问题，无论哪个国家产生的温室气体排放，最终导致的影响是全球性的，没有国家可以幸免，换言之，单个国家的治理措施的效果是不明显的，必须在国际层面上进行治理；同时气候变化的影响是长期的，如温室气体的增加所导致的温度上升和海平面的上升是长期的，现在我们必须采取措施去抵消未来气候变化可能带来的影响（Owen和Hanley；2004）。因此，气候经济集成评估模型的构建具有非常重要的现实意义和必要性。

1.2.1 集成评估模型（IAM）的发展

集成评估模型（integrated assessment models，IAM）由于可以评估不同的减排政策对未来产生的影响，成为气候变化政策研究中一个主要工具。IAM通过描述影响气候变化的环境因素和影响气候变化政策的社会经济因素之间的关系，从而揭示气候政策相关的信息（Schneider，1997；Harremoës and Turner，2001；Van Vuuren et al.，2011）。IAM解决政策问题的途径一般为对未来减排政策的成本和效益进行分析，寻找出在减排目标约束下成本最优的减排路径，以及在一定的减排目标约束下不同减排政策组合及其产生的社会经济效益。一般而言，IAM通过一系列描述气候变化中因果关系链的方程来实现上述目标，这些方程包含与气候系统相关的生态系统、人类活动系统及不同系统之间的相互反馈。Schneider（1997）认为，IAM是多学科交叉融合的结果，其中包含计算机科学、全球观测系统、求解方程组的科学计算、大气和海洋的一般环流模型（GSMs）、海冰和冰川、植物-气候模型、生物地理学模型、生态系统模型、生物地球化学模型、人口统计模型、宏观经济模型、系统动力学模型、自然灾害研究、文化理论、风险和决策分析、问卷调研、生态生理学、生态系统服务理念、非市场价值、GIS、技术扩散/溢出模型、包含区域外和本地影响的宏观尺度模型及社会科学相关知识等众多方面的学科领域。正是因为包含了如此多的因素在内，IAM是一个复杂性系统。

包含气候变化的IAM最早出现在20世纪70年代，一开始仅将大气中CO_2浓度和气温变化作为环境变量存在于模型体系中（Nordhaus，1979；Häfele et al.，1981），随后有学者将更多的物理因素考虑到IAM中（Mintzer，1987；Lashof and Tirpack，1989；Rotmans et al.，1990）。自此，一系列的IAM开始涌现（Schneider，1997）。最近几十年间，IAM已逐步扩展到土地使用（Hurtt et al.，2006；Lenzen et al.，2013；Hasegawa et al.，2016）、区域碳循环（Goodess et al.，2003）、非CO_2和大气污染排放物（van Vuuren et al.，2006；Guariso et al.，2016）等方面的研究领域。总体来看，IAM没有固定的学术命名方法，具有不同的组成和结构，目前关于IAM分类大致有以下研究。

综合考虑模型结构和模型关注的结果、气候结果的不确定性和对未来损失的估计、时间和空间上的公平性、减排成本和技术进步内生化这四个方面的因素，通过对现有的30个气候经济评估模型进行对比，IAM可以分为六大类（Stanton et al.，2009）：①福利最大化模型，主要包括全球模型中的DICE-2007、ENTICE-BR、DEMETER-1CCS和MIND，区域类模型中RICE-2004、FEEM_RICE、FUND、MERGE、CETA-M、GRAPE和AIM/Dynamic Global；②一般均衡模型，主要包含全球模型中的JAM和IGEM，区域类模型中的IGS/EPPA、SMG、WORLDSCAN、ABARE-GTEM、G-CUBED/MSG3、MS-MRT、AIM、IMACLIM-R和WIAGEM；③局部均衡模型，主要包括区域类模型中的MiniCAM和GIM；④模拟模型，主要包括区域类模型中的PAGE-2002、ICAM-3、E3MG和GIM；⑤成本最小化模型，主要包含全球模型中的GET-LFL和MIND，区域类模型中的DNE21+和MESSAGE-MACRO；⑥宏观经济模型，由于这一类模型是由咨询公司开发，相关的资料很少被获取到，唯一的例子是牛津全球宏观经济和能源模型（Oxford Global Macroeconomic and Energy Model）（Cooper et al.，1999）；上面所涉及的CUBED/MSG3、MIND和MESSAGE-MACRO模型也包含一些宏观经济的特征，如宏观经济模型中包含的失业、金融市场、国际资本流动和货币政策等模块（Weyant and Hill，1999）。

IAM在从一个多学科的（multi-disciplinary）工具发展为一个统一学科的（inter-disciplinary）工具过程中，即将不同学科的知识融合到一个模型体系中，从而解决一个系统问题，大致经历了5个发展阶段（Schneider，1997）：①整合的评估模型，气候决定论为主要理论支撑，不同模块之间只有直接联系，没有反馈，案例研究多集中在某一区域的气候变化或者是与环境相关的社会事件；②气候因素和政策评估的简单结合，一般采用简单的GCM情景，缺乏基于现实的短暂气候变化情景模拟，未考虑技术内生化；

③气候影响和政策评估的部分结合，这一阶段的 IAM 在地球系统模型中考虑了更加透明的大气辐射情景，实现了技术内生化，将土地利用的变化考虑进来，并增加了不确定性的相关分析；④气候影响和政策评估的进一步融合，环境各个组成部分间的协同性、政策因素和宏观经济过程内生化；⑤气候影响和政策评估的融合，这一阶段的 IAM 均已明确地考虑到社会经济增加值改变对气候的影响，开始探索气候对社会系统的冲击。

Van Vuuren 等（2011）认为 IAM 大致可以分为两类：一类关注经济模型的分析，主要包含气候模块、成本效益分析模块和可计算一般均衡模块；另一类多关注自然系统和经济系统的物理过程（包含结构模块和生物学影响模块）。目前关注经济模型和碳循环的 IAM 有①集成优化增长模型的 DICE-99（Nordhaus and Boyer，1999）、DICE-07（Nordhaus，2008）、DICE-2013（Nordhaus and Sztorc，2013；Nordhaus，2014），其研究区域均为全球尺度，但区域间没有经济联系，三种模型的碳循环类型分别为大气环流模型、大气环流模型、三层碳循环模型，DICE-07 和 DICE-2013 的气候与碳循环之间有反馈；②集成优化增长模型 Fund，研究区域为全球尺度且区域间存在经济联系，碳循环类型为脉冲响应函数，气候与碳循环之间无反馈（Tol，2006）；③集成优化增长模型 MERGE，研究区域为全球尺度但区域间不存在经济联系，气候与碳循环之间不存在反馈（Manne and Richels，2005）；④过程模拟导向型动态模型 IMAGE，空间尺度为 0.5×0.5 网格，区域间无经济联系，碳循环系统包含陆地碳循环和海洋碳循环两类（Eickhout et al.，2004；Bouwman et al.，2006；Stehfest et al.，2014）；⑤包含气候模块的 MAGIC4，全球尺度的 IAM，碳循环系统包含海洋、大气及陆地碳循环，CO_2 浓度对温度有反馈作用（Wigley，1993；Wigley and Raper，2001）；⑥集成模拟模型 PAGE，空间尺度为全球，区域间无经济联系，碳循环模型为脉冲响应方程，气候对 CO_2 排放有反馈（Hope，2006）；⑦新古典优化经济增长模型 RICE，其中经济类数据空间尺度为区域性，碳循环系统为大气环流模型，气候对 CO_2 排放有反馈（Nordhaus and Yang，1996；Nordhaus，2010）；⑧包含一般均衡模型的 CIECIA，研究尺度为区域，区域之间存在经济联系，碳循环模型为三层碳循环，气候与 CO_2 排放之间有反馈（顾高翔，2014；Wang et al.，2016c）；⑨全球经济可计算一般均衡的全球气候治理与发展政策模拟系统（GOPer-GC），研究尺度为区域，区域之间存在经济联系，碳循环中包含土地利用变化带来的影响，经济系统和气候系统之间有反馈；⑩全球经济弱联系的 EMRICES，研究尺度为区域，区域之间采用 GDP 溢出进行联系，碳循环模型为三层碳循环模型，经济系统和气候系统之间有反馈。

IAM 中较为知名且一直在被使用的为 Nordhaus 在 1990 年构建的气候变化经济学集成评估（dynamic integrated model of climate and the economy，DICE）模型（Schneider and Lane，2005）。气候变化经济学集成评估模型的雏形最早出现在 1982 年，Nordhaus 将 CO_2 排放和经济联系到一起，采用优化算法求解福利最大化情景下的碳价格及碳减排的控制率（Nordhaus，1982）。DICE 模型在分类上属于优化增长模型，给定一系列反应模型体系之间关系的方程，在拉姆齐效用框架下求解获得资本累积的最大化和 CO_2 减排的成本最小化。在 DICE 模型中，全球经济被作为一个整体，全球平均海平面温度的变化表示气候变化，CO_2 排放量、全球温度变化、气候变化引起的损失和世界资本存量作为内生变量，假定每个地区的人口、化石燃料储量和技术变化速度，CO_2排放量受化石能源的消费量和CO_2排放强度的影响（Nordhaus，1992）。DICE 中有一个基本理念是现在采取的减排措施，可以当做是对未来进行的投资（Nordhaus and Boyer，1999），即减少气候变化给生产带来的负面效用，从而增加未来的消费量和投资量。DICE 模型是一个全球尺度的 IAM，随后，基于 DICE92（Nordhaus，1992，1993，1994），Nordhaus 又开发了区域尺度的 IAM-RICE（regional integrated model of climate and the economy）（Nordhaus and Yang，1996），将 IAM 的研究尺度扩展到区域层面。

1999 年发布的 RICE-99，与之前的版本相比较存在以下改进（Nordhaus and Boyer，2000）：①将化石能源作为要素引入生产函数，即产出是关于资本、劳动力和化石能源三种要素的函数；②化石能源不是无限供应的，其开采的边际成本将随着碳排放量的升高而变大，从而影响能源产品的价格；③考虑到全球经济的低碳化发展，将模型中的原始数据更新，重新评估了未来CO_2的排放量；④碳循环模块改为三层碳循环，即大气、海洋表层和深层海洋之间的碳循环；⑤在气候变化的损失方程中考虑市场因素、非市场因素和潜在灾难的影响。同期公布的 DICE-99 的改进在于修改了大气循环方程及辐射强迫方程。从操作的难易程度方面而言，相比较之前的 GAMS 语言，DICE-99 和 RICE-99 均实现了在 Excel 中计算，从而扩大了受用范围。

在 DICE-99 的基础上，Nordhaus 在模型中进一步引入经济学和自然科学的成果推出 DICE-2007，将其他温室气体作为外生变量，模型中的减排仅考虑与化石燃料有关的CO_2排放，引入价格随时间推移逐渐下降的后备技术，对不同发展程度的国家设置不同的气候损失函数参数，并将模型计算步长从 5 年改变为 1 年，从而使得 DICE-2007 能够更加方便地与其他气候模型进行耦合（Nordhaus，2007）。最新版本的 DICE-2013（Nordhaus and Sztorc，2013；Nordhaus，2014）则对模型的纯时间偏好率、消费的边际效用弹性、气候敏感度进行进一步的修订，将模型中碳排放的计算单位转换为经济模型中更常用的吨CO_2或CO_2当量，将基准情景从原来的无政策冲击改变为保持 2013 年的气候政策不变的情景。

对于 RICE 模型而言，2009 年哥本哈根气候大会之后，为了衡量不同减排政策带来的区域性的经济影响和全球气候变化，Nordhaus 将气候损失函数修订为温度、海平面上升和CO_2浓度之间相互作用的结果，模型中参数为区域性，将研究尺度扩大为 12 个区域（Nordhaus，2010），而最新版本的 RICE-2011 则添加了碳的社会成本因素（Nordhaus，2011）。

DICE 和 RICE 模型不仅自身有较多应用，基于其的扩展模型应用也十分广泛。Nordhaus 将全球划分为 15 个区域，建立了研究各国是否参加碳排放合作俱乐部的 C-DICE 模型（Nordhaus，2015），即国际减排中“搭便车”行为的相关研究。Ortiz 等（2010，2011）在 DICE-2007 的基础上，对气候模块进行补充，减排政策仅涉及工业CO_2，而对于其他非气候变化影响的气体，如混合均匀的温室气体、臭氧和气溶胶等，则采取目前缓慢下降，在 2020 年之后缓慢上升且上升速度随着时间的增长而变小，同时也将研究视角扩展到区域层面。de Bruin 等（2009）在 DICE-99 的模型中添加适应性作为政策元素的一个变量，将其与仅有减排政策的情景做对比，结果表明，拥有适应性因素是减轻气候变化的重要因素，可以减轻早期气候变化所带来的经济损失。Yang 和 Sirianni(2010) 将 Bern 碳循环模块改进到 RICE 模型中，构建了 RICE-B 模型，研究区域碳排放对全球气候变化的贡献，试图为全球碳减排之间的合作提供建议。Moore 和 Diaz（2015）将世界划分为贫穷和富有两个区域，通过实验校准 DICE 模型中温度对 GDP 的损失系数，并基于 DICE-2R 和 gro-DICE 模型对减排政策下温度对经济增长的影响进行评估，结果表明若气候变化通过影响资本或全要素生产率直接影响经济增长，则能显著增加短期碳减排的社会成本并提高最优减排率。

尽管 IAM 为政策制定者提供了气候和能源政策方面的经济影响评估（Gilbert and Stock，2015），但也有部分学者认为其结果存在一定的迷惑性（Pindyck，2013，2015）。目前 IAM 存在的问题是，由于其包含了很多模块，模型中各个模块仅简单地采用几个方程来描述，而这一问题在经济模块和碳循环模块最为常见（Goodess et al.，2003）。然而这些模块的组成对 IAM 的模拟结果及政策建议有显著影响，对经济模块和碳循环模块的简化有可能会导致减排措施的经济成本被误估（Schultz and Kasting，1997；Schimel，1998；Smith and Edmonds，2006；吴静等，2014），因此，近些年学者们一直致力于对 IAM 中经济模块和碳循环模块的改进。

从经济模块上看，目前主要的 IAM（DICE、RICE、FUND、MERGE）均采用最优化模型，也有个别的 IAM 采用可计算一般均衡模型，如 GTAP-E。可计算一般均衡（computable general equilibrium，CGE）模型是基于法国经济学家 Walras 的一般均衡概念，将经济系统看作一个整体，研究各个要素之间复杂的相互依存关系。其优点在于可以在利润最大化的条件下，企业生产者在资源约束下做出最大化的供应，而消费者则是在预算约束下实现消费量的最大化，由此实现在资源最大化利用前提下社会系统供给与需求的平衡，并获得均衡时的价格（Liang et al.，2007）。CGE 模型中包含经济系统中的各个账户，因此可以捕捉到外来冲击给社会经济系统带来的直接和间接的影响，在政策模拟中得到广泛的应用和发展（Bor and Huang，2010；Bretschger et al.，2011；Chi et al.，2014；Guo et al.，2014；Li et al.，2014，2015）。因此，如何将 CGE 模型与气候模型实现动态耦合，使得单个国家经济的表述更加完整，成为 IAM 发展的一个新方向。

应对气候变化的全球治理需要考虑减排方案实施下宏观经济、产业发展、社会福利的变化情况及碳减排的成本等问题，需要全面考虑政策实施的影响，因此，气候治理政策的模拟与评估需要构建细化到部门层面，即构建包含区域宏观经济体系的全球多区域模型。全球气候治理的对象包括私人消费者、政府、国家集团等，因此气候治理平台的构建应涉及国民经济体系不同层面的多个经济体，并考虑这些经济体之间的相互影响。另外，避免经济危机等突发事件，确保经济体系的均衡发展是判断气候治理方案有效性的重要标准。因此，全球气候治理应以国民经济体系的一般均衡发展为基础，可计算一般均衡模型能够满足上述要求。

CGE 模型常用于微观经济分析领域（Alshehabi，2013；Xu et al.，2015），与其他投入产出模型相比，具有以下优势（Cheng et al.，2016；Dai et al.，2016；Mittal et al.，2016；Zhang et al.，2017)：①CGE 模型假定市场是均衡的，因此不同的经济体的政策决策行为会趋于供需双方需求平衡下的最小成本和商品供给量；②在最优化的假定下，商品价格影响到居民的消费行为和企业的生产行为，从而使得经济体的行为，如居民账户的效用最大化、企业账户的成本最小化和利益最大化选择是很清晰的；③CGE 模型是可计算的且可得到数值解。

自 Johansen 通过一组非线性方程模拟了政策变化对一般均衡的影响，提出了第一个 CGE 模型后（Bjerkholt，2009），CGE 模型的发展大致经历了从静态到动态、从国家尺度到区域尺度的发展过程，在宏观经济、国际贸易、财政税收、收入分配、就业问题、税制改革等领域中得到广泛的应用（李坤望和张伯伟，1999；李善同和何建武，2007；Radulescu and Stimmelmayr，2010；Van Ruijven et al.，2015；Holmøy，2016；许梦博等，2016；Ponjan and Thirawat，2016）。李娜等（2010）将能源作为生产要素嵌入到生产函数，通过构建中国八区域动态 CGE 模型来模拟碳税政策对低碳经济实现的影响；对于马来西亚而言，CO_2 减排政策并没有特别明显的负面影响，且可再生能源产业的发展会有所促进（Yahoo and Othman，2017）；针对当前中国天然气价格进行的 CGE 模拟表明，天然气价格的上升会引起 GDP 下降和 CPI 增加，且化学工业受到的影响最多（Zhang et al.，2017）；针对当下日益增加的高速铁路投资的模拟表明，高速铁路投资的确为中国经济增长带来了效益，但同时也导致 CO_2 排放的增加（Chen et al.，2016）。对当下流行的碳交易政策的模拟表明，在中国内部省区间实行碳交易是有益的，且达到 2020 年碳排放目标的碳交易价格约为 53 元每吨 CO_2（Cui et al.，2014），且碳交易政策可在较少的经济结构损失条件下，提高中国的生产和能源结构（Tang et al.，2016）；在省区层面上，尽管目前的碳交易和大气排污管理是独立的，但碳交易政策同时也会导致其他大气污染排放物的减少（Cheng et al.，2015）；以湖北为例的研究则表明，在 2014 年，碳交易政策下湖北的碳排放下降 1.00%，同时 GDP 下降 0.06%，就业率和投资量均有所下降（Liu et al.，2017）。碳捕捉与封存（carbon capture and storage，CCS）技术在减少碳排放、减少石油依赖和能源产业转型方面效果较好，使得中国到 2050 年碳排放比 2010 年下降 74.35%（Li et al.，2017）。包含环境税的 CGE 模拟研究则涵盖了爱尔兰征收能源税的影响（Wissema and Dellink，2007）、中国碳税的减排政策影响（Zhou et al.，2011）、碳税征收所产生的双重红利（Fraser and Waschik，2013）、碳关税导致的中国碳泄漏的问题（Dong et al.，2015）、合理设置消费税等以保证碳税的征收对经济影响最小（Liu and Lu，2015）、英国的碳许可制度产生的经济影响（Edwards and Hutton，2001）。关于美国生物能源政策的全球 CGE 模拟结果表明，美国实行能源政策将会导致石油价格增加，进而引起世界其他地区能源使用量的增加（Oladosu，2012）。

在模型构建方面，与环境和气候变化相关的 CGE 模型主要包括 SGM 模型（Edmonds et al.，1997）、GREEN 模型（OECD，1994，1997）、AIM 模型（Masui et al.，2003）、Linkage 模型（Van der Mensbrugghe，2003）、SGM 模型（Fawcett and Sands，2005）、G-Cubed 模型（Mckibbin and Wilcoxen，1998）和 GTAP-E 模型（Nijkamp et al.，2005）等。

在国内，王铮课题组对适应中国经济发展情景的 CGE 模型的研发也在不断改进和演化（Wang et al.，2017b）。早期的模型结构为以国家为尺度的单一结构的中国农业经济 CGE 模型（王铮等，1999）、中国宏观经济的 CGE 模型（吴兵，2004；薛俊波，2006；吕作奎，2008），随后针对中国不同区域间发展情况不一致，构建了基于区域尺度的 CGE

模型（利果，2008；隋文娟，2009；汪晶，2011），基于区域尺度的多区域 CGE 模型（朱艳鑫，2008；孙翊，2009；赵娜，2011；刘慧雅，2012），并在模拟碳税的征收（朱永彬等，2010；朱永彬和王铮，2010；王丽娟等，2014）、石油价格的波动（吴静等，2005）、区域差异的社会保障（孙翊和王铮，2010a；孙翊等，2015）、国家投资（孙翊等，2010；孙翊和王铮，2010b）、人民币升值（孙翊和王铮，2011）、政府转移支付（孙翊和王铮，2010c）等方面取得良好的应用。

以上研究表明，采用 CGE 模型来反映经济体的发展，能够较为真实地刻画经济体对于外生冲击的响应，CGE 模型能够全面刻画国民经济体系中经济主体的行为及生产部门的相互影响，在政策模拟方面得到广泛应用，是政策模拟与评估的有力工具，但是当前的研究往往关注某个特定区域、特定政策的影响，缺少全球视角上气候治理方案的模拟与评估。另外，CGE 模型对减排政策进行的模拟研究是单向的，即经济发展会导致碳排放量的变化，然而反过来碳排放量的变化不会对经济的生产过程造成影响，未考虑到碳排放量变化引起的气候变化给经济系统带来的影响。这一点显然不符合气候变化研究评估模型的需要。因此，对气候政策的研究，迫切需要将 CGE 模型与气候系统相连接，实现碳排放量与经济系统之间的互相反馈作用。

1.2.2 IAM 面临的经济学挑战

IAM 的经济学研究最早是基于优化增长经济模型。在 DICE 中，全球经济被当作一个统一的整体来对待，不区分不同国家或地区间的差异。随后的研究中，Nordhaus 和 Yang（1996）将区域的因素引入 DICE 中，提出 RICE 模型，将全球分为中国、美国、欧盟、日本和世界其他地区来进行研究，构成了多区域动态的一般均衡模型。然而 DICE/RICE 模型对气候变化经济学的分析，受到了严重的挑战。首先，经济是动态增长的，这种动态增长机制必须放在经济模型中，静态的经济系统不是真实的世界，一般的静态 CGE 系统在这一点上是不真实的，DICE/RICE 正是在经济动态方面取得了成功。其次，技术进步会推动经济的进一步发展，所以在分析未来经济增长、碳排放变化和治理政策时，技术进步是不可回避的问题，而且按照现代经济学的认识，技术进步的作用是经济增长的内生因素。可惜早期的 DICE/RICE 没有反映技术进步及其内生增长作用。最后，全球经济是相互影响的，任何一个经济体或者说国家减排影响经济的后果，必然影响到其他经济体。在 DICE 中，世界被简化为唯一经济体，RICE-99 中，世界已经被划分为 6 个经济体，但是经济体之间没有相互作用，一个国家的减排在经济上不影响其他国家。当然有一个问题，气候系统是一个人地相互作用的复杂系统，即人地关系系统。减排和市场模式的变化与气候系统相互作用，一个考虑全球治理的政策模拟系统，必须考虑人地关系。

2000 年以来，王铮课题组基于 RICE 模型自主研发了一系列新型气候评估集成模型。最早结合人地关系协调理论，基于 DICE 模型，构建了包括能源替代型、增汇型和生产型 CO_2 排放控制政策的中国气候保护经济模型（崔丽丽等，2002；王铮等，2002；郑一萍，2004）。此后，考虑到国家间经济的相互作用，即一国的气候保护政策可能对另一国产生影响，基于 GDP 溢出原理，构建出中美 CO_2 减排溢出的政策模拟系统，引入合作减排理念、全球经济一体化思想（黎华群，2005；王铮等，2007a；张焕波，2007）。另外，结合 Zwaan 等（2002）的干中学模型，采用 GDP 溢出的方法，在 RICE 模型中引入技术进步内生化机制，构建出首个完整的 MRICES 模型（多国经济气候集成评估模型）（Wang et al.，2012）。2012 年对模型的改进中，重新将 MRICES 模型中的区域划分为 8+1 个［8 指的是中国、美国、欧盟、俄罗斯、日本、其他发达国家（含澳大利亚、新西兰、加拿大等）、高发展国家、低发展国家，1 可以根据研究需要，在系统进行模拟前设置］，考虑经济相互作用，从 GDP 溢出机制出发，结合 Buonanno 等（2000）的增加研发投入促进技术进步内生化的理论，研发了决策支持系统 MRICES-2012 版（王铮等，2012）。接下来，基于自主体建模技术，在 MRICES 模型中引入碳交易模块和资金转移模块，构建了包含宏观经济模块、气候反馈模块、配额分配模块和交易模块的气候集成评估模型 MRICES-CT（朱潜挺，2012）。进一步地，王铮课题组将其中碳循环系统改进为三层碳循环模块，区域上增加了印度，集合 FUND 模型的优点，考虑到海平面上升的影响风险，在 MRICES-CT 的基础上，构建了 MRICES-S 模型（邵长江，2014）。

对于全球经济相互联系的问题，从经济模型看，有两种理解，一种情况是全球经济一体化，在这种情况下要求全球贸易充分自由和开放，这时全球经济必然达到一个全球一般均衡的状态，或者是，全球一般均衡的经济才能维持下去。另一种情况是各国经济自治，作为自主运行的经济体，国际贸易、投资、经济相互作用仍然存在，这条全球的经济发展路线就是 GDP 溢出，Mundell-Fleming 模型就描述了这种全球经济溢出状态。这时各国经济要保持稳定，各个经济体内部要求达到一般均衡。这个一般均衡是开放经济的一般均衡，国际联系是通过经济的进出口平衡决定的。换言之，对经济的一般均衡的理解有两种，一种是全球经济的一般均衡，即在全球一体化的发展下，各个国家的经济在整个世界中保持一般均衡，国家间处于强联系；另一种是基于当前的逆全球一体化现象，各个国家内部间保持一般均衡，而国家间的联系则相对较弱。对于第一种情况下的均衡，由 DICE 模型改进的全球气候治理与发展政策模拟系统（governance and development policy simulater on global climate，GOPer-GC）（马晓哲，2016）是一个典型。COPer-GC 基于 GTAP 数据库构建的全球动态可计算一般均衡模型，包含土地利用变化 GOPer-GC 是在全球动态一般均衡的框架下对各国实施气候政策进行模拟。但是 GOPer-GC 受传统的 CGE 算法限制，经济增长需要单独估计。CIECIA（顾高翔，2014；Wang et al.，2016c）是在全球经济互动和资本—产业演化的视角下，从全球经济一般均衡的角度对全球合作减排进行研究的另一个模型。正如前文所述，现实中经济的一般均衡更多的是在国家内部间实现，即国家内部产业间的经济联系要高于国家间的经济联系，尤其面对现在所发生的逆全球一体化现象，国家内部的均衡发展更应该被重视。基于此，刘昌新（2013）在 MRICES-2012 基础上嵌入中国动态 CGE 模型，将中国的经济系统和全球气候系统进行整合，从而实现模拟中国经济及其产业结构演化对气候变化的影响，同时可以模拟出气候变化对中国各个经济部门的影响，推出 EMRICES。EMRICES 融合 MRICES-CT 和 MRICES-S 模型的海平面上升模块和碳交易模块，研发出具有博弈分析功能和减排的金融政策分析功能的 MRICES-2014（Yan et al.，2016）。黄蕊（2014）在对 EMRICES 添加环境税政策的分析模块后，重构环境 CGE 模型研发出包含独立的中国环境 CGE 模型，命名为 EMRICES+系统，可以研究中国的碳减排政策对其他国家产生的影响。这些模型存在的一个缺点是，仅有中国的经济是均衡发展的，其他国家仍采用优化增长模型，这显然回答不了在当下逆全球一体化下气候治理政策问题的。事实上，要想充分反映各个国家“各顾各”的自主经济发展，就需要提出新的适应逆全球化的IAM，构建新型的 IAM 系统，而这也正是本书要解决的问题。

以上所提及的各种 IAM，对气候治理政策的研究具有十分重要的意义，然而这些模型中有一个问题仍未得到解决：现有的 CGE 模型在对碳排放的计算并评估气候政策的影响时，碳排放模块过于单一，其作用机理为 CGE 模型中的产出变化导致 CO_2 排放量的变化，缺乏对能源消费结构模块的反映。而实际上，碳排放是受到经济发展、能源消费结构等因素的共同影响的（刘燕华等，2008；Wang et al.，2016a），由于不同能源品种的排放系数差异，不同的能源消费结构也会导致 CO_2 排放量的不同（Guan et al.，2012）。总体而言，经济发展需要消耗能源，能源消费又会产生碳排放，但同时经济发展促进清洁能源的使用反过来又会降低能源消费，减少 CO_2 排放，因此碳排放、能源使用和经济发展之间的关系成为当前学术界研究的一个热点。

鉴于这种情况，新型的 IAM 模型需要接受 3 个检验：①验证库兹涅茨曲线是否存在（Galeotti and Lanza，2005；林伯强和蒋竺均，2009；Li et al.，2016；Wang et al.，2016b；Can，2016）；②验证经济发展与碳排放之间的相互作用关系，普遍认为 CO_2 和 GDP 之间是存在双向因果关系的（Dinda et al.，2000；Narayan and Narayan，2010）；或者说，经济增长和能源使用之间同样存在着互相反馈的作用关系符合实际情况（Huanga et al.，2008；An et al.，2013；Herrerias et al.，2013）；③各国经济增长符合有相互作用的预期。

近年来，学者们开始关注碳排放、能源使用和经济发展之间的关系研究。在区域尺度上，Wang 等（2011）对中国 28 个省份 1995~2007 年数据的面板分析表明碳排放、能源使用和经济发展之间存在协同相关关系，长期来看，能源消耗和经济增长是 CO_2 排放的诱因，同时 CO_2 排放和经济发展是能源消耗的诱因。而在全球尺度上，Lean 和 Smyth（2010）对 5 个东南亚国家联盟国 1980~2006 年的数据研究表明电力消费和 CO_2 排放在长期尺度上对经济有单方面的影响。Sharma（2011）对 1985~2005 年全球 69 个国家 CO_2 成因的分析表明，人均 GDP 和人均能源消费对 CO_2 排放而言是有重要作用的。Dogan 和 Turkekul（2016）对 1960~2010 年美国的 CO_2 排放、能源消费、真实 GDP 和其他几种因素的研究表明 CO_2 排放和 GDP 之间、能源消费和 CO_2 排放之间存在着双向的因果关系。因此，在现有的 CGE 模型中添加能源消费结构因素（Xiao et al.，2017），能够更好地将经济系统与碳排放计算模块结合起来。另外，CGE 模型中简单地将每个产业的 CO_2 排放量定义为产业的产出和碳排放强度之间的关系，采用历史数据对未来产业的碳排放强度进行拟合，从而进行预测是不准确的。而将能源消费结构纳入 CGE 模型中后，引入随机冲击机制来反映技术进步对碳排放的影响，可以更加准确地刻画经济结构对碳排放量的影响。这一点在以往的模型中是未曾实现的。以往关于碳排放的计算中，经济结构中的产业结构与碳排放计算中的能源消费结构是割裂的，即使是能源数据较为完整的 GTAP 相关模型也未能实现各个产业对不同能源种类消费的反映。

此外，以往的研究对技术进步的估计，一种是采用历史数据外推；另一种是给定技术进步的增长速度。这两种做法虽然在一定程度上符合下年的技术由上年技术进步来决定的假设，但是技术进步在模型中依然是外生给定的，未能解决技术进步内生化的问题。例如，采用历史数据进行外推的过程中，存在的一个问题是，不同产业的技术进步存在不同程度的波动无法解释；另外，给定技术进步的变化速率在现实中也是不可能实现的。对于经济增长而言，技术进步通过提高生产率而促进生产力，人为设定一个技术进步率，会带来预测的任意性，这是当前一些号称国际模型的通病，这样的模拟，耽误治理，所以必须认真解决技术进步问题。

早期关于技术进步的研究认为技术进步的发生与人力资本有关，即技术进步促进高技术水平的员工就业，从而改善就业结构，并因此促进经济发展（Berman et al.，1994；Bresnahan et al.，2002；He and Liu，2008；Pan，2014；Piketty，2014；Marouania and Nilsson，2016）。但近些年学者们发现随着人力资本在 GDP 中所占比重的下降，资本驱动型技术进步在生产过程中的促进作用要更大一些（Bentolila and Saint-Paul，2003；Brynjolfsson and Mcafee，2014；Piketty，2014）。因此本书的技术进步采用资本驱动型（Jin，2012），即全要素生产率与资本总量有关，采用历史数据拟合获得两者间的关系，未来的全要素生产率由资本的对数决定：

$$A_{i,t} = a_i \ln(\sum_j K_{i,j,t}) + b_i \tag{1.1}$$

式中，$A_{i,t}$ 为 t 期的全要素生产率；$K_{i,j,t}$ 为 t 期的资本量；a_i，b_i 为两者之间的关系系数，由历史数据拟合可得。对当前世界 5 个主要国家的拟合结果获得的参数如表 1.1 所示。在这 5 个国家中，印度、中国明显具有后发优势，与事实相符。

表 1.1　5 个主要国家全要素生产率参数

参数	中国	美国	日本	印度	俄罗斯
a_i	0.002478	0.05970	0.06483	0.002559	0.007764
b_i	–0.03614	–0.9262	–0.9664	–0.03328	–0.09800
R^2	0.94	0.83	0.81	0.95	0.94

总之，全球气候治理的进程中，构建一个全球经济与气候集成模型是全球气候治理模拟方法研究的一项重要内容，也是全球气候治理方案评估的基础，具有非常重要的现实意义。本书在 EMRICES 模型的基础上，在 CGE 模型上添加能源消费结构模块，并实现 CGE 模型与气候集成评估模型的对接，对于拓展研究温室气体排放与能源经济系统之间的相互作用关系，完善产业结构和能源消费结构的调整机制，实现气候集成评估模型是本书的创新，特别是将这种 IAM 与其他地球系统模式实行双向耦合（董文杰等，2016），具有重要的理论意义。这里构建的模型，按习惯我们命名为 EMRICES-2017（扩展的多区域气候经济学集成评估系统，expanded multi-regional intergated model of climate and economy system-2017，表明它是具有继承性和历史联系性的）。

1.3 研究内容

世界投入产出数据库（World Input-Output Database，WIOD）（Genty et al.，2012；Dietzenbacher et al.，2013）包含了全球40个国家的投入产出数据、社会经济数据、碳排放数据及能源使用数据，各组数据均详细到部门层面，符合气候变化经济学集成评估模型的研究需求，且已经被众多学者的研究所采纳（Xu and Dietzenbacher，2014；Mundaca et al.，2015；Portella-Carbó，2016；Wang et al.，2017a），其数据有效性及可靠性是良好的。因此，本书基于WIOD提供的主要国家2009年的分部门经济数据，增加能源消费结构，重新构建CGE模型，并将其中的中国、美国、日本、印度、俄罗斯经济模块均改为动态CGE模型，最终实现了多国CGE模型与MRICES模型的耦合，开发出新的EMRICES-2017平台，针对当前各国提出的INDC减排目标进行核算，并对其可能产生的经济影响及气候变化影响进行评估。

参考文献

陈述彭. 2001. 地理科学的信息化与现代化. 地理科学, 21(3): 193-197.

崔丽丽, 王铮, 刘扬. 2002. 中国经济受CO_2减排率影响的不确定性CGE模拟分析[J]. 安全与环境学报, 1: 39-43.

丁一汇. 1997. IPCC 第二次气候变化科学评估报告的主要科学成果和问题. 地球科学进展, 12(2): 158-163.

董文杰, 袁文平, 滕飞, 等. 2016. 地球系统模式与综合评估模型的双向耦合及应用. 地球科学进展, 31(12): 1215-1219.

顾高翔. 2014. 全球经济互动与产业进化条件下的气候变化经济学集成评估模型及减排战略——CINCIA的研发与应用. 中国科学院大学博士学位论文.

黄蕊. 2014. EMRICES+研发及其对中国协同减排政策的模拟. 华东师范大学博士学位论文.

黎华群. 2005. 中美CO_2减排溢出的政策模拟系统及应用. 华东师范大学博士学位论文.

李坤望, 张伯伟. 1999. APEC贸易自由化行动计划的评估. 世界经济, (7): 40-45.

李娜, 石敏俊, 袁永娜. 2010. 低碳经济政策对区域发展格局演进的影响——基于动态多区域CGE模型的模拟分析. 地理学报, 65(12): 1569-1580.

李山. 2006. 旅游圈形成的基本理论及其地理计算研究. 华东师范大学博士学位论文.

李善同, 何建武. 2007. 后配额时期中国、美国及欧盟纺织品贸易政策的影响分析. 世界经济, 30(1): 3-11.

利果. 2008. 基于CGE的上海市宏观经济政策模拟系统开发及其应用. 华东师范大学博士学位论文.

林伯强, 蒋竺均. 2009. 中国二氧化碳的环境库兹涅茨曲线预测及影响因素分析. 管理世界, (04): 27-36.

刘昌新. 2013. 新型集成评估模型的构建与全球减排合作方案研究. 中国科学院大学博士学位论文.

刘昌新, 王铮, 田园. 2016. 基于博弈论的全球减排合作方案. 科学通报, (7): 771-781.

刘慧雅. 2012. 基于模型驱动的DCGE决策支持系统开发与实现. 华东师范大学博士学位论文.

刘燕华, 葛全胜, 何凡能, 等. 2008. 应对国际 CO_2 减排压力的途径及我国减排潜力分析. 地理学报, (07): 675-682.

吕作奎. 2008. 基于CGE的中国宏观经济模拟系统开发及其应用. 华东师范大学硕士/博士学位论文.

马晓哲. 2016. 碳税驱动下的全球气候治理及其对世界宏观经济的影响研究. 中国科学院大学博士学位论文.

邵长江. 2014. 全球气候变化经济学集成评估模型MRICES-S的开发. 华东师范大学硕士学位论文.

隋文娟. 2009. 管治经济下的区域 CGE 系统开发及其应用. 华东师范大学硕士学位论文.

孙翊. 2009. 中国多区域社会公平可计算一般均衡模型的建模与模拟分析. 中国科学院大学博士学位论文.

孙翊, 王铮. 2010a. 中国多区域社会保障均衡的政策模拟. 数量经济技术经济研究, (04): 95-106.

孙翊, 王铮. 2010b. 后国际金融危机背景下中国农业投资政策的经济影响. 中国农学通报, (07): 374-378.

孙翊, 王铮. 2010c. "后危机"时代中国多区域支付政策的 CGE 模型、模拟及分析. 统计研究, (10): 56-62.

孙翊, 王铮. 2011. 增长、通胀、内需与人民币升值问题——基于动态多区域 CGE 的模拟分析. 中国科学院院刊, (05): 526-535.

孙翊, 钟章奇, 徐程瑾, 等. 2015. 中国生产控制型产业减排的居民福利和区域影响. 地理科学, (09): 1067-1076.

孙翊, 朱艳鑫, 王铮. 2010. 金融危机下国家大规模投资政策模拟. 地理研究, (05): 789-800.

汪晶. 2011. 决策支持系统架构下的通用区域 CGE 设计与实现. 华东师范大学硕士学位论文.

王丽娟, 赵宇, 王铮. 2014. 基于可计算一般均衡模型的中国碳税政策模拟. 生态经济, 30(04): 29-32.

王勤花. 2010. 联合国坎昆气候会议达成《坎昆协议》. 地球科学进展, (12): 1410.

王铮. 2011. 计算地理学的发展及其理论地理学意义. 中国科学院院刊, (04): 423-429.

王铮, 胡倩立, 郑一萍. 2002. 气候保护支出对中国经济安全的影响模拟. 生态学报, 22(12): 2238-2245.

王铮, 黎华群, 张焕波. 2007a. 中美减排二氧化碳的 GDP 溢出模拟. 生态学报, 27(9): 3718-3726.

王铮, 刘扬, 傅泽田. 1999. 粮食生产受价格影响的模拟分析. 经济科学, (03): 14-23.

王铮, 隋文娟, 姚梓璇, 等. 2007b. 地理计算及其前沿问题. 地理科学进展, 26(4): 1-10.

王铮, 张帅, 吴静. 2012. 一个新的 RICE 簇模型及其对全球减排方案的分析. 科学通报, 57(26): 2507-2515.

吴兵. 2004. 中国经济可计算一般均衡分析决策支持系统的研究与应用. 华东师范大学硕士学位论文.

吴静, 王铮, 吴兵. 2005. 石油价格上涨对中国经济的冲击——可计算一般均衡模型分析. 中国农业大学学报(社会科学版), (02): 69-75.

吴静, 王铮, 朱潜艇, 等. 2016. 应对气候变化的全球治理研究. 北京: 科学出版社.

吴静, 朱潜挺, 刘昌新, 等. 2014. DICE/RICE 模型中碳循环模块的比较. 生态学报, (22): 6734-6744.

许梦博, 翁钰栋, 李新光. 2016. "营改增"的财政收入效应及未来改革建议——基于 CGE 模型的分析. 税务研究, (2): 86-88.

薛俊波. 2006. 基于 CGE 的中国宏观经济政策模拟系统开发及其应用. 中国科学院大学博士学位论文.

张焕波. 2007. 多国气候保护经济政策模拟系统及应用. 中国科学院大学博士学位论文.

赵娜. 2011. 京津区域 CGE 系统开发及区域经济政策分析. 华东师范大学博士学位论文.

郑一萍. 2004. 人地关系协调意义下气候保护的模拟研究及系统原型开发. 华东师范大学博士学位论文.

朱潜挺. 2012. 含碳交易环节的气候保护集成评估模型研究. 中国科学院大学博士学位论文.

朱艳鑫. 2008. 中国多区域可计算一般均衡政策模拟系统的开发与应用研究. 中国科学院大学博士学位论文.

朱永彬, 刘晓, 王铮. 2010. 碳税政策的减排效果及其对我国经济的影响分析. 中国软科学, (04): 1-9.

朱永彬, 王铮. 2010. 碳关税对我国经济影响评价. 中国软科学, (12): 36-42.

Allen M, Frame D, Huntingford C, et al. 2009. Warming caused by cumulative carbon emissions towards the trillionth tonne. Nature, 458(7242): 1163-1166.

Alshehabi O. 2013. Modelling energy and labour linkages: a CGE approach with an application to Iran. Economic Modelling, 35: 88-98.

An Q, An H, Liu W, et al. 2013. Energy consumption and economic growth in China: empirical evidence from panel data of 30 provinces. Metalurgia Intemational, 18(10): 118-125.

Bentolila S, Saint-Paul G. 2003. Explaining movements in the labor share. Contrib Macroecon, (3): 1-31.

Berman E, Bound J, Griliches Z. 1994. Changes in the demand for skilled labor within U.S. manufacturing:

evidence from the annual survey of manufacturers. The Quarterly Journal of Economics, 109(2): 367-397.

Bjerkholt O. 2009. The making of the Leif Johansen multi-Sectoral model. History of Economic Ideas, 173(3): 103-126.

Bor Y J, Huang Y. 2010. Energy taxation and the double dividend effect in Taiwan's energy conservation policy—an empirical study using a computable general equilibrium model. Energy Policy, 38(5): 2086-2100.

Bouwman A, Kram T, Goldewijk K. 2006. Integrated modelling of global environmental change: an overview of Image 2.4. The Netherlands Environmental Assessment Agency, Bilthoven.

Bresnahan T, Brynjolfsson E, Hitt L. 2002. Information technology, workplace organization, and the demand for skilled labor: firm-level evidence. The Quarterly Journal of Economics, 117(1): 339-376.

Bretschger L, Ramer R, Schwark F. 2011. Growth effects of carbon policies: Applying a fully dynamic CGE model with heterogeneous capital. Resource and Energy Economics, 33(4): 963-980.

Brynjolfsson E, Mcafee A. 2014. The Second Machine Age: Work, Progress, and Prosperity in a Time of Brilliant Technologies. New York: WW Norton & Company.

Buonanno B, Carraro C, Castelnuovo E, et al. 2000. Efficiency and Equity of Emissions Trading with Endogenous Environmental Technical Change. Kluwer Academic Publishers, Dordrecht.

Burke M, Craxton M, Kolstad C, et al. 2016. Opportunities for advances in climate change economics. Science, 352(6283): 292-293.

Can M. 2016. Dynamic relationships among CO_2 emissions, energy consumption, economic growth, and economic complexity in France. Munich Personal RePEc Archive, No.70373.

Chen Z, Xue J, Rose A, et al. 2016. The impact of high-speed rail investment on economic and environmental change in China: a dynamic CGE analysis. Transportation Research Part A: Policy and Practice, 92: 232-245.

Cheng B, Dai H, Wang P, et al. 2015. Impacts of carbon trading scheme on air pollutant emissions in Guangdong Province of China. Energy for Sustainable Development, 27: 174-185.

Cheng B, Dai H, Wang P, et al. 2016. Impacts of low-carbon power policy on carbon mitigation in Guangdong Province, China. Energy Policy, 88: 515-527.

Cheng T, Haworth J, Manley E. 2012. Advances in geocomputation(1996-2011). Computers, Environment and Urban Systems, 36(6): 481-487.

Chi Y, Guo Z, Zheng Y, et al. 2014. Scenarios analysis of the energies' consumption and carbon emissions in China Based on a dynamic CGE model. Sustainability, 6(2): 487-512.

Cooper A, Livermore S, Rossi V, et al. 1999. The economic implications of reducing carbon emissions a cross-country quantitative investigation using the Oxford global macroeconomic and energy Model. Energy Journal, (The Costs of the Kyoto Protocol: A Multi-Model Evaluation): 335-365.

Cui L, Fan Y, Zhu L, et al. 2014. How will the emissions trading scheme save cost for achieving China's 2020 carbon intensity reduction target? Applied Energy, 136: 1043-1052.

Dai H, Xie X, Xie Y, et al. 2016. Green growth: the economic impacts of large-scale renewable energy development in China. Applied Energy, 162: 435-449.

de Bruin K, Dellink R, Tol R S. 2009. AD-DICE: an implementation of adaptation in the DICE model. Climatic Change, 95(1-2): 63-81.

Dietzenbacher E, Los B, Stehrer R, et al. 2013. The construction of world Inout-Output tables in the WIOD project. Economic Systems Research, 25(1): 71-98.

Dinda S, Coondoo D, Pal M. 2000. Air quality and economic growth: an empirical study. Ecological Economics, 34(3): 409-423.

Dogan E, Turkekul B. 2016. CO_2 emissions, real output, energy consumption, trade, urbanization and financial development: testing the EKC hypothesis for the USA. Environmental Science and Pollution Research, 23(2): 1-11.

Dong Y, Ishikawa M, Hagiwara T. 2015. Economic and environmental impact analysis of carbon tariffs on Chinese exports. Energy Economics, 50: 80-95.

Edmonds J, Pitcher J, Rosenberg N, et al. 1997. Design for the global change assessment model. Austria: IIASA.

Edwards T H, Hutton J P. 2001. Allocation of carbon permits within a country: a general equilibrium analysis of the United Kingdom. Energy Economics, 23(4): 371-386.

Eickhout B, Den E, Kreileman G. 2004. The atmosphere-ocean system of IMAGE 2.2. National Institute for Public Health and the Environment.

Fawcett A, Sands R. 2005. The second generation model: Model description and theory.

Fraser I, Waschik R. 2013. The double dividend hypothesis in a CGE model: specific factors and the carbon base. Energy Economics, 39(3): 283-295.

Gahegan M. 2002. Guest editorial: What is geocomputation?. Transactions in GIS, 3: 203-206.

Galeotti M, Lanza A. 2005. Desperately seeking environmental Kuznets. Environmental Modeling & Software, 20(11): 1379-1388.

Gardiner S, Hartzell-Nichols L. 2012. Ethics and global climate change. Nature Education Knowledge, 3(10): 5.

Genty A, Arto I, Neuwahl F. 2012. Final database of environmental satellite accounts: technical report on their compilation.

Gilbert M, Stock J. 2015. The role of integrated assessment models in climate policy A User's guide and assessment. Harvard Project on Climate Agreements, Discussion Paper 2015-2068.

Goodess C, Hanson C, Hulme M. 2003. Representing climate and extreme weather events in integrated assessment models: a Review of existing methods and options for development. Integrated Assessment, 4(3): 145-171.

Guan D, Liu Z, Geng Y, et al. 2012. The gigatone in China's carbon dioxide inventories. Nature Climate Change, 8(5): 631-649.

Guariso G, Maione M, Volta M. 2016. A decision framework for integrated assessment modelling of air quality at regional and local scale. Environmental Science & Policy, 65: 3-12.

Guo Z, Zhang X, Zheng Y, et al. 2014. Exploring the impacts of a carbon tax on the Chinese economy using a CGE model with a detailed disaggregation of energy sectors. Energy Economics, 45: 455-462.

Häfele W, Anderer J, Nakicenovic N. 1981. Energy in a finite world. Ballinger: Cambridge.

Harremoës P, Turner R. 2001. Methods for integrated assessment. Regional Environmental Change, 2(2): 57-65.

Hasegawa T, Fujimori S, Ito A, et al. 2016. Global land-use allocation model linked to an integrated assessment model. Science of The Total Environment. 580(2): 787-796.

He H, Liu Z. 2008. Investment-specific technological change, skill accumulation, and wage inequality. Review of Economic Dynamics, 11(2): 314-334.

Hedegaard C. 2011. Statement at the opening of the high level segment of COP17.

Held D, Hervey A, Theros M. 2011. The governance of climate change: science, economics, politics and ethics[J]. Governance of Climate Change Science Economics Politics & Ethics, 29(5): 947-949.

Herrerias M, Joyeux R, Girardin E. 2013. Short- and long-run causality between energy consumption and economic growth: Evidence across regions in China. Applied Energy, 112(4): 1483-1492.

Holmøy E. 2016. The development and use of CGE models in Norway. Journal of Policy Modeling, 38(3): 448-474.

Hope C. 2006. The marginal impact of CO_2 from PAGE2002: an integrated assessment model incorporating the IPCC's five reasons for concern. Integrated Assessment, 6(1): 19-56.

Huanga B, Hwang M, Yang C W. 2008. Causal relationship between energy consumption and GDP growth revisited: a dynamic panel data approach. Ecological Economics, 67(1): 41-54.

Hurtt G, Frolking S, Fearon M, et al. 2006. The underpinnings of land-use history: three centuries of global gridded land-use transitions, wood-harvest activity, and resulting secondary lands. Global Change Biology, 12(7): 1208-1229.

IPCC. 2014. The 5th Assessment Report.

Jin K. 2012. Industrial structure and capital flows. American Economic Review, 102(5): 2111-2146.

Lashof D, Tirpack D. 1989. Policy Options for Stabilising Global Climate. Washington: US Environmental

Protection Agency.

Lean H, Smyth R. 2010. CO_2 emissions, electricity consumption and output in ASEAN. Applied Energy, 87(6): 1858-1864.

Lenzen M, Dey C, Foran B, et al. 2013. Modelling interactions between economic activity, greenhouse gas emissions, biodiversity and agricultural production. Environmental Modeling & Assessment, 18(4): 377-416.

Li J F, Wang X, Zhang Y X, et al. 2014. The economic impact of carbon pricing with regulated electricity prices in China—An application of a computable general equilibrium approach. Energy Policy, 75: 46-56.

Li T, Wang Y, Zhao D. 2016. Environmental Kuznets Curve in China: new evidence from dynamic panel analysis. Ecological Indicators, 91(2): 138-147.

Li W, Jia Z, Zhang H. 2017. The impact of electric vehicles and CCS in the context of emission trading scheme in China: A CGE-based analysis. Energy, 119: 800-816.

Li W, Li H, Sun S. 2015. China's low-carbon scenario analysis of CO_2 mitigation measures towards 2050 Using a hybrid AIM/CGE model. Energies, 8(5): 3529-3555.

Liang Q, Fan Y, Wei Y. 2007. Carbon taxation policy in China: How to protect energy- and trade-intensive sectors? Journal of Policy Modeling, 29(2): 311-333.

Liu Y, Lu Y. 2015. The economic impact of different carbon tax revenue recycling schemes in China: A model-based scenario analysis. Applied Energy, 141: 96-105.

Liu Y, Tan X, Yu Y, et al. 2017. Assessment of impacts of Hubei Pilot emission trading schemes in China—A CGE-analysis using Term CO_2 model. Applied Energy, 189: 762-769.

Macmillan W D. 1997. Computing and the science of geography: the postmodern turn and the geocomputational twist. *In*: Pascoe R T. Proc, 2nd International Conference on GeoComputation, New Zealand: University of Otago: 1-11.

Mann M, Zhang Z, Rutherford S, et al. 2009. Global signatures and dynamical origins of the little ice age and medieval climate anomaly. Science, 326(5957): 1256-1260.

Manne A, Richels R. 2005. MERGE: An integrated assessment model for global climate change. Boston, MA: Springer US: 175-189.

Marouania M, Nilsson B. 2016. The labor market effects of skill-biased technological change in Malaysia. Economic Mdeling, 57: 55-75.

Marshall B, Hsiang S, Edward M. 2015. Global non-linear effect of temperature on economic production. Nature, 527(7577): 235-239.

Masui T, Takahashi K, Tsuichda K. 2003. Integration of emission, climate change and impacts. The 8th AIM International Workshop. Tsukuba.

Matthews H D, Gillett N P, Stott P A, et al. 2009. The proportionality of global warming to cumulative carbon emissions. Nature, 459(7248): 829-833.

Mckibbin W, Wilcoxen P. 1998. The theoretical and empirical structure of the G-Cubed model. Economic Modelling, 16(1): 123-148.

Meinshausen M, Meinshausen N, Hare W, et al. 2009. Greenhouse-gas emission targets for limiting global warming to 2℃. Nature, 458(7242): 1158-1162.

Mintzer I. 1987. A Matter of Degrees: the Potential for Controlling the Greenhouse Effect. Washington: World Resources Institute.

Mittal S, Dai H, Fujimori S, et al. 2016. Bridging greenhouse gas emissions and renewable energy deployment target: Comparative assessment of China and India. Applied Energy, 166: 301-313.

Moore F, Diaz D. 2015. Temperature impacts on economic growth warrant stringent mitigation policy. Nature Climate Change, 5(2): 127-131.

Mundaca L, Román R, Cansino J. 2015. Towards a green energy economy? A macroeconomic-climate evaluation of Sweden's CO_2 emissions. Applied Energy, 148: 196-209.

Narayan P, Narayan S. 2010. Carbon dioxide emissions and economic growth: panel data evidence from developing countries. Energy Policy, 38(1): 661-666.

Nijkamp P, Wang S, Kremers H. 2005. Modeling the impacts of international climate change policies in a CGE context: the use of the GTAP-E model. Economic Modelling, 22(6): 955-974.

Nordhaus W D. 1979. Efficient Use of Energy Resources. New Haven: Yale Univirsity Press.

Nordhaus W D. 1982. How fast should we graze the global commons? American Economic Review, 72(2): 242-246.

Nordhaus W D. 1992. An optimal transition path for controling greenhouse gases. Science, 258: 1315-1319.

Nordhaus W D. 1993. Optimal greenhouse-gas reductions and tax policy in the "DICE" model. The American Economic Review, 83(2): 313-317.

Nordhaus W D. 1994. *Managing the Global Commons*: *The Economics of Climate Change*. Cambridge: MIT Press.

Nordhaus W D. 2007. Accompanying notes and documentation on development of DICE-2007 model: Notes on DICE-2007.delta.v8 as of September 212007.

Nordhaus W D. 2008. A Question of Balance Weighing the Options on Global Warming Policies. New Haven: Yale University.

Nordhaus W D. 2010. Economic aspects of global warming in a post-Copenhagen environment. Proceedings of the National Academy of Sciences, 107(26): 11721-11726.

Nordhaus W D. 2011. Estimates of the Social Cost of Carbon Background and Results from the RICE-2011 Model. National Bureau of Economic Research.

Nordhaus W D. 2014. Estimates of the social cost of carbon concepts and results from the DICE-2013R model and alternative approaches. Journal of the Association of Environmental and Resource Economists, 1(1/2): 273-312.

Nordhaus W D. 2015. Climate clubs: overcoming free-riding in international climate policy. American Economic Review, 105(4): 1339-1370.

Nordhaus W D, Boyer J. 1999. Roll the DICE again: Economic Models of Global Warming. New Haven: Yale University.

Nordhaus W D, Boyer J. 2000. Warming the World: Economic Models of Global Warming. Cambridge: MIT Press.

Nordhaus W D, Sztorc P. 2013. DICE 2013R: introduction and user's manual. http://www. dilemdel.net.

Nordhaus W D, Yang Z. 1996. A regional dynamic general-equilibrium model of alternative climate-change strategies. The American Economic Review, 81(4): 741-765.

OECD. 1994. GREEN: The User Manual. Mimeo, Development centre, OECD, Paris.

OECD. 1997. The OECD Green Model: An Updated Overview. Development Centre Working Papers.

Oladosu G. 2012. Estimates of the global indirect energy-use emission impacts of USA biofuel policy. Applied Energy, 99, 85-96.

Openshaw S. 2000. GeoComputation. London: Taylor and Francis: 1-31.

Ortiz R, Golub A, Lugovoy O, et al. 2010. The DICER model: Methodological issues and initial results. BC3 Working Paper Series.

Ortiz R, Golub A, Lugovoy O, et al. 2011. DICER: A tool for analyzing climate policies. Energy Economics, 33: S41-S49.

Owen A D, Hanley. N. 2004. The ewonomius of dimate change. University of Chicago Press. Chicago.

Pan L. 2014. The impacts of education investment on skilled–unskilled wage inequality and economic development in developing countries. Economic Modeling, 39: 174-181.

Patz J, Frumkin H, Holloway T, et al. 2014. Climate change: Challenges and opportunities for global health. Jama, 312(15): 1565.

Piketty T. 2014. Capital in the 21st century. Cambridge: Harvard University Press.

Pindyck R. 2013. Climate change policy: What do the models tell us? Journal of Economic Literature, 51(3): 860-872.

Pindyck R. 2015. The use and misuse of models for climate policy.

Ponjan P, Thirawat N. 2016. Impacts of Thailand's tourism tax cut: A CGE analysis. Annals of Tourism Research, 61: 45-62.

Portella-Carbó F. 2016. Effects of international trade on domestic employment: an application of a global multiregional input-output supermultiplier model(1995-2011). Economic Systems Research, 28(1): 95-117.

Radulescu D, Stimmelmayr M. 2010. The impact of the 2008 German corporate tax reform: a dynamic CGE analysis. Economic Modelling, 27(1): 454-467.

Rotmans J, De Bools H, Swart R J. 1990. An integrated model for the assessment of the greenhouse effect the Dutch approach. Climatic Change, 16(3): 331-356.

Schimel D. 1998. The carbon equation. Nature, 393: 208-209.

Schneider S. 1997. Integrated assessment modeling of global climate change: transparent rational tool for policy making or opaque screen hiding value–laden assumptions? Environmental Modeling and Assessment, 2(4): 229-249.

Schneider S, Lane J. 2005. Integrated assessment modeling of global climate change: much has been learned — Still a long and bumpy road ahead. Integrated Assessment of Water Resources and Global Change: A North-South Analysis, 5(1): 41-75.

Schultz P, Kasting J. 1997. Optimal reductions in CO_2 emissions. Energy Policy, 25(5): 491-500.

Screen J, Simmonds I. 2010. The central role of diminishing sea ice in recent Arctic temperature amplification. Nature, 464(7293): 1334-1337.

Sharma S. 2011. Determinants of carbon dioxide emissions: empirical evidence from 69 countries. Applied Energy, 88(1): 376-382.

Smith S, Edmonds J. 2006. The economic implications of carbon cycle uncertainty. Tellus B, 58: 586-590.

Solomon S, Qin D, Manning M. 2007. Climate Change 2007-the Physical Science Basis: Working Group I Contribution to the Fourth Assessment Report of the IPCC. New York: Cambridge University Press.

Stanton E, Ackerman F, Kartha S. 2009. Inside the Integrated Assessment Models: Four issues in climate economics. Climate and Development, 1(2): 166-184.

Stehfest E, Van Vuuren D, Kram T, et al. 2014. Integrated assessment of global environmental change with IMAGE 3.0. model description and policy applications. Enschede: Gildeprint.

Stern N. 2007. The Economics of Climate Change: The Stern Review. Cambridge: Cambridge University Press.

Tang L, Shi J, Bao Q. 2016. Designing an emissions trading scheme for China with a dynamic computable general equilibrium model. Energy Policy, 97: 507-520.

Tilley H. 2015. The global governance of climate change. Revista Portuguesa De Pneumologia, 16SA: S83-S88.

Tol R. 2006. Multi-gas emission reduction for climate change policy: an application of FUND. The Energy Journal, 27(Multi-Greenhouse Gas Mitigation and Climate Policy): 235-250.

UNFCC. 1992. UN framework convention on climate change.

Van der Mensbrugghe D. 2003. LINKAGE technical reference document. Version 5.3 Development Prospects Group(DECPG).

Van Ruijven B, O'Neill B, Chateau J. 2015. Methods for including income distribution in global CGE models for long-term climate change research. Energy Economics, 51: 530-543.

Van Vuuren D P, Weyant J, de la Chesnaye F. 2006. Multi-gas scenarios to stabilize radiative forcing. Energy Economics, 28(1): 102-120.

Vuuren V D P, Lowe J, Stehfest E, et al. 2011. How well do integrated assessment models simulate climate change? Climatic Change, 104(2): 255-285.

Wang J, Liao H, Tang B, et al. 2017a. Is the CO_2 emissions reduction from scale change, structural change or technology change? Evidence from non-metallic sector of 11 major economies in 1995–2009. Journal of Cleaner Production, 148: 148-157.

Wang S, Li Q, Fang C, et al. 2016a. The relationship between economic growth, energy consumption, and CO_2 emissions: Empirical evidence from China. Science of The Total Environment, 542, Part A: 360-371.

Wang S, Zhou D, Zhou P, et al. 2011. CO_2 emissions, energy consumption and economic growth in China: A

panel data analysis. Energy Policy, 39(9): 4870-4875.
Wang Z, Bao Y, Wen Z, et al. 2016b. Analysis of relationship between Beijing's environment and development based on Environmental Kuznets Curve. Ecological Indicators, 67: 474-483.
Wang Z, Gu G, Wu J, et al. 2016c. CIECIA: A new climate change integrated assessment model and its assessments of global carbon abatement schemes. Science China Earth Sciences, 59(1): 185-206.
Wang Z, Wu J, Liu C, et al. 2017b. Integrated Assessment Models of Climate Change Economics. New York: Springer.
Wang Z, Zhang S, Wu J. 2012. A new RICEs model with the global emission reduction schemes. Chinese Science Bulletin, 57(33): 4373-4380.
Weyant J, Hill J. 1999. Special issue the costs of the Kyoto protocol: A multi-model evaluation: introduction and overview. Energy Journal 20(3): 7-45.
Wheeler T, Von Braun J. 2013. Climate change impacts on global food security. Science, 341(6145): 508-513.
Wigley T. 1993. Balancing the carbon budget. Implications for projections of future carbon dioxide concentration changes. Tellus B, 45(5): 409-425.
Wigley T M L, Raper S C B. 2001. Interpretation of high projections for global-mean warming. Science, 293(5529): 451-454.
Wissema W, Dellink R. 2007. AGE analysis of the impact of a carbon energy tax on the Irish economy. Ecological Economics, 61(4): 671-683.
Xiao B, Niu D, Wu H. 2017. Exploring the impact of determining factors behind CO_2 emissions in China: A CGE appraisal. Science of The Total Environment, (581–582): 559-572.
Xu X, Xu X, Chen Q, et al. 2015. The impact on regional "resource curse" by coal resource tax reform in China—A dynamic CGE appraisal. Resources Policy, 45: 277-289.
Xu Y, Dietzenbacher E. 2014. A structural decomposition analysis of the emissions embodied in trade. Ecological Economics, 101(5): 10-20.
Yahoo M, Othman J. 2017. Employing a CGE model in analysing the environmental and economy-wide impacts of CO_2 emission abatement policies in Malaysia. Science of The Total Environment, (584–585): 234-243.
Yan M, Chang S, Liu C, et al. 2016. Perturbation analysis of Input-Output cofficients on economic module in the MRICE-E model. International Journal of Numerical Analysis and Modeling, 13(2): 280-295.
Yang Z, Sirianni P. 2010. Balancing contemporary fairness and historical justice: A "quasi-equitable" proposal for GHG mitigations. Energy Economics, 32(5): 1121-1130.
Zhang W, Yang J, Zhang Z, et al. 2017. Natural gas price effects in China based on the CGE model. Journal of Cleaner Production, 147: 497-505.
Zhou S, Shi M, Li N, et al. 2011. Impacts of carbon tax policy on CO_2 mitigation and economic growth in China. Advances in Climate Change Research, 2(3): 124-133.
Zwaan B, van Der G, Klaassen G, et al. 2002. Endogenous technological change in climate change modeling. Energy Economics, 24: 1-19.

第 2 章　自主经济体的增长模型

本书所开发的 EMRICES-2017 模型，是可以反映全球经济各国自治的模型，因为数据限制，模型将世界划分为 10 个区域：中国、美国、日本、欧盟、印度、俄罗斯、高收入国家、中等偏上收入国家、中等偏下收入国家及低收入国家，具体的国家分类情况见附录 A。不同国家的经济系统之间采用区域经济关联连接，所有国家的碳排放量加和构成气候系统的碳排放输入，通过辐射强迫影响温度变化，温度变化反作用于经济系统，影响经济系统的生产。其中每个国家（地区）的经济系统均可以选择以宏观经济动态增长模型为基础，中国、美国、日本、印度、俄罗斯的经济系统则既可以采用宏观经济动态增长模型，又可以采用 CGE 模型，其结构如图 2.1 所示，其中标有 CGE 的国家均扩展为 CGE 模型，其结构与中国 CGE 结构一致，限于篇幅，在图中并未一一绘制。

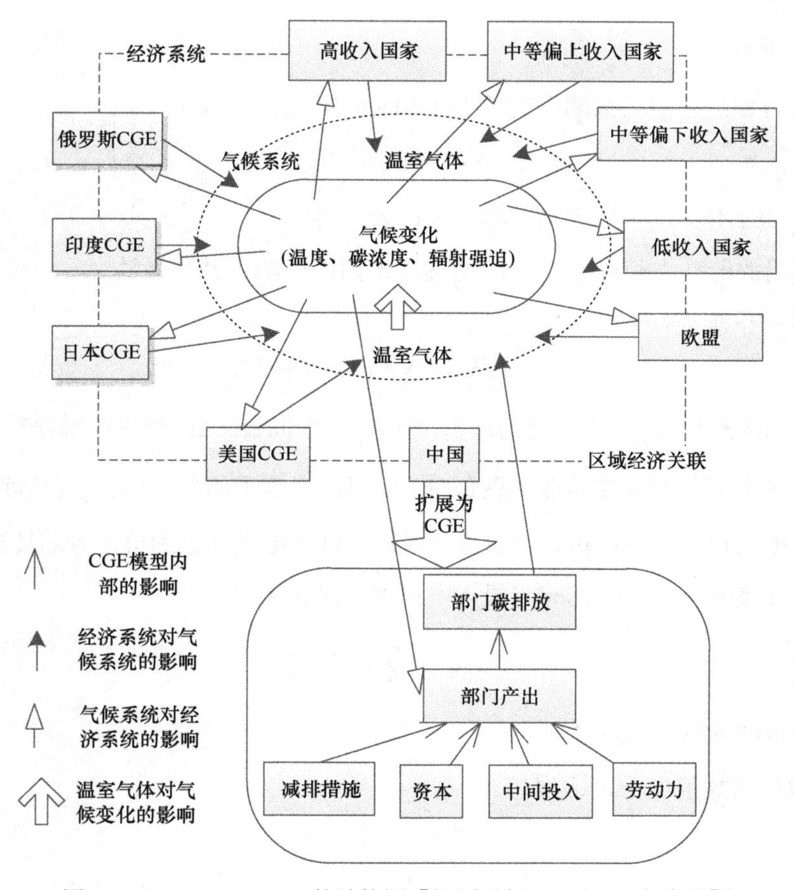

图 2.1　EMRICES-2017 的结构图［据刘昌新（2013），有修改］

根据数据的可获得性，本书的 EMRICES-2017 中中国、美国、印度、俄罗斯和日本的经济模块采用 CGE 模型来处理。这是由于若将 EMRICES-2017 中所有国家的经济模块均换成 CGE 模型，则需要一个基于全球的多区域 CGE 模型。目前仅有 GTAP 数据库可支持这项工作，但 GTAP 中缺乏相应的关于世界所有国家的碳排放数据。且由于 EMRICES-2017 模型中已考虑了区域间的经济联系和发展，而区域间的经济联系正是由于进出口贸易带动起来的。为了回避这种逻辑上的重复，本书构建的经济模型为单区域动态 CGE 模型。本书基础数据为 2009 年的投入产出表，因此动态的起始年份为 2009 年，终止年份为 2100 年，运行步长为每步代表 1 年。

2.1 算法模型 CGE

2.1.1 CGE 模型结构

CGE 模型是采用一系列的方程组来描述社会经济的生产过程，下面分别从供给、需求、收入及市场均衡方面阐述。

1. 产品供给

增加值方程采用规模报酬不变的 Cobb-Douglas 生产函数：

$$\mathrm{VA}_j = A_j L_j^{\alpha_j} K_j^{1-\alpha_j} \tag{2.1}$$

式中，VA_j 表示任一 j 部门产出的增加值；A_j 表示 j 部门的生产效率系数；L_j 和 K_j 分别表示 j 部门的劳动力和资本投入；α_j 是 j 部门的劳动力替代弹性。

部门总产出满足：

$$P_j X_j = \mathrm{VA}_j + \mathrm{II}_j + \mathrm{TX}_j \tag{2.2}$$

式中，j 部门的产出 X_j 由本产业的增加值 VA_j、中间投入 II_j 和生产税净额 TX_j 构成。增加值包含劳动者报酬和资本收益两部分。需要注意这里的总产出 X_j 是一个量的概念，而增加值、中间投入和生产税为价值量，因此对总产出进行了到价值量的转换，P_j 是商品的价格。中间投入符合 Leontief 投入产出的技术关系：

$$\mathrm{II}_j = \sum_{i=1}^{34} a_{ij} X_j P_i \tag{2.3}$$

式中，a_{ij} 为直接消耗系数矩阵。

生产税为增加值的一定比例：

$$\mathrm{TX}_j = t_j^{\mathrm{TX}} \mathrm{VA}_j \tag{2.4}$$

式中，t_j^{TX} 为 j 部门的生产税税率。

2. 需求方程

劳动力和资本的需求方程：

$$\alpha_j A_j L_j^{\alpha_j - 1} K_j^{1-\alpha_j} = w_j \tag{2.5}$$

$$(1-\alpha_j) A_j L_j^{\alpha_j} K_j^{-\alpha_j} = r_j \tag{2.6}$$

工资率为劳动力的边际增加值：

$$\frac{\partial \mathrm{VA}_j}{\partial L_j} = w_j \tag{2.7}$$

资本回报率为资本的边际增加值：

$$\frac{\partial \mathrm{VA}_j}{\partial K_j} = r_j \tag{2.8}$$

式中，w_j 为工资率；r_j 为资本回报率，同时由方程式（2.1）可得：

$$\frac{\partial \mathrm{VA}_j}{\partial L_j} = \alpha_j A_j L_j^{\alpha_j - 1} K_j^{1-\alpha_j} \tag{2.9}$$

$$\frac{\partial \mathrm{VA}_j}{\partial K_j} = (1-\alpha_j) A_j L_j^{\alpha_j} K_j^{-\alpha_j} \tag{2.10}$$

将式（2.7）和式（2.8）分别代入式（2.9）和式（2.10），我们可以得到式（2.5）和式（2.6）。

中间需求使用 Leontief 投入产出矩阵来描述：

$$\mathrm{IU}_j = \sum_{i=1}^{34} a_{ji} X_i \tag{2.11}$$

式中，IU_j 是对 j 部门的中间需求；a_{ji} 是投入产出系数。

投资需求为总产出的一部分：

$$\mathrm{INV}_j = \lambda_j X_j \tag{2.12}$$

式中，λ_j 为投资需求占总产出的比例。

居民的需求函数为常用的扩展的线性支出系统（extend linear expenditure system，ELES）：

$$P_j \mathrm{CoR}_j = P_j \gamma_j + \beta_j (\mathrm{INoR} - \sum_j P_j \gamma_j) \tag{2.13}$$

式中，CoR_j 为居民对商品 j 的需求量；γ_j 为居民对商品 j 的基本需求量；β_j 为居民在满足基本需求量之后用于第 j 种商品的支出比例，即对商品 j 的边际消费倾向；INoR 为 i 地区居民的可支配收入；P_j 为商品的价格。

3. 收入方程

居民的收入包括劳动者报酬（WoR）、财产性收入（EoR）、政府的转移支付（GToR）和企业的转移支付（EToR）：

$$\text{INoR}=\text{WoR}+\text{EoR}+\text{EToR}+\text{GToR} \tag{2.14}$$

$$\text{WoR}=\sum_j w_j L_j \tag{2.15}$$

政府的收入为各项税收之和：

$$\text{INoG}=\sum_j \text{TX}_j+\text{TH}+\text{TD} \tag{2.16}$$

企业的收入为资本收益扣除居民的财产性收入（EoR）：

$$\text{EoE}=\sum_j r_j K_j-\text{EoR} \tag{2.17}$$

4. 均衡条件

模型实现均衡的条件如下所述。

（1）资本市场的出清——资本供给 $\overline{K}$ 等于分部门资本需求之和 $\sum_j K_j$：

$$\sum_j K_j=\overline{K} \tag{2.18}$$

（2）投资等于储蓄：

$$\sum_j \text{INV}_j=\text{SoR}+\text{SoE}+\text{SoG}+\text{SoW} \tag{2.19}$$

总投资（$\sum_j \text{INV}_j$）为居民储蓄（SoR）、企业储蓄（SoE）、政府的储蓄（SoG）与国外储蓄（SoW）之和。

（3）产品市场出清——本地商品总产出（X）与进口（M）之和，等于中间需求（IU）、居民消费（CoR）、政府消费（CoG）、固定资产投资（INV）、库存增加（ST）和出口（E）之和：

$$X+M=\text{IU}+\text{CoR}+\text{CoG}+\text{INV}+\text{ST}+E \tag{2.20}$$

5. 闭合条件

常见的宏观闭合有 4 种：凯恩斯闭合、Jonhansen 闭合、新凯恩斯闭合及新古典闭合。凯恩斯闭合允许失业的存在，Jonhansen 闭合是保持假定投资水平外生给定，新凯恩斯闭合假定工资固定，新古典闭合假定投资水平内生决定，储蓄决定投资量。本书采用新古典闭合，即投资水平是内生决定的，资本供给和劳动力供给外生。本章构建的单一国家静态 CGE 模型结构如图 2.2 所示。

2.1.2 CGE 求解算法

本书模型中的方程数量较多，因此采用算法稳定性高、与政策变动结合比较紧密且简单灵活的 Johansen-Euler 算法。供需相等即为均衡，消费者在预算约束下实现效用最大化时的商品需求、生产者在成本约束下实现利益最大化的生产要素需求，与商品的供给和生产要素的供给实现供需相等。本书的模型由 m 个方程和 n 个变量组成（$m<n$），如公式（2.21）所示：

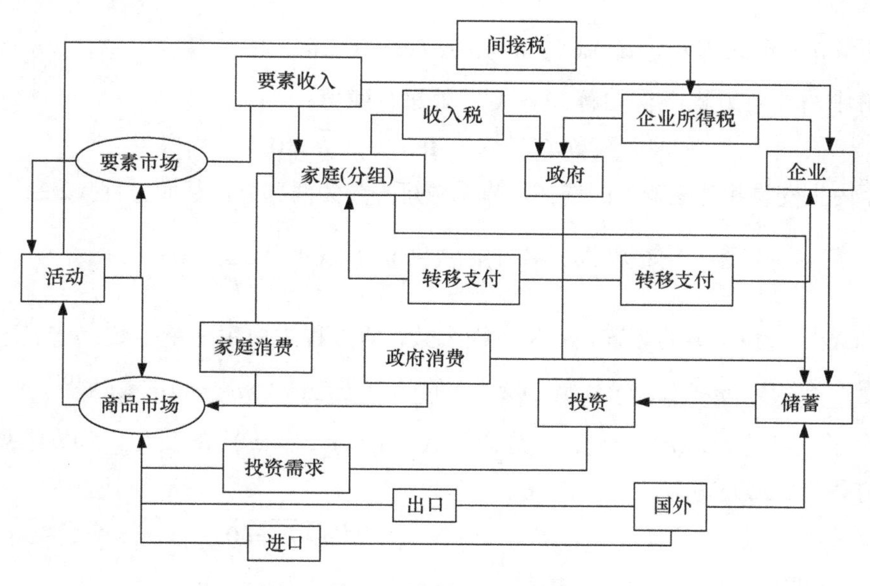

图 2.2　单一国家静态 CGE 模型结构

$$\begin{cases} q_1(X)=q_1(x_1,x_2,\cdots,x_n)=0 \\ q_2(X)=q_2(x_1,x_2,\cdots,x_n)=0 \\ \cdots \\ q_m(X)=q_m(x_1,x_2,\cdots,x_n)=0 \end{cases} \tag{2.21}$$

在实际中，大多数描述经济体系的方程并非是线性的，Johansen-Euler 求解方法的第一步是对方程进行线性化：

$$\begin{cases} a_{11}\bar{x}_1+a_{12}\bar{x}_2+\cdots+a_{1n}\bar{x}_n=0 \\ a_{21}\bar{x}_1+a_{22}\bar{x}_2+\cdots+a_{2n}\bar{x}_n=0 \\ \cdots \\ a_{m1}\bar{x}_1+a_{m2}\bar{x}_2+\cdots+a_{mn}\bar{x}_n=0 \end{cases} \tag{2.22}$$

其中$(\bar{x}_1,\bar{x}_2,\cdots,\bar{x}_n)^T$ 是$(x_1,x_2,\cdots,x_n)^T$ 的变换，绝对变化、百分率变化或者对数变化为常见的变换形式，本章采用对数变化。即方程可以写为

$$dQ(X)=\boldsymbol{A}(X)\times\bar{h}=0 \tag{2.23}$$

式中，$\boldsymbol{A}$（X）为 $m\times n$ 的矩阵，其形式为

$$\boldsymbol{A}(X)=\begin{bmatrix} \dfrac{\partial q_1}{\partial \ln x_1} & \dfrac{\partial q_1}{\partial \ln x_2} & \cdots & \dfrac{\partial q_1}{\partial \ln x_n} \\ \dfrac{\partial q_2}{\partial \ln x_1} & \dfrac{\partial q_2}{\partial \ln x_2} & \cdots & \dfrac{\partial q_2}{\partial \ln x_n} \\ \cdots & \cdots & \cdots & \cdots \\ \dfrac{\partial q_m}{\partial \ln x_1} & \dfrac{\partial q_m}{\partial \ln x_2} & \cdots & \dfrac{\partial q_m}{\partial \ln x_n} \end{bmatrix} \tag{2.24}$$

$n \times 1$ 维向量 $\overline{h}$ 的形式为 $\overline{h}=(d\ln x_1, d\ln x_2, \cdots, d\ln x_n)^T$ 。

求解中需要对方程在初始解 $X = X^{(0)}$ 处进行赋值：

$$dQ(X^{(0)}) = \boldsymbol{A}(X^{(0)}) \times \overline{h} = 0 \tag{2.25}$$

根据内生变量和外生变量的选择，将系数矩阵分为两部分，从而方程（2.22）改写为

$$\boldsymbol{A}(X^{(0)}) \times \overline{h} = \left[A_a(X^{(0)}) \mid A_b(X^{(0)})\right]\left[\frac{\overline{h_a}}{\overline{h_b}}\right] = 0 \tag{2.26}$$

式中，$\boldsymbol{A}(X^{(0)})$ 为 $m \times n$ 的矩阵，m 为方程个数，即方程中内生变量个数；n 为变量个数，外生变量个数为 $n\text{–}m$；$\boldsymbol{A}_a(X^{(0)})$ 是 $\boldsymbol{A}(X^{(0)})$ 的一个子矩阵（$m \times m$）；$\boldsymbol{A}_b(X^{(0)})$ 是 $\boldsymbol{A}(X^{(0)})$ 的另一个子矩阵［$m \times (n-m)$］；$\overline{h}$ 是向量 $X=(x_1, x_2, \cdots, x_n)^T$ 的变化，为 n 维列向量。进而将方程（2.26）写为：

$$A_a(X^{(0)}) \times \overline{h_a} + A_b(X^{(0)}) \times \overline{h_b} = 0 \tag{2.27}$$

若 $A_a(X^{(0)})$ 可逆：

$$\overline{h_a} = -[A_a(X^{(0)})]^{-1} \times A_b(X^{(0)}) \times \overline{h_b} \tag{2.28}$$

2.1.3　CGE 方程线性化

上文提到，本书采用对数线性化的方式，本部分将详细介绍该方法。对于任一方程：

$$y = f(x) \tag{2.29}$$

对其进行全微分处理：

$$\mathrm{d}y = \frac{\mathrm{d}f(x)}{\mathrm{d}x} \times \mathrm{d}x \tag{2.30}$$

对变量的对数进行全微分处理：

$$\frac{\mathrm{d}y}{\mathrm{d}\ln y} \times \mathrm{d}\ln y = \frac{\mathrm{d}f(x)}{\mathrm{d}\ln x} \times \mathrm{d}\ln x \tag{2.31}$$

对公式（2.31）进行以下转换：

$$\frac{\mathrm{d}y}{\mathrm{d}y} \times \frac{\mathrm{d}y}{\mathrm{d}\ln y} \times \mathrm{d}\ln y = \frac{\mathrm{d}f(x)}{\mathrm{d}x} \times \frac{\mathrm{d}x}{\mathrm{d}\ln x} \times \mathrm{d}\ln x \tag{2.32}$$

由于 $\frac{\mathrm{d}y}{\mathrm{d}\ln y} = y, \frac{\mathrm{d}x}{\mathrm{d}\ln x} = x$，因此方程式（2.29）线性化如下：

$$y\mathrm{d}\ln y = \frac{\mathrm{d}f(x)}{\mathrm{d}x} \times x \times \mathrm{d}\ln x \tag{2.33}$$

模型中包含的其他方程线性化如下所述。

1. 产品供给

各地区增加值方程：

$$VA_j = A_j L_j^{\alpha_j} K_j^{1-\alpha_j} \tag{2.34}$$

首先对公式两边取对数：

$$\ln VA_j - \alpha_j \ln L_j + (\alpha_j - 1)\ln K_j - \ln A_j = 0 \tag{2.35}$$

对变量进行全微分：

$$d\ln VA_j - \alpha_j \times d\ln L_j + (\alpha_j - 1) \times d\ln K_j = 0 \tag{2.36}$$

总产出方程线性化为

$$VA_j d\ln VA_j + II_j d\ln II_j - P_j X_j d\ln P_j + TX_j d\ln TX_j - P_j X_j d\ln X_j = 0 \tag{2.37}$$

中间投入方程线性化为

$$\sum_{i=1}^{34} a_{ij} P_i X_j d\ln X_j + \sum_{i=1}^{34} a_{ij} P_i X_j d\ln P_i - II_j d\ln II_j = 0 \tag{2.38}$$

生产税方程线性化为

$$d\ln P_{VA_j} + d\ln VA_j - d\ln TX_j = 0 \tag{2.39}$$

2. 需求方程

劳动力和资本的需求方程线性化为

$$d\ln A_j + (\alpha_j - 1)d\ln L_j + (1 - \alpha_j)d\ln K_j - d\ln w_j = 0 \tag{2.40}$$

$$d\ln A_j + \alpha_j d\ln L_j - \alpha_j d\ln K_j - d\ln r_j = 0 \tag{2.41}$$

中间需求、投资需求方程线性化为

$$\sum_{i=1}^{34} a_{ji} X_i d\ln X_i - IU_j d\ln IU_j = 0 \tag{2.42}$$

$$d\ln INV_i - d\ln X_i = 0 \tag{2.43}$$

居民的需求函数线性化为

$$\begin{aligned}&(P_j\gamma_j - \beta_j P_j \gamma_j - P_j CoR_j)d\ln P_j + \beta_j P_i \gamma_i d\ln P_{i(i\neq j)} + \beta_j WoRd\ln WoR \\ &+\beta EoRd\ln EoR + \beta_j EToRd\ln EToR + \beta_j GToR_i d\ln GToR_i - P_j CoRd\ln CoR = 0\end{aligned} \tag{2.44}$$

3. 收入方程

居民、政府、企业的收入方程线性化为

$$\sum_j P_j CoR_j d\ln CoR_j + \sum_j P_j CoRR_j d\ln P_j + THd\ln TH + SoRd\ln SoR - INoRd\ln INoR = 0 \tag{2.45}$$

$$\sum_j w_j L_j d\ln w_j + \sum_j w_j L_j d\ln L_j - WoRd\ln WoR = 0 \tag{2.46}$$

$$\begin{aligned}&\sum_j TX_j d\ln TX_j + THd\ln TH + TDd\ln TD - \sum_j P_j CoG_j d\ln CoG_j \\ &-\sum_j P_j CoG_j d\ln P_j - GToRd\ln GToR_i - SoGd\ln SoG = 0\end{aligned} \tag{2.47}$$

$$\sum_j r_j K_j \mathrm{d}\ln r_j + \sum_j r_j K_j \mathrm{d}\ln K_j - \mathrm{EoRd}\ln\mathrm{EoR} - \mathrm{EoEd}\ln\mathrm{EoE} = 0 \tag{2.48}$$

4. 均衡条件

资本市场的出清条件方程线性化为

$$\sum_j \mathrm{d}\ln K_j = \mathrm{d}\ln\overline{K} \tag{2.49}$$

投资与储蓄的均衡方程线性化为

$$\mathrm{SoRd}\ln\mathrm{SoR} + \mathrm{SoEd}\ln\mathrm{SoE} + \mathrm{SoGd}\ln\mathrm{SoG} + \mathrm{SoWd}\ln\mathrm{SoW} - \sum_j \mathrm{INV}_j \mathrm{d}\ln\mathrm{INV}_j = 0 \tag{2.50}$$

产品市场出清方程线性化为

$$\begin{aligned}&\mathrm{IU}_j\mathrm{d}\ln\mathrm{IU}_j + \mathrm{CoR}_j\mathrm{d}\ln\mathrm{CoR}_j + \mathrm{CoG}_j\mathrm{d}\ln\mathrm{CoG}_j + \mathrm{INV}_j\mathrm{d}\ln\mathrm{INV}_j + E_j\mathrm{d}\ln E_j\\&-X_j\mathrm{d}\ln X_j - M_j\mathrm{d}\ln M_j = 0\end{aligned} \tag{2.51}$$

2.1.4 CGE 动态化原理

由于气候变化及经济系统变化的长期特性，本章参考刘昌新（2013）的 CGE 模型动态化机制，在 CGE 模型中引入动力经济学模型。这个动态过程的核心机制为宏观经济动力学模式，即本期资本为扣除折旧的上期资本加上期投资总额。需要注意的是，此处的投资 $I_{Si,t}$ 与上文方程体系中的投资额 INV_i 不是一个变量。$I_{Si,t}$ 是部门 i 所获得的将用于部门 i 下一期生产的投资额。而 INV_i 是部门 i 的投资需求，这种需求不是用于消费，而是用于购买产品以进行投资生产。投资总需求量等于投资总供给量。

$$K_{i,t+1} = I_{Si,t} + (1-\delta_{i,t})K_{i,t} \tag{2.52}$$

$$\sum_i \mathrm{INV}_{i,t} = \sum_i I_{Si,t} \tag{2.53}$$

2.1.5 CGE 模型对温度的响应

EMRICES-2017 中温度对经济的影响在 CGE 中通过冲击变量来实现，气候变化及减排措施对经济的影响为

$$\mathrm{Y\_real} = A^* \times Y \tag{2.54}$$

式中，Y_real 为考虑温度影响后实际的 GDP 值；Y 为理论 GDP 值，即不考虑温度影响的值；A^* 为气候变化及减排措施对经济产出的影响。

在 CGE 中，温度对生产的反馈作用理论上讲需要体现到部门水平上。但由于数据的不可获得性，不易评估部门受温度上升影响而产生的生产力破坏作用，因此本章中温度对每个部门的影响与温度对总 GDP 的影响一致。式（2.1）被修改为式（2.55），温度对产出的反馈为在相同的要素投入下，全要素生产率的变化导致的结果：

$$\mathrm{VA}_j = \overline{A_j} L_j^{\alpha_j} K_j^{1-\alpha_j}\text{，}\ \overline{A_j} = A^* \times A_j \tag{2.55}$$

式中，A_j 为第 j 部门实际生产率即式（2.1）中的 A_j 值，温度影响 GDP，但不影响生产技术的发展，因此仍然保持原 CGE 中的演化趋势。在计算温度对 GDP 的影响时，在 CGE 模型中实际的冲击对象为 A^*，受温度影响冲击后经济均衡等式为式（2.55）。冲击的幅度为

$$\Delta\overline{A_j} = \Delta A_j + \Delta A^* \tag{2.56}$$

式中，$\Delta\overline{A_j}$ 为变量 $\overline{A_j}$ 的变化率的冲击值。

2.2　宏观经济模型

中等偏上收入国家、中等偏下收入国家、高收入国家、低收入国家、欧盟的经济模块由于数据获取存在一定难度，仍保留 EMRICES 原有的宏观经济模型。生产函数采用规模报酬不变的 Cobb-Douglas 函数：

$$Q_i = A_i L_i^{\gamma_i} K_i^{1-\gamma_i} \tag{2.57}$$

式中，γ 为资本产出弹性；A_i、K_i、L_i 分别为技术水平、资本和劳动力；Q_i 为总产出。作为一种备选方案，这种宏观经济计算的模块仍然保留。

考虑到研发投资对技术进步有促进作用（Buonanno et al.，2000），式（2.57）改为

$$Q_i(t) = A_i(t) Z_i(t)^{\beta} K_i(t)^{\gamma} L_i(t)^{1-\gamma} \tag{2.58}$$

$$Z_i(t+1) = (1-\delta_Z) Z_i(t) + R_i(t) \tag{2.59}$$

$$R_i(t) = \eta_i^Z(t) Q_i(t) \tag{2.60}$$

式中，$Z_i(t)$ 为知识资本存量；β 为知识资本的弹性系数；δ_Z 为知识资本折旧率；R_i 为研发资本投资量。

气候变化对经济产生的影响为

$$\Omega_i(t) = \varphi_{1i} T_{\mathrm{AT}}(t) + \varphi_{2i} [T_{\mathrm{AT}}(t)]^2 \tag{2.61}$$

式中，φ_1 和 φ_2 为损失函数系数；$T_{\mathrm{AT}}(t)$ 大气温度的变化量。

2.3　国家间经济联系

作为知识经济产物的经济学概念，溢出对于区域经济的发展具有重大意义（Grossman and Helpman，1991），而一个区域 GDP 的变化所创造的市场、技术进步等可以推动另一区域的 GDP 发生变化（王铮等，2003）。GDP 溢出最早出现在 20 世纪 50 年代研究欧洲一体化问题时，此后 Mundell 和 Fleming 建立了 Mundell-Fleming 模型首次对 GDP 溢出进行模拟（Mundell，1963；Fleming，1969）。其后该模型经不断发展，融入开放经济、理性预期等因素，添加经济地理的视角，最终发展为多国 GDP 溢出模型（Douven and Peeters，1998）。而在这一模型中，GDP 溢出的概念定义为由于一国或地区的财税政策、

货币政策等内生变量的变化而通过市场创造、贸易促进和技术扩散等形式对其他地区经济变量的影响程度（Douven and Peeters，1998）。本章模型不考虑货币因素，因此对多国 GDP 溢出模型进行相应的修订以表达区域间的经济联系：

$$\ln Q_i(t+1)-\ln Q_i(t)=\sum_j v_j^i\left[\ln Q_i(t+1)-\ln Q_i(t)\right]+g_i(t) \tag{2.62}$$

式中，v_j^i 是国家 j 相对于国家 i 的系数；g_i 为国家 i 的经济增长率。

2.4 小　结

本章重点介绍了 EMRICES-2017 系统中的经济模块构成。基于投入产出表，构建了区域通用的 CGE 模型，建立起描述国家内部各生产部门间的生产行为、投资行为及用户的储蓄行为的方程组，采用 Johansen-Euler 算法对方程进行求解计算，从而获得在各自均衡发展条件下，各国经济在应对冲击时的变化。在模型的动态化中，基于投资需求与投资供给相等的理论，本期的投资来自于上期资本投资额加上折旧后的资本；本期的技术进步由本期的资本存量决定。气候变化系统与经济系统的融合方面，气候变化作用于全要素生产率，从而对经济系统的产出造成影响。国家间的相互联系则采用 GDP 溢出模块将不同国家间的经济联系在一起。

参 考 文 献

刘昌新. 2013. 新型集成评估模型的构建与全球减排合作方案研究. 中国科学院大学博士学位论文.

王铮, 刘海燕, 刘丽. 2003. 中国东中西部 GDP 溢出分析. 经济科学, (1): 5-13.

Buonanno B, Carraro C, Castelnuovo E, et al. 2000. Efficiency and Equity of Emissions Trading with Endogenous Environmental Technical Change. Dordrecht: Kluwer Academic Publishers.

Douven R, Peeters M. 1998. GDP-spillovers in multi-country models. Economic Modelling, 15(2): 163-195.

Fleming M. 1969. Domestic financial policies under fixed and under floating exchanges rates. International Monetary Fund Staff Papers 9(3): 369-379.

Grossman G, Helpman E. 1991. Innovation and growth in the global economy. MIT Press, 1(2): 323-324.

Mundell R. 1963. Capital Mobility and Stabilization Policy under Fixed and Flexible Exchange Rate, (20): 475-485.

第 3 章　碳排放模型

本章将在第 2 章经济模型的基础上，讨论 EMRICES-2017 系统的气候变化模块。气候变化模块与第 2 章介绍的自主经济体的经济系统紧密相连，其构成包括经济系统中的能源消费核算、碳排放量核算、全球碳循环模块和气候变化对经济的反馈模块。其中，能源消费核算和碳排放量核算是基于经济系统的模拟结果进行核算，温室气体排放所引起的气候变化则通过气候反馈模块反馈到经济系统中，实现经济模型和气候模型的关联，形成一个完整的经济-气候相互作用模型。

3.1　碳循环系统

全球碳循环系统的作用是模拟气候过程，在本章开发的系统中，我们提供了 3 种可选的碳循环系统，即单层碳循环系统、三层碳循环系统和 S 碳循环系统，来描述由经济活动排放的 CO_2 在外部环境中的循环过程及对大气温度的影响，建立全球碳排放与大气温度之间的物理关系。

3.3.1　单层碳循环

单层碳循环系统（Nordhaus and Yang，1996；Pizer，1999；李刚强，2008）中，CO_2 仅在大气中循环累积：

$$\Psi_t - 590 = \beta^c Q_t + \left(1-\delta^c\right)\left(\Psi_{t-1} - 590\right) \tag{3.1}$$

式中，Ψ_t 为 t 时期的大气碳含量（单位：×10 亿 t 碳）；β^c 为 CO_2 在大气中的停滞率；δ^c 为 CO_2 的大气衰减率；590 表示工业化前大气中 CO_2 含量为 5900 亿 t。

单层碳循环符合 Stern（2006）对于 CO_2 排放对经济产生影响的定义："温室气体的排放是一个全球性的问题，无论在哪里排放，对全球气候的影响是一样的。"单层碳循环是最为简单的一个碳循环模式，在模型中作为基础模式供用户选择。

3.3.2　三层碳循环

考虑到海洋上层和深层海洋中碳循环的存在，DICE-2013 将单层碳循环更新为包含大气碳循环、海洋上层碳循环和深层海洋碳循环的三层碳循环模型（Nordhaus and Sztorc，2013）：

$$\Psi_{AT}(t) = ET(t) + \phi_{11}\Psi_{AT}(t-1) + \phi_{21}\Psi_{UP}(t-1) \tag{3.2}$$

$$\Psi_{UP}(t) = \phi_{12}\Psi_{AT}(t-1) + \phi_{22}\Psi_{UP}(t-1) + \phi_{32}\Psi_{LO}(t-1) \tag{3.3}$$

$$\Psi_{LO}(t)=\phi_{33}\Psi_{LO}(t-1)+\phi_{23}\Psi_{UP}(t-1) \tag{3.4}$$

式中，Ψ_{AT}、Ψ_{UP}、Ψ_{LO} 分别为大气碳浓度；海洋上层碳浓度和深层海洋碳浓度；ϕ_{ij} 为任意两层间的碳累积系数。

3.3.3　S 碳循环

相比较于单层碳循环系统，三层碳循环系统包含了更加完善的碳循环系统，然而其忽略了陆地碳循环系统在整个碳循环系统中的作用，即生长的植被有固定 CO_2 的能力，而这部分 CO_2 在植被死后，又有部分重新回到大气中。S 碳循环系统将陆地的碳循环功能考虑其中，形成包含大气、陆地和海洋 3 种循环类型的碳循环系统（Svirezhev et al., 1999；朱潜挺，2012）。

1. 大气碳循环系统

$$\Psi_t=\Psi_{t-1}+Q_t-\Delta V_t-\Delta \mathrm{So}_t-\Delta O_t \tag{3.5}$$

式中，Ψ_t 为第 t 期大气中的碳含量；ΔV_t 为植被对碳的净吸收量；$\Delta \mathrm{So}_t$ 为土壤对碳的净吸收量；ΔO_t 为海洋对碳的净吸收量。

2. 陆地碳循环系统

陆地碳循环系统考虑植被和土壤两类，植被 t 期对碳的净吸收量为

$$\Delta V_t=\mathrm{Npp}_t-\iota_t V_{t-1} \tag{3.6}$$

$$\mathrm{Npp}_t=\mathrm{Npp}_0\left(1+\varpi_1 T_{t-1}\right)\left[1+\varpi_2\left(\Psi_{t-1}-\Psi_0\right)\right] \tag{3.7}$$

$$\iota_t=\iota_0\left(1+\varpi_3 t\right) \tag{3.8}$$

式中，V_t 表示第 t 期植被总固碳量；第 t 期植被净第一生产力（net primary productivity）的固碳量 Npp_t 与当期的地表温度和碳排放量的增量 $\Psi_t-\Psi_{t0}$ 有关；ι_t 为植被因死亡而释放 CO_2 的比率，随时间增加而增大；ϖ_1、ϖ_2、ϖ_3 是方程参数。

土壤的净固碳量为当期死亡植被碳转移量和土壤碳降解量之间的差值：

$$\Delta \mathrm{So}_t=\varepsilon_s \iota_t V_t-\delta_t^s \mathrm{So}_{t-1} \tag{3.9}$$

$$\delta_t^s=\delta_0^s\left(1+\varpi_4 T_{t-1}\right) \tag{3.10}$$

式中，So_t 为 t 期土壤总固碳量；ε_s 为植被死亡而转移到土壤中碳的比率；δ_t^s 是土壤碳含量的降解率。

3. 海洋碳循环系统

海洋碳循环系统对碳的净吸收量为

$$\Delta O_t=\sigma_o\left[\left(\Psi_{t-1}-\Psi_0\right)-\upsilon_o\left(O_{t-1}-O_0\right)\right] \tag{3.11}$$

式中，O_t 为第 t 期海洋总固碳量；σ_o 和 υ_o 为海洋系统对碳的净吸收参数。

已有研究表明，S 碳循环在 IAM 中模拟性能高于单层碳循环和三层碳循环模型，在大气二氧化碳含量模拟的趋势性和准确性上结果较好（吴静等，2014）。三个碳循环系统相互作用，形成一个互相影响关联的完整的全球碳循环系统。

3.2　气候反馈模块

经济的发展排放大量的温室气体，给地表温度的变化带来影响；而温度的变化反作用于经济模块，对经济系统的生产产生影响；两者之间存在着相互影响的关系。气候反馈模块连接了气候系统和经济系统，实现两者之间的互相影响，从而实现了减排措施的经济评估，是气候集成评估模型的重要组成部分。EMRICES-2017 模型提供了 Nordhaus 模式（Nordhaus and Yang，1996）和 Weitzman 模式（Weitzman，2009，2010）两种气候反馈模式。

在 Nordhaus 模式中，温度变化对经济产生的影响为

$$\Omega_{i,j,t}^{N}=\frac{1-b_{1,j}\mu_t^j}{1+\left(\dfrac{D_{0,j}}{9}\right)T_t^2} \tag{3.12}$$

式中，$b_{1,j}$ 为国家 j 的生产型破坏系数；$D_{0,j}$ 为温度上升 3℃所导致的 GDP 变化；T_t 为 t 期地表温度；μ_t^j 为国家 j 的减排控制率。

Weitzman 模式中，温度变化对经济产生的影响为

$$\Omega_{i,j,t}^{W}=\frac{1-b_{1,j}\mu_{i,t}^j}{1+\left(\dfrac{T_t}{20.46}\right)^2+\left(\dfrac{T_t}{6.081}\right)^{6.754}} \tag{3.13}$$

上述两种气候反馈模式的区别在于：Nordhaus 模式的温度上升破坏系数是基于国家的，每个国家不同，而 Weitzman 模式则采用单一的温度上升破坏系数，无国家间的区别。

3.3　能源-碳排放核算模块

任一国家碳排放量的计算与其各个产业的产量和产业的碳排放强度有关。限于数据的可获得性，一般对碳排放强度的预测多基于历史的碳排放强度进行拟合，进而推算未来的碳排放强度，常见的预测方式有：①对历史碳排放强度进行指数拟合；②依据历史碳排放强度，求得历史年均碳排放强度的演变速度。目前来看，这样的计算方法将所有影响碳排放的因素，如不同能源品种在提供能源使用量方面的差别、能源消耗产业结构的差别，全部归纳到碳排放强度这一指标中，对于长期的预测是不准确的。因此，本章基于 WIOD 提供的能源消耗量数据，对 EMRICES-2017 系统中几个国家的碳排放计算模块进行修订。

在模拟初始年份，各国的每个产业的能源消费结构由煤、油、天然气和非化石能源4类的比例构成：

$$S_{i,t}=(C_{i,t},P_{i,t},G_{i,t},NF_{i,t}) \text{ 且 } S_{i,0}=(C_{i,0},P_{i,0},G_{i,0},NF_{i,0}) \tag{3.14}$$

式中，$S_{i,0}$为任一国家产业 i 在基期的能源结构；$C_{i,0}$，$P_{i,0}$，$G_{i,0}$，$NF_{i,0}$分别为基期任一产业对煤、油、天然气、非化石能源的消耗占比。

各部门生产过程中使用的能源由能源部门供给，即保证能源的供给与需求均衡。本章的能源部门包含3个产业部门，采掘业，炼焦、成品油和核燃料业，电力、燃气及水的供应业。各个产业对能源的使用量可以根据各部门对能源部门的需求系数和部门总产出计算得到。

$$E_{i,t}^{j}=a_{E,j,i,t}X_{i,t}^{j} \tag{3.15}$$

式中，$E_{i,t}^{j}$表示国家 j 部门 i 在第 t 期的能源使用量；$a_{E,j,i,t}$表示国家 j 部门 i 在第 t 期对能源部门的需求，即该部门单位产出所需要的能源投入量。

考虑技术进步对能源消费量及碳排放量的影响，并估算一国的能源消费量、能源消费结构和碳排放量趋势，本章引入能源-碳排放模块（杨源，2016；吴静等，2016），该模块依照经济模块建模方式，采用自底向上的方法对碳排放量的计算进行建模。在能源-碳排放模块，任一产业的技术创新将从两个方面影响其能源消费和碳排放，一方面是技术进步将影响产业能源强度的变化，另一方面将对产业的能源消费结构产生影响。

各个产业的能源消费强度受技术进步的影响，即当技术进步时，对能源产品的中间需求系数将受到一次服从正态分布的随机冲击，产业在朝着降低能源强度的方向选择性地更新能源强度，式（3.16）是对能源部门的需求系数的对数进行随机冲击，从而影响产业的能源强度。在每一次的冲击完成后，对产业的能源消耗强度进行判别，如果低于原来的能源消耗强度，则选用新的能源消耗系数结构进行下一次冲击，若高于原来的能源消耗强度，则继续采用原来的能源消耗系数矩阵继续进行冲击，每轮冲击进行1000次。本章进一步认为随着能源强度$\varsigma_{k,i,t}$的减小，其每次更新的幅度也在递减，即$\psi_{k,i,t}$是随时间 t 的增大而减小，这一点也是符合现实的，随着能源强度的减小，其能够改进的空间将逐步减少：

$$\ln(a_{i,t}^{'})=\ln(a_{i,t-1})+\Psi_{i,t} \text{ 且 } \Psi_{i,t}\sim N(0;\lambda) \tag{3.16}$$

$$\varsigma_{i,t}=\begin{cases}\varsigma_{i.t}^{'} & \text{if } \varsigma_{i.t}^{'}<\varsigma_{i.t}\\ \varsigma_{i,t-1} & \text{if } \varsigma_{i.t}^{'}>\varsigma_{i.t}\end{cases} \tag{3.17}$$

能源部门所提供的能源有多种类型，不同的能源其碳排放强度不同，因此在计算一国总的碳排放量时，需要考虑该国的能源消费结构。本书涉及的具体能源种类为WIOD提供的27种能源类型，具体的能源种类分为无烟煤、褐煤、焦炭、原油、柴油、动力汽油、航空燃料油、轻燃油、重燃油、石脑油、其他油、天然气、其他燃气、废料、生物燃气、生物柴油、沼气、其他可再生能源、电力、热能、原子能、水电能、地热能、太阳能、风能、其他能源来源及能源损失。其中无烟煤、褐煤、焦炭、柴油、动力汽油、航空燃料油、轻燃油、重燃油、石脑油、其他油、天然气、其他燃气、废料的使用会产生碳排放，其他为非化石类能源，不产生碳排放。

在本书中，化石能源被分为焦炭、石油、煤和天然气 4 种，各种能源消费比重 H_t 的变化趋势由 WIOD 中各主要国家自 1995~2009 年的能源数据拟合，并进行归一化处理所得。具体处理方法以炼焦、成品油和核燃料业为例，介绍如下：所有产业对炼焦、成品油和核燃料业的能源需求量由能源种类焦炭、石油和核能产生，而焦炭、石油和核能在这一产业能源消费量占的比例由其历史数据推算而得，这里需要指出，由于推算的比例加和不一定会刚好等于一，因此能源品种所占的比例需对外推数据进行归一化处理。每种能源所提供的能源量为

$$\mathrm{En}_t{}^H = \sum_{H=C,P,G,\mathrm{NF}} E_{i,t} H_t \tag{3.18}$$

进而得到部门的能源消费总量 $\mathrm{En}_{k,t}$ 及能源消费结构 S_t 为

$$\mathrm{En}_t = \sum_{H=C,P,G,\mathrm{NF}} \mathrm{En}_t^H \tag{3.19}$$

$$S_t = (C_t, P_t, G_t, \mathrm{NF}_t) = \mathrm{En}_t^H / \mathrm{En}_t, H = C, P, G, \mathrm{NF} \tag{3.20}$$

每个部门的碳排放量由部门各种能源的消费量及各种能源的碳排放系数计算得到：

$$E_{k,t} = \sum_{H=C,P,G} \mathrm{En}_t^H \beta_H \tag{3.21}$$

式中，β_H 分别为煤、油、天然气的碳排放系数。

除去中国、美国、日本、印度、俄罗斯这 5 个国家，其他国家和地区的碳排放量保持原 EMRICES 模型中的计算方法：

$$E_i(t) = [1 - \mu_i(t)]\sigma_i(t) Q_i(t),\quad 0 \leqslant \mu_i(t) \leqslant 1 \tag{3.22}$$

式中，μ_i 为 CO_2 减排率；σ_i 为碳排放强度，碳排放强度与技术水平相关，技术提高则碳排放强度下降，下降率随着时间的推移逐渐减小。

全球碳排放总量等于各地区碳排放量之和：

$$\mathrm{ET}(t) = \sum_i E_i(t) \tag{3.23}$$

3.4　小　　结

本章介绍了 EMRICES-2017 模型中的全球碳循环系统、气候反馈模块及碳核算模块。其中，全球碳循环系统和第 2 章介绍的宏观经济系统是相对较为独立的两个模块，通过碳核算模块和气候反馈模块将这两个系统进行连接。其中，世界各个国家或地区经济活动所产生的碳排放量由碳核算模块计算，全球温度变化给世界各个国家或地区经济发展带来的影响通过气候反馈模块进行计算。碳核算模块基于各国各部门的产出、各部门能源消耗系数矩阵、不同品种能源的碳排放强度，计算出当期的全球碳排放量。气候

反馈模块由 Nordhaus 模式和 Weitzman 模式两种反馈模式组成。全球碳循环模型由单层碳循环系统、三层碳循环系统和 S 碳循环系统组成。

参 考 文 献

李刚强. 2008. 多国 GDP 溢出背景下的气候保护模拟分析系统开发及应用. 中国科学院大学硕士学位论文.

吴静, 王铮, 朱潜挺, 等. 2016. 微观创新驱动下的中国能源消费与碳排放趋势研究. 复杂系统与复杂性科学, (04): 68-79.

吴静, 朱潜挺, 刘昌新, 等. 2014. DICE/RICE 模型中碳循环模块的比较. 生态学报, (22): 6734-6744.

杨源. 2016. 进化经济学视角下的美国能源消费与碳排放预测研究. 中国科学院大学硕士学位论文.

朱潜挺. 2012. 含碳交易环节的气候保护集成评估模型研究. 中国科学院大学博士学位论文.

Nordhaus W D, Sztorc P. 2013. DICE 2013R: introduction and user's manual.

Nordhaus W D, Yang Z. 1996. A regional dynamic general-equilibrium model of alternative climate-change strategies. The American Economic Review, 81(4): 741-765.

Pizer W. 1999. The optimal choice of climate change policy in the presence of uncertainty. Resource and Energy Economics, 21: 255-287.

Stem N. 2006. Stem review on the economics of climate change. Report to the Prime Minister and the Chancellor of the Exchequer on the Economics of Climate Change.

Svirezhev Y, Brovkin V, Bloh W, et al. 1999. Optimisation of reduction of global CO_2 emission based on a simple model of the carbon cycle. Environmental Modeling and Assessment, 4: 23-33.

Weitzman M. 2009. On modeling and interpreting the economics of catastrophic climate change. Review of Economics and Statistics, 91(1): 1-19.

Weitzman M. 2010. GHG targets as insurance against catastrophic climate damages. Journal of Public Economic Theory, 14(2): 221-244.

第4章　系统设计与开发

第2章和第3章分别介绍了模型体系和数据来源，本章将从软件工程的角度出发，介绍其系统开发和设计流程，主要包括需求分析、逻辑设计、详细设计和系统实现。系统的实现主要分为三部分，EMRICES-2017的系统实现、动态CGE系统的实现及二者的结合。EMRICES-2017的系统在C#平台上开发，动态CGE过程主要通过Matlab开发，最终在C#平台上通过添加引用，调整EMRICES-2017程序，实现系统功能的集成。

4.1　需求分析

系统开发之前首先需要对目标系统的目的、范围和功能提出完整、准确、清晰和具体的要求（孟亚辉，2009），即进行需求分析。需求分析是系统顺利实现的基础，关系到系统是否能够成功被开发。需求分析整体上可以分为功能性和非功能性两类：功能性分析是指，对将要开发的系统有什么样的职能需求，如系统的输入、计算、输出功能；非功能需求分析是分析系统的外在条件。

EMRICES-2017作为一个气候集成评估模型，具备一般软件系统的核心功能，包括计算模拟、结果显示和统计分析等，以及一些基础的功能，如经济模型所需参数、经济模型初始值的设置、碳排放模块数据参数、能源相关系数、模型数据说明、模拟结果保存等。本系统的主要功能模块如下所述。

（1）数据导入、处理功能。系统具有从外部数据库导入数据的功能，由于本书的数据库按照经济系统和气候系统有两类不同的数据库类型，需要实现对.mat文件和Access数据库的调用。系统的数据处理功能保证用户可以对各种数据进行浏览和查询，且对减排方案中的参数设置和减排比率等内容可以进行修改并存储。各个功能模块能方便地调用数据，与用户之间建立良好的反馈机制（吴兵，2004）。

（2）计算、模拟功能。系统具高效的数据处理能力，首先系统满足经济模块的CGE模型调用功能，其次可实现长期的模拟计算。模拟功能包含用户对减排方案、减排量的控制，满足用户对不同的全球气候减排方案的研究需求。

（3）计算结果显示、存储功能。考虑到模型运算的长期性，模型每进行一期的运算便进行结果保存，方便用户整理、查询结果。同时提供模拟结果的查询、分析功能，使得用户能够快速利用模拟数据进行分析。

4.2　系统逻辑设计

在上述需求分析的基础上，我们开发了EMRICES-2017系统作为EMRICES的2017版。系统使用Microsoft可视化开发平台Visual Studio作为基础开发工具，使用C#作为编程语言，核心计算程序采用 Matlab 语言进行编写，系统以 Access 作为主数据库存储数据。本系统开发采取了软件过程中数据流开发的方法，图 4.1 为系统的数据流图。

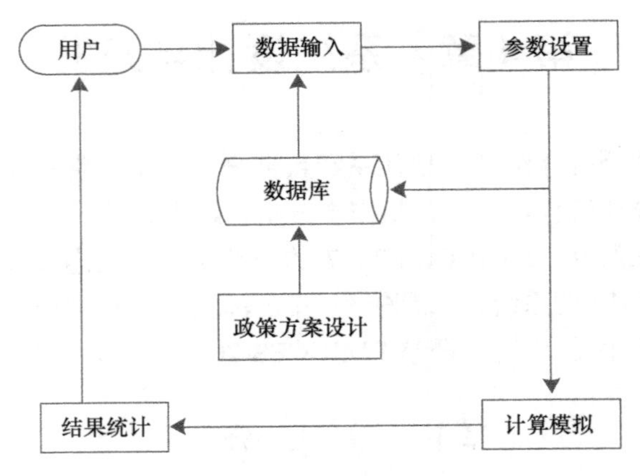

图 4.1 系统数据流图

本系统的主要功能是实现模型的计算模拟，以及与其相关的参数设置、气候保护方案设计、模拟结果的数据统计分析等。从概要分析的角度出发，本系统的主要功能模块如下所述。

（1）参数设定模块，主要功能是读入数据库中的默认参数，由用户对默认参数进行确认和修改，将修改后的参数写入数据库和系统，作为系统初始数据。同时为用户提供了不同的经济系统模块、碳循环模块、气候反馈模块和减排方案设置以供选择，以及设置贴现率、时间偏好等参数的用户界面，以供用户设定不同的情景。

（2）气候保护方案设计模块，主要功能是在全球总的碳排放约束下，通过设置不同的 CO_2 减排策略、减排目标年份、基准年份 CO_2 排放量，计算每个国家在模拟过程中所应控制的碳排放量，最后得到全球各国在模拟过程中的 CO_2 减排方案。通过气候保护方案设计模块，用户不仅可以采用如 Nordhaus 方案、Stern 方案等国际上著名的气候保护方案，还可以依据自己的设想和标准设计出自主的全球气候保护方案。

（3）模拟系统模块，模拟系统是本系统的核心，其主要功能是建立 EMRICES-2017 系统模型，包括基于可计算一般均衡模型的经济系统、经济增长系统、全球碳循环模型及相关的其他计算模块等，并依据用户输入和选择的参数，对该模型进行模拟计算，得到模拟过程中世界各国各部门相关的经济数据和全球气候变化数据。

（4）数据分析模块，主要功能是统计分析不同情景下，模拟过程中产生的数据，并将其显示到系统界面上。统计分析模块包括世界各国的统计数据显示和指定单个国家统计数据显示，显示统计数据的方法包括图表显示、列表显示和地图显示。

4.3 系 统 设 计

4.3.1 CGE 系统设计

CGE 模块主要在 Matlab 软件中编写，分为数据模块、计算系数矩阵模块、闭合设置模块和求解计算模块，分别存放在不同的 matlab 脚本文件中。选用 Matlab 编写程序因其一方面编程效率高，另一方面因其用户体验较好，易于操作。其中数据模块完成初始数据的读入，计算数据的写入，以及每次新的模拟进行时对原有数据的清除。计算系数矩阵模块对 CGE 模型中线性化后的方程涉及的初始系数矩阵进行计算，每期更新。闭合设置模块为设置内外生变量，为下一步的方程求解做准备。求解计算模块为依据读入的外生变量变化率，运算求得内生变量的变化率。之后再次调用数据模块对模拟后的数据进行更新，并为下期模拟提供数据。

详细的 Matlab 核心计算代码见附录 B，包括各个主要国家系数矩阵的计算、获取内外生变量、CGE 计算、更新计算结果等程序。本章的 CGE 模型具有较好的可维护性和可修改性，便于被其他程序调用。具体的计算流程为首先对方程进行线性化，依据变量的初值和参数的初值计算获得系数矩阵，确定内外生变量，并对外生变量给以冲击，方程求解获得内生变量的变化率。

4.3.2　碳循环系统设计

图 4.2 显示了全球碳循环系统的运行流程。全球碳循环系统由三个子系统组成：单层碳循环系统、三层碳循环系统和 S 碳循环系统，用户可以在模式选择的碳循环设置中选择其中之一作为模拟过程中的全球碳循环系统。全球碳循环系统的运行流程如下所述。

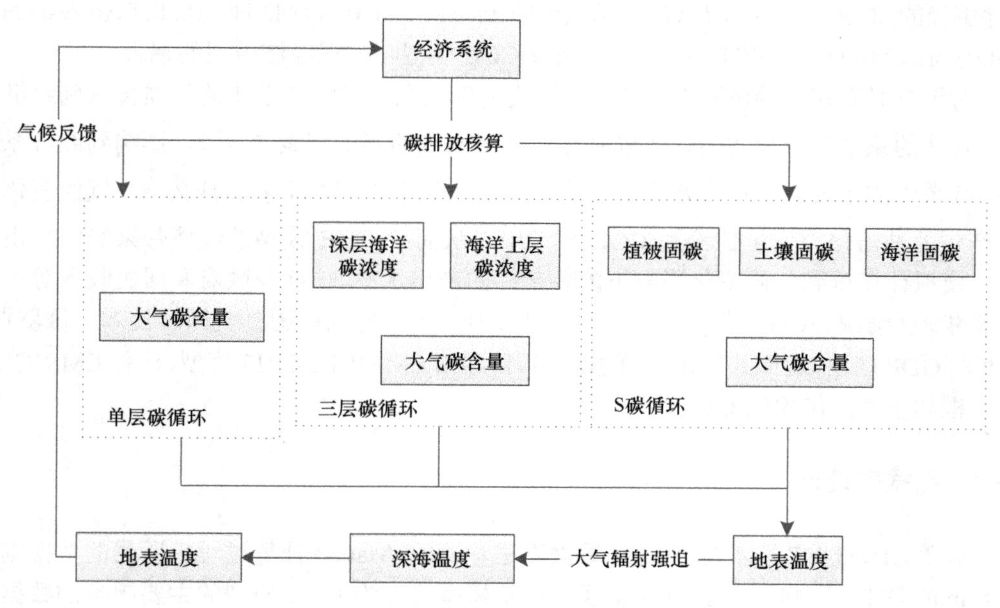

图 4.2　全球碳循环系统流程图

（1）从碳核算模块得到全球当年的碳排放总量，根据用户的选择，选用单层碳循环系统或三层碳循环系统或 S 碳循环系统作为全球碳循环系统。

（2）若选用单层碳循环系统，则其运行流程为：首先根据当期全球碳排放量和之前累积的大气碳含量计算当期大气碳含量；根据大气碳含量计算当期大气辐射强迫；根据当前地表温度上升幅度计算深海温度的上升幅度，最后根据深海温度上升幅度和当期大气辐射强迫计算出在当期碳排放影响下地表温度的上升幅度。

（3）若选用的是三层碳循环系统，则碳排放量在大气、海洋上层和深层海洋间循环。

（4）若选用的是 S 碳循环系统，则其大气碳含量的计算过程被分为 3 个部分，分别是土壤、植被和海洋。其运行流程为，首先根据当前地表温度上升幅度和大气碳浓度计算植被、土壤和海洋的净碳吸收量；然后根据当期全球碳排放量计算新的大气碳浓度；再计算出在当期全球碳排放情况下地表温度上升幅度。

（5）将计算得到的地表温度上升幅度导入气候反馈模块，再传回经济系统，影响下一期各国各部门的经济生产。

4.3.3　系统耦合设计

系统耦合设计包含两部分内容：一部分为 Matlab 编写的 CGE 模型与 C#编写的宏观经济模型的耦合；另一部分为气候系统与经济系统的耦合。

对于 CGE 模型与宏观经济模型的耦合，采用 C#调用 Matlab 程序，具体方法为①在 Matlab 的命令窗口输入 deploytool 命令对 CGE 程序进行编译，编译目标选择.NET Assembly，生成 dll 文件；②在 C#中添加调用 Matlab 文件的 dll 引用（NWArray.dll）及上步生成的 CGE 程序编译的 dll 文件；③在 C#代码段添加引用(using MathWorks.MATLAB.NET.Arrays; using MathWorks.MATLAB.NET.Utility;)，完成 CGE 模型与宏观经济模型的耦合。

对于气候系统和经济系统的耦合，即实现气候系统对经济系统的反馈传输到经济系统，具体的系统耦合模式为，气候变化对经济系统的影响因素（A^*），影响到经济系统生产函数中的全要素生产率水平 A，即原本的全要素生产率与 A^* 合成为 A。气候变化对 A^* 产生的冲击作为变量传输到 CGE 模型中，从而给 CGE 模型的经济带来影响。由此 CGE 模拟计算得到气候变化影响下的各部门的产出水平、价格及政府和居民收入等经济指标的变化情况。CGE 模型计算得到满足一般均衡条件的中国、美国、日本、俄罗斯、印度的 GDP 产出，进而计算出经济总产出，传递给 EMRICES-2017 模型，代替 EMRICES-2017 框架下对应国家的 GDP。

4.3.4　数据库设计

本章 ADO.NET 技术对 Access 数据库进行访问，Matlab 计算过程中所需的数据则存储于.mat 文件中。Matlab 数据库实现对经济模型修改为 CGE 模型的主要国家的数据管理，每个国家包含一个结构体，包括所有模型初始化所需要用到参数的参数名及其默认值，其中的参数可以分为 4 组，分别为一般均衡经济系统固定参数、系统初值、政策性参数和其他参数预设值。一般均衡经济系统参数包括固定资本产出弹性、知识资本产出弹性、产出均衡份额参数、每种能源的单位碳排放量等；每一个参数、变量为一个组成元素存储于结构体中，属性包括年份、产业类别，通过年份属性实现对数据的调用。

Access 数据库中的参数表包含各个国家或地区的系统初值，包括初始劳动力分配、初始固定资本和知识资本存量、初始工资率、初始中间需求系数等；政策性参数包括各国的碳减排目标、知识资本投资率等；其他参数包括时间偏好、贴现率、投资模式权重等。方案表用于存储用户设置的国际气候保护方案，其中包含 1990 年、2005 年、2006 年各国碳排放量的表以作为减排基准年份的对照。模拟结果储存表用于记录全世界和各国各部门的模拟结果，包括各国各部门的增加值、总产出、固定资本和知识资本存量、劳动力数量、累积效用、能源使用和碳排放量等。

4.3.5　地图显示设计

专题地图常用以描述一种或者几种自然或社会经济现象的地理分布（马永立，1982）。考虑到本书研究对象的地理分布，系统将对各个国家的碳排放量和 GDP 进行专题地图的制作和显示。ArcGIS 是常见的专题地图绘制工具，因此本书在 C#平台的基础上，调用 ArcEngine 以进行相关地图的制作和显示。ArcGIS 中常见的制图方式有单一符号化、定性符号化、统计图表符号化。本书主要采用的是定性符号化中的唯一值符号化和统计图表符号化中的柱状图符号化。唯一值符号化是根据要素的属性值进行地图符号设置，将同一属性值的地理要素设置为相同的符号，并以符号对不同的属性值进行区分，这类方法不仅能够反映出地图要素的数量差异，更能反映出地图要素的质量差异。在本书中，将首先从数据库中获取各国家或地区的碳排放值或 GDP 值传输至 ArcEngine，从而对其进行分级着色地图、点状图的绘制。考虑到本研究的模拟期间较长，采用柱状图对不同年份间碳排放值或 GDP 值进行对比。

4.4　系 统 实 现

在系统需求分析的基础上，结合逻辑设计和系统结构设计的思想，我们构建了整个政策模拟系统。系统运行主界面如图 4.3 所示，包含区域设置、模式选择、参数设置、减排方案设置、碳交易模拟、结果查看等菜单。其中区域设置模块分为两种，一种是将全球分为 10 个区域，另一种是将另外的研究主体提出来，即 10+1 区域；模式选择包括对经济模块的模型选择、气候模块的模式选择及气候对经济反馈模式的选择；参数设置包括气候参数、贴现率等重要参数的设置，也包括税收等简单环境政策的参数设置；减排方案的设置一方面可用于进行合作减排方案的博弈研究分析，另一方面可针对不同国家设定特定的减排目标；碳交易模拟主要进行碳配额的计算；结果查看模块对模拟的结果进行分国家、分行业的表格显示；地图显示模块为区域的碳排放数据在地图上显示；当所有条件完成设置后，运行菜单开始程序的计算。

模式选择的不同功能见图 4.4。在对经济模块的模式选择中，我们可以对中国、美国、日本、印度和俄罗斯进行 CGE 模型的模拟，系统的默认设定为经济增长模型。碳循环模块的选择为单层碳库、三层碳库和 S 模型 3 种。气候响应模块的选择为 Nordhaus 模式和 Weitzman 模式两种。

图 4.3　模拟系统主界面图（彩图扫描封底二维码获取）

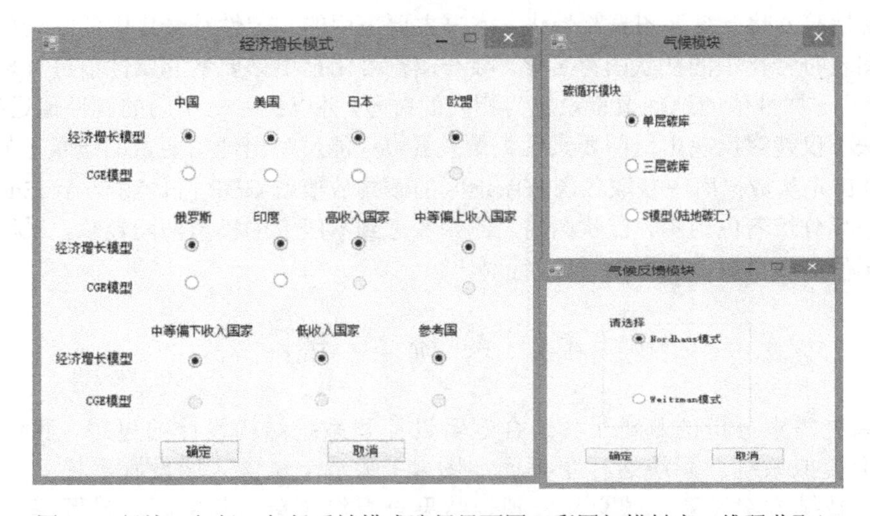

图 4.4　经济、气候、气候反馈模式选择界面图（彩图扫描封底二维码获取）

自定义设置减排方案的界面如图 4.5 所示。用户可对减排的起始年份、目标年份及减排量进行设定，默认减排起始年份为 2017 年。

对参数设定和存储完毕后，点击运行菜单，系统将进入计算模拟阶段。在这个过程中，系统将调用 Matlab 程序从而开始运行核心计算模型。在此过程中，首先从系统中获取气候模块对经济系统反馈的作用，传入经济模块；再由 Matlab 程序脚本读取数据库中保存相关主要国家的参数、内外生变量，计算系数矩阵，完成 CGE 经济模块的计算，传回系统，进行其他经济增长国家模型的计算；所有国家经济模块计算完成后，调用碳排放模块和气候模块，对各国碳排放进行计算，从而评估气候可能发生的变化，产

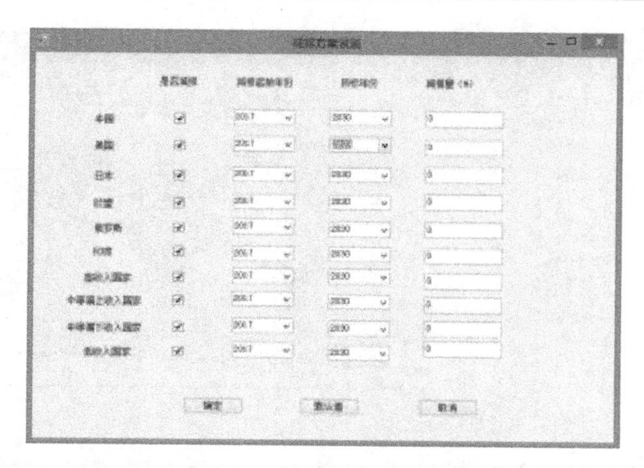

图 4.5　自定义设置减排方案界面（彩图扫描封底二维码获取）

生其对经济系统影响的数值；对数据中的值进行更新，一期模拟结束。模型的计算结果每年更新，即系统的步长为一年。在所有的模拟结束之后，系统将模拟结果导入数据库中以供用户查看和分析。

系统的结果显示部分如图 4.6 所示，其功能为从数据库中读取本次模拟所得到的数据，将其按照国家、产业进行统计，最终以图或者数据列表的形式展示，实现结果的可视化。不分产业的数据主要包括各个国家的 GDP、碳排放量、气候数据及累积福利值等数据；分产业的数据主要为 5 个主要国家的碳排放、GDP、劳动力、资本投入等数据。

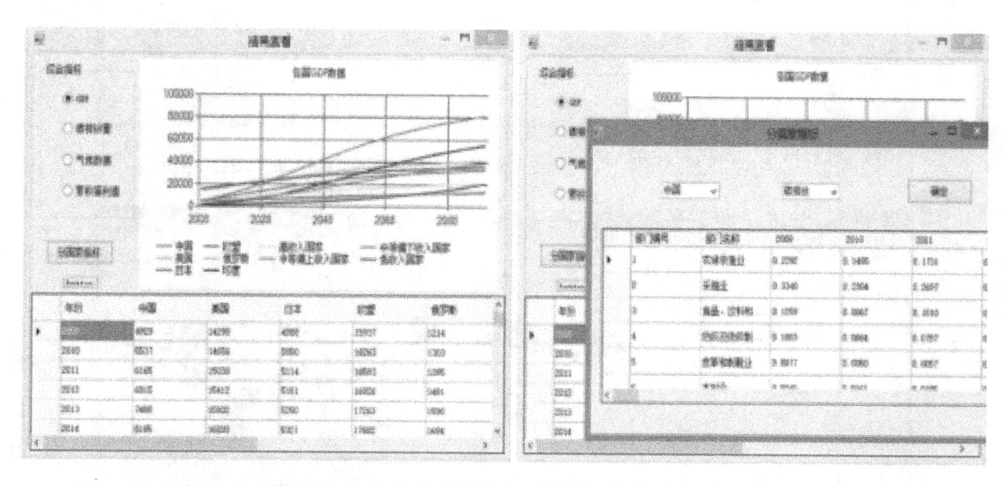

图 4.6　模拟结果统计显示界面（彩图扫描封底二维码获取）

系统另外一项功能为结合 ArcEngine 对数据库中数据进行专题地图显示，系统地图显示的结果主要包括各个地区的碳排放量、GDP 值，可采用分级差色地图（图 4.7）、点状图（图 4.8）来显示每一年的值，而通过柱形图（图 4.9）表示不同年份间不同地区或国家间数据的差异。

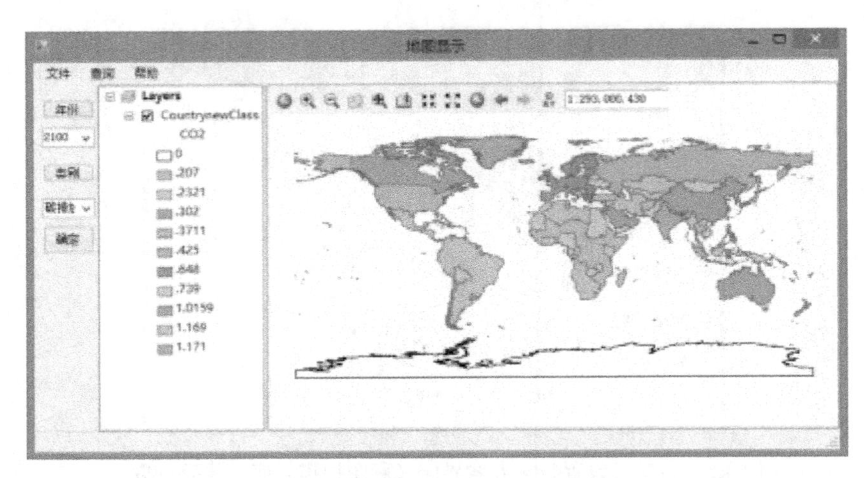

图 4.7 系统中地图显示分级着色功能的展示（彩图扫描封底二维码获取）

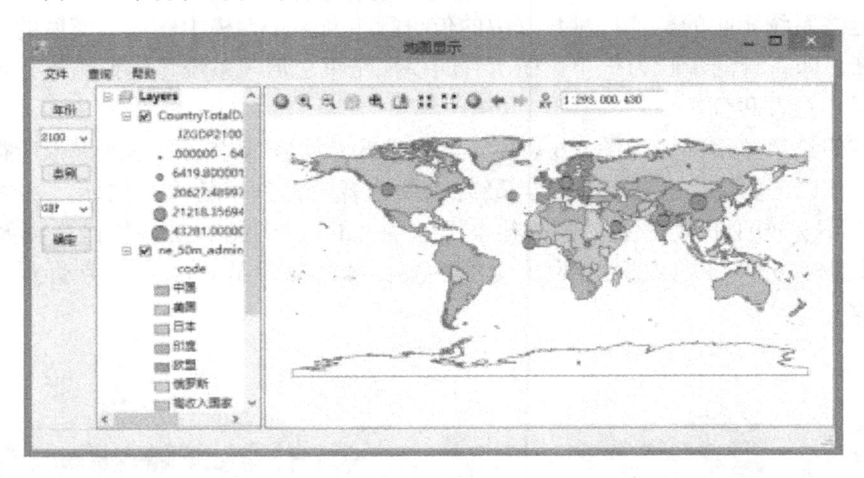

图 4.8 系统中地图显示点状图功能的展示（彩图扫描封底二维码获取）

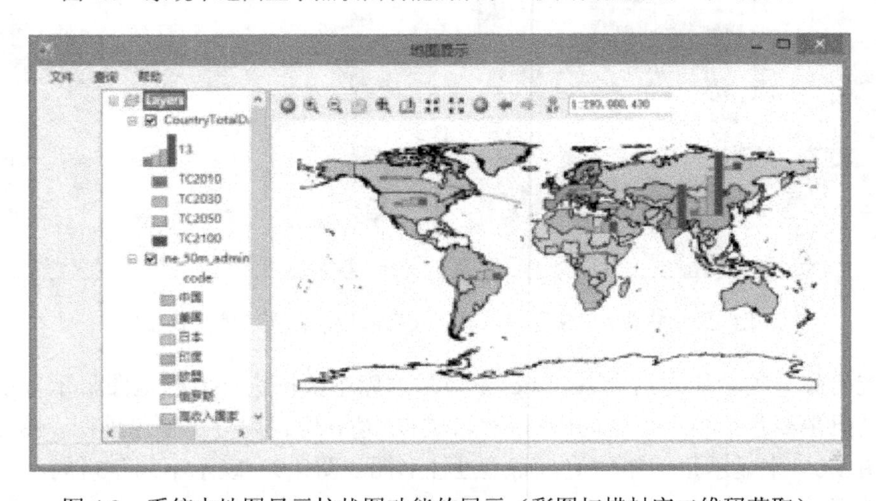

图 4.9 系统中地图显示柱状图功能的展示（彩图扫描封底二维码获取）

4.5　数据来源

本研究所开发的EMRICES-2017系统主要包括两类数据的准备，经济类数据和碳排放模块数据，本部分将介绍这两类数据的来源。

4.5.1　CGE数据来源

1. SAM表

一般均衡模型的数据基础为社会核算矩阵（SAM）。本节将讲述如何构建SAM，对模型中的数据来源加以说明，并结合其他的研究成果对参数进行标定。SAM包括商品、活动、要素、居民、企业、政府、固定资本形成、世界其他地区（ROW，rest of the world）等账户。不同账户之间有交叉的表示这两个账户之间存在经济关联，所有账户之间满足行和与列和相等的关系。其中每个账户的数据来源如下：经济账户的中间投入、居民消费、政府消费、投资需求、出口、进口、总产出、劳动者报酬、资本收益、间接税的数据主要来源于世界投入产出数据库（World Input-Output Database，WIOD）。政府总收入和总支出来自于统计年鉴中政府收支平衡表，政府储蓄为政府收入与支出之差；居民个人所得税和企业所得税数据来自于统计年鉴，将政府收入减去间接税部分按此比例拆分；企业和政府对居民的转移支付为余项；居民劳动收入为劳动者报酬，居民总收入、资本收入来自于统计年鉴中居民生活水平表；企业资本收入为资本收益减去居民资本收入；企业储蓄、居民储蓄为余项。美国、中国、日本、印度及俄罗斯的SAM见本章附表。

在产业数据中，第35个产业（个体经营业）的中间投入部分全为0，因此我们将该产业的中间投入产业合并至第34个产业。研究中主要国家采用的产业分类与WIOD数据库产业分类的比对，见表4.1。需要指出的是中国的第19个产业中间投入和使用均无数据，因此中国的总产业分为扣除第19个产业的剩余33个产业。

表4.1　产业分类表

ID	WIOD中产业分类	对应产业
1	agriculture，hunting，forestry and fishing	农林牧渔业
2	mining and quarrying	采掘业
3	food，beverages and tobacco	食品、饮料和烟草业
4	textiles and textile products	纺织及纺织制造业
5	leather and footwear	皮革和制鞋业
6	wood and products of wood and cork	木材业
7	pulp，paper，paper，printing and publishing	纸、纸浆、造纸和印刷业
8	coke，refined petroleum and nuclear fuel	炼焦、成品油和核燃料业
9	chemicals and chemical products	化学工业
10	rubber and plastics	橡胶及塑料产品
11	other non-metallic mineral	其他非金属矿产业
12	basic metals and fabricated metal	金属制品业
13	machinery，nec	机械设备业

续表

ID	WIOD 中产业分类	对应产业
14	electrical and optical equipment	电机及光学设备业
15	transport equipment	交通运输设备制造业
16	manufacturing，nec；recycling	制造业
17	electricity，gas and water supply	电力、燃气及水的供应业
18	construction	建筑业
19	sale，maintenance and repair of motor vehicles and motorcycles；retail sale of fuel	销售、保养和维修汽车和摩托车；零售燃料
20	wholesale trade and commission trade，except of motor vehicles and motorcycles	批发贸易和代办贸易，不含汽车和摩托车
21	retail trade，except of motor vehicles and motorcycles；repair of household goods	零售业，不含汽车和摩托车；家庭商品维修
22	hotels and restaurants	住宿和餐饮业
23	inland transport	陆运
24	water transport	水运
25	air transport	空运
26	other supporting and auxiliary transport activities；activities of travel agencies	其他支持和辅助运输业，旅游业
27	post and telecommunications	邮电通信业
28	financial intermediation	金融业
29	real estate activities	房地产业
30	renting of M&Eq and other business activities	租赁业和其他商业活动
31	public admin and defence；compulsory social security	公共管理和国防，社会保障业
32	education	教育业
33	health and social work	卫生和社会工作
34	other community，social and personal services	其他社区及个人服务业

2. 参数估计

劳动力弹性α_{ij}由生产函数的一阶优化条件得出（Zhuang，1996；朱艳鑫，2008）：

$$L_{ij} = \mathrm{VA}_{ij} A_{ij}^{-1} \left\{ \alpha_{ij} r_{ij} \Big/ \left[(1-\alpha_{ij}) w_{ij} \right] \right\}^{1-\alpha_{ij}} \tag{4.1}$$

$$K_{ij} = \mathrm{VA}_{ij} A_{ij}^{-1} \left[(1-\alpha_{ij}) w_{ij} \Big/ \alpha_{ij} r_{ij} \right]^{\alpha_{ij}} \tag{4.2}$$

从而可以推出

$$\begin{aligned}
\frac{w_{ij}L_{ij}}{w_{ij}L_{ij}+r_{ij}K_{ij}} &= \frac{w_{ij}\times \mathrm{VA}_{ij}\times A_{ij}^{-1}\left\{\alpha_{ij}r_{ij}\Big/\left[(1-\alpha_{ij})w_{ij}\right]\right\}^{1-\alpha}}{w_{ij}\times \mathrm{VA}_{ij}\times A_{ij}^{-1}\left\{\alpha_{ij}r_{ij}\Big/\left[(1-\alpha_{ij})w_{ij}\right]\right\}^{1-\alpha}+r_{ij}\times \mathrm{VA}_{ij}\times A_{ij}^{-1}\left[(1-\alpha_{ij})w_{ij}/(\alpha r_{ij})\right]^{\alpha}} \\
&= \frac{w_{ij}\left\{\alpha_{ij}r_{ij}\Big/\left[(1-\alpha_{ij})w_{ij}\right]\right\}^{1-\alpha_{ij}}}{w_{ij}\left\{\alpha_{ij}r_{ij}\Big/\left[(1-\alpha_{ij})w_{ij}\right]\right\}^{1-\alpha_{ij}}+r_{ij}\left[(1-\alpha_{ij})w_{ij}/(\alpha_{ij}r_{ij})\right]^{\alpha_{ij}}} \\
&= \frac{\left[\alpha_{ij}/(1-\alpha_{ij})\right]^{1-\alpha_{ij}}}{\left[\alpha_{ij}/(1-\alpha_{ij})\right]^{1-\alpha_{ij}}+\left[(1-\alpha_{ij})/\alpha_{ij}\right]^{\alpha_{ij}}} = \frac{1}{1+\dfrac{1-\alpha_{ij}}{\alpha_{ij}}} = \alpha_{ij}
\end{aligned} \tag{4.3}$$

增加值包括劳动报酬和资本增加值：

$$V_{L_{ij}} + V_{K_{ij}} = \mathrm{VA}_{ij} \tag{4.4}$$

且

$$w_{ij} L_{ij} = V_{L_{ij}}\,,\quad r_{ij} K_{ij} = V_{K_{ij}} \tag{4.5}$$

因此

$$\frac{w_{ij} L_{ij}}{w_{ij} L_{ij} + r_{ij} K_{ij}} = \frac{V_{L_{ij}}}{\mathrm{VA}_{ij}} \tag{4.6}$$

结合式（4.3）有

$$\alpha_{ij} = \frac{V_{L_{ij}}}{\mathrm{VA}_{ij}} \tag{4.7}$$

式中，$V_{L_{ij}}$ 为劳动者报酬；VA_{ij} 为部门扣除生产税净额后的增加值。资本弹性与劳动力弹性之和为 1，因此求得劳动力弹性后可获得资本弹性。

居民消费需求的线形支出系统参数一般采用最小二乘法来估计。但实践证明不易获取历年的消费数据（徐程瑾，2015），因此本研究采用居民最低基本工资来表示居民的基本消费量，而边际消费倾向则通过校准法获得。间接税的税率为生产税净额与总产出的比值。具体参数估计结果见表 4.2~表 4.6。

表 4.2　美国 CGE 模型中所需参数的估计值

产业	劳动力弹性	资本弹性	居民基本消费量	居民边际消费倾向	间接税税率
1	0.5151	0.4849	228.5592	0.0055	0.0063
2	0.2835	0.7165	21.3258	0.0005	0.0034
3	0.4847	0.5153	1565.1781	0.0374	0.0104
4	0.7640	0.2360	354.9121	0.0085	0.0113
5	0.8627	0.1373	66.7563	0.0016	0.0222
6	0.9012	0.0988	18.2576	0.0004	0.0133
7	0.5640	0.4360	291.2902	0.0070	0.0067
8	0.1493	0.8507	524.5023	0.0125	0.0684
9	0.4013	0.5987	721.7086	0.0172	0.0143
10	0.6582	0.3418	105.1337	0.0025	0.0172
11	0.5814	0.4186	35.3485	0.0008	0.0084
12	0.6587	0.3413	126.7421	0.0030	0.0141
13	0.4470	0.5530	125.8523	0.0030	0.0155
14	0.7231	0.2769	306.3187	0.0073	0.0116
15	0.5619	0.4381	556.9015	0.0133	0.0340
16	0.5301	0.4699	294.7391	0.0070	0.0109
17	0.2656	0.7344	627.2101	0.0150	0.0059
18	0.8812	0.1188	0.4811	0.0000	0.0068
19	0.8912	0.1088	540.0354	0.0129	0.0054
20	0.5333	0.4667	1237.1981	0.0296	0.0005

续表

产业	劳动力弹性	资本弹性	居民基本消费量	居民边际消费倾向	间接税税率
21	0.6370	0.3630	3138.8244	0.0750	0.0009
22	0.7188	0.2812	1900.7097	0.0454	0.0017
23	0.7042	0.2958	303.7570	0.0073	0.0033
24	0.4387	0.5613	39.2729	0.0009	0.0055
25	0.7152	0.2848	252.8370	0.0060	0.0036
26	0.7735	0.2265	49.7923	0.0012	0.0013
27	0.4828	0.5172	789.1127	0.0189	0.0024
28	0.5048	0.4952	2648.0617	0.0633	0.0002
29	0.0569	0.9431	4974.6099	0.1189	0.0002
30	0.7200	0.2800	956.2251	0.0228	0.0009
31	0.8621	0.1379	1369.3014	0.0327	0.0023
32	0.9963	0.0037	642.4343	0.0153	0.0008
33	0.7188	0.2812	5219.5562	0.1247	0.0011
34	0.6825	0.3175	1797.6097	0.0430	0.0011

表 4.3　中国 CGE 模型中所需参数的估计值

产业	劳动力弹性	资本弹性	居民基本消费量	居民边际消费倾向	间接税税率
1	0.9484	0.0516	373.8884	0.2147	0.0022
2	0.3524	0.6476	2.6325	0.0015	0.0056
3	0.3037	0.6963	531.1081	0.3050	0.0083
4	0.4172	0.5828	135.2943	0.0777	0.0091
5	0.4233	0.5767	61.4239	0.0353	0.0146
6	0.3614	0.6386	3.8580	0.0022	0.0105
7	0.3378	0.6622	2.0497	0.0012	0.0161
8	0.2920	0.7080	7.5689	0.0043	0.0523
9	0.2887	0.7113	41.8343	0.0240	0.0198
10	0.3349	0.6651	13.9594	0.0080	0.0195
11	0.3505	0.6495	4.1216	0.0024	0.0086
12	0.2799	0.7201	10.2097	0.0059	0.0333
13	0.3684	0.6316	4.0798	0.0023	0.0157
14	0.3299	0.6701	94.6352	0.0543	0.0519
15	0.3937	0.6063	58.3314	0.0335	0.0202
16	0.2183	0.7817	9.4776	0.0054	0.0065
17	0.2542	0.7458	36.8728	0.0212	0.0091
18	0.5102	0.4898	25.4300	0.0146	0.0075
19	0.2417	0.7583	248.9231	0.1429	0.0006
20	0.2417	0.7583	51.6702	0.0297	0.0006
21	0.2763	0.7237	165.0137	0.0948	0.0030
22	0.2990	0.7010	37.2663	0.0214	0.0026
23	0.2434	0.7566	8.0491	0.0046	0.0041

续表

产业	劳动力弹性	资本弹性	居民基本消费量	居民边际消费倾向	间接税税率
24	0.2653	0.7347	3.8282	0.0022	0.0101
25	0.2127	0.7873	25.3333	0.0145	0.0037
26	0.2217	0.7783	87.3170	0.0501	0.0028
27	0.2597	0.7403	129.5956	0.0744	0.0002
28	0.1087	0.8913	247.4310	0.1421	0.0004
29	0.4265	0.5735	17.6639	0.0101	0.0056
30	0.8673	0.1327	0.2978	0.0002	0.0011
31	0.7845	0.2155	191.5934	0.1100	0.0024
32	0.6698	0.3302	196.6339	0.1129	0.0082
33	0.3308	0.6692	164.6766	0.0946	0.0038

表 4.4　俄罗斯 CGE 模型中所需参数的估计值

产业	劳动力弹性	资本弹性	居民基本消费量	居民边际消费倾向	间接税税率
1	0.9484	0.0516	373.8884	0.2147	0.0022
2	0.3524	0.6476	2.6325	0.0015	0.0056
3	0.3037	0.6963	531.1081	0.3050	0.0083
4	0.4172	0.5828	135.2943	0.0777	0.0091
5	0.4233	0.5767	61.4239	0.0353	0.0146
6	0.3614	0.6386	3.8580	0.0022	0.0105
7	0.3378	0.6622	2.0497	0.0012	0.0161
8	0.2920	0.7080	7.5689	0.0043	0.0523
9	0.2887	0.7113	41.8343	0.0240	0.0198
10	0.3349	0.6651	13.9594	0.0080	0.0195
11	0.3505	0.6495	4.1216	0.0024	0.0086
12	0.2799	0.7201	10.2097	0.0059	0.0333
13	0.3684	0.6316	4.0798	0.0023	0.0157
14	0.3299	0.6701	94.6352	0.0543	0.0519
15	0.3937	0.6063	58.3314	0.0335	0.0202
16	0.2183	0.7817	9.4776	0.0054	0.0065
17	0.2542	0.7458	36.8728	0.0212	0.0091
18	0.5102	0.4898	25.4300	0.0146	0.0075
19	0.2417	0.7583	248.9231	0.1429	0.0006
20	0.2417	0.7583	51.6702	0.0297	0.0006
21	0.2763	0.7237	165.0137	0.0948	0.0030
22	0.2990	0.7010	37.2663	0.0214	0.0026
23	0.2434	0.7566	8.0491	0.0046	0.0041
24	0.2653	0.7347	3.8282	0.0022	0.0101
25	0.2127	0.7873	25.3333	0.0145	0.0037
26	0.2217	0.7783	87.3170	0.0501	0.0028
27	0.2597	0.7403	129.5956	0.0744	0.0002
28	0.1087	0.8913	247.4310	0.1421	0.0004

续表

产业	劳动力弹性	资本弹性	居民基本消费量	居民边际消费倾向	间接税税率
29	0.4265	0.5735	17.6639	0.0101	0.0056
30	0.8673	0.1327	0.2978	0.0002	0.0011
31	0.7845	0.2155	191.5934	0.1100	0.0024
32	0.6698	0.3302	196.6339	0.1129	0.0082
33	0.3308	0.6692	164.6766	0.0946	0.0038

表 4.5　日本 CGE 模型中所需参数的估计值

产业	劳动力弹性	资本弹性	居民基本消费量	居民边际消费倾向	间接税税率
1	0.4991	0.5009	15371.7222	0.0065	0.0045
2	0.4802	0.5198	139.0463	0.0001	0.0903
3	0.4568	0.5432	105502.2614	0.0443	0.0069
4	1.2771	–0.2771	13024.6316	0.0055	0.0049
5	0.9293	0.0707	3434.0624	0.0014	0.0047
6	0.7710	0.2290	898.5354	0.0004	0.0130
7	0.5867	0.4133	1958.6173	0.0008	0.0034
8	0.0457	0.9543	24049.2697	0.0101	0.0630
9	0.4128	0.5872	12332.6104	0.0052	0.0117
10	0.7805	0.2195	3184.4217	0.0013	0.0117
11	0.5380	0.4620	1030.7141	0.0004	0.0140
12	0.5481	0.4519	2844.9666	0.0012	0.0156
13	0.6065	0.3935	12583.1406	0.0053	0.0143
14	0.5563	0.4437	13683.4830	0.0057	0.0155
15	0.4783	0.5217	18021.2021	0.0076	0.0117
16	0.8228	0.1772	4075.0933	0.0017	0.0128
17	0.2249	0.7751	31047.7157	0.0130	0.0152
18	0.8302	0.1698	17.5218	0.0000	0.0050
19	0.9463	0.0537	10753.0714	0.0045	0.0083
20	0.4833	0.5167	65897.2194	0.0277	0.0004
21	0.8728	0.1272	86454.6053	0.0363	0.0003
22	0.6509	0.3491	72058.1780	0.0302	0.0018
23	0.7526	0.2474	35906.9717	0.0151	0.0013
24	0.5223	0.4777	1745.3333	0.0007	0.0023
25	0.4359	0.5641	8102.8819	0.0034	0.0039
26	1.4520	–0.4520	4168.2597	0.0017	0.0010
27	0.1921	0.8079	30164.4418	0.0127	0.0003
28	0.3611	0.6389	50884.4074	0.0214	0.0002
29	0.0513	0.9487	247144.1499	0.1037	0.0000
30	0.8544	0.1456	11797.4651	0.0050	0.0005
31	0.7251	0.2749	35944.8639	0.0151	0.0009
32	0.8919	0.1081	23995.2760	0.0101	0.0002
33	0.6041	0.3959	59025.7378	0.0248	0.0018
34	0.7184	0.2816	92027.4904	0.0386	0.0007

表 4.6 印度 CGE 模型中所需参数的估计值

产业	劳动力弹性	资本弹性	居民基本消费量	居民边际消费倾向	间接税税率
1	0.5398	0.4602	33148.2201	0.1255	0.0019
2	0.2899	0.7101	43.5502	0.0002	0.0142
3	0.3967	0.6033	18459.7312	0.0699	0.0881
4	0.7293	0.2707	8915.3007	0.0338	0.0888
5	0.7027	0.2973	796.1494	0.0030	0.0927
6	0.7817	0.2183	108.7186	0.0004	0.0334
7	0.5093	0.4907	723.0461	0.0027	0.1746
8	0.0464	0.9536	3980.9143	0.0151	0.3958
9	0.2245	0.7755	2607.9436	0.0099	0.1260
10	0.5469	0.4531	794.8313	0.0030	0.2777
11	0.4439	0.5561	122.8383	0.0005	0.1001
12	0.2846	0.7154	830.3032	0.0031	0.2371
13	0.4287	0.5713	1221.6653	0.0046	0.2240
14	0.3279	0.6721	1063.3546	0.0040	0.2020
15	0.2280	0.7720	1568.6653	0.0059	0.2044
16	0.5901	0.4099	2016.9474	0.0076	0.6959
17	0.4889	0.5111	1539.9535	0.0058	0.0518
18	0.7650	0.2350	1512.0246	0.0057	0.1285
19	0.5837	0.4163	580.7971	0.0022	0.0032
20	0.3546	0.6454	4511.5370	0.0171	0.0032
21	0.8036	0.1964	7345.6010	0.0278	0.0032
22	0.4529	0.5471	6123.7646	0.0232	0.0236
23	0.4145	0.5855	13564.5597	0.0514	0.1296
24	0.4220	0.5780	246.7219	0.0009	0.0320
25	0.4220	0.5780	202.9194	0.0008	0.1146
26	0.4136	0.5864	417.0458	0.0016	0.0137
27	0.5077	0.4923	1121.0432	0.0042	0.0193
28	0.4210	0.5790	3231.6091	0.0122	0.0064
29	0.1735	0.8265	15030.1870	0.0569	0.0011
30	0.3647	0.6353	5382.9017	0.0204	0.0236
31	0.6440	0.3560	7621.0920	0.0289	0.0013
32	0.5240	0.4760	5240.3409	0.0198	0.0232
33	0.7134	0.2866	1881.9198	0.0071	0.0162
34	0.4437	0.5563	145.0541	0.0005	0.0162

3. 其他国家数据

系统中宏观经济模块，各个国家或地区的 GDP、劳动力数据依据世界银行所公布的数据，采用永续盘存法计算资本存量，依据产出、资本、劳动力校准生产率参数。系统所需要的资本、能源、人口增长率、知识资本、能源等相关参数参考刘昌新（2013）。

4.5.2 碳排放模块数据来源

碳核算模块中的初始参数取值主要依据MIOD数据库数据计算求得，包括能源使用量$E_{i,t}^{j}$、各国各部门对能源部门的需求系数$a_{E,j,i,t}$。其中各国各部门对能源部门的需求消耗系数的计算方法为：①依据各部门的分能源品种能源消耗表，将能源品种按照能源产业进行分类合并，其中无烟煤和褐煤属于能源产业中的采掘业，焦炭、原油、柴油、动力汽油、航空燃料油、轻燃油、重燃油、石脑油、其他油、废料、生物柴油、原子能属于能源产业中的炼焦、成品油和核燃料业，天然气、其他燃气、生物燃气、沼气、其他可再生能源、电力、热能、水电能、地热能、太阳能、风能、其他能源来源及能源损失属于能源产业中的电力、燃气及水的供应业；②分产业的能源消耗量与产业对应的产出之比即可得各部门的初始需求系数矩阵。

表4.7 中国各部门对能源部门消耗系数初始矩阵

部门	采掘业	炼焦、成品油和核燃料业	电力、燃气及水的供应业
农林牧渔业	0.3936	1.6091	0.6347
采掘业	3.6262	1.1350	3.3933
食品、饮料和烟草业	0.8707	0.1873	0.7994
纺织及纺织制造业	0.7192	0.2215	1.6007
皮革和制鞋业	0.1069	0.2909	0.4318
木材业	0.6030	0.2754	0.9969
纸、纸浆、造纸和印刷业	2.2170	0.3258	2.4727
炼焦、成品油和核燃料业	16.8756	3.5529	4.5778
化学工业	2.1220	3.8745	4.8624
橡胶及塑料产品	0.5613	0.2681	1.4132
其他非金属矿产业	13.1291	1.6965	3.7977
金属制品业	8.1954	2.4343	5.0150
机械设备业	0.3669	0.3960	0.7367
电机及光学设备业	0.0468	0.1399	0.3875
交通运输设备制造业	0.2422	0.2956	0.7642
制造业	0.5073	0.3485	0.7272
电力、燃气及水的供应业	75.3215	2.8576	18.1626
建筑业	0.1047	1.1424	0.1835
批发贸易和代办贸易	0.0535	0.1395	0.5674
零售业；家庭商品维修	0.0535	0.8795	0.5719
住宿和餐饮业	0.1084	0.2801	2.3910
陆运	0.5073	5.1494	0.7840
水运	0.0000	14.7036	0.0058
空运	0.0000	30.4784	0.0000
其他支持和辅助运输业，旅游业	0.2037	4.2020	0.1243
邮电通信业	0.0166	0.4215	0.8149
金融业	0.0000	0.1355	0.3020

续表

部门	采掘业	炼焦、成品油和核燃料业	电力、燃气及水的供应业
房地产业	0.0190	0.1676	0.1496
租赁业和其他商业活动	0.2430	0.4676	0.6006
公共管理和国防，社会保障业	0.4272	0.5101	0.7087
教育业	0.4498	0.4194	1.1197
卫生和社会工作	0.8100	0.1681	0.7431
其他社区及个人服务业	0.4764	1.2516	0.6975

表 4.8　美国各部门对能源部门消耗系数初始矩阵

部门	采掘业	炼焦、成品油和核燃料业	电力、燃气及水的供应业
农林牧渔业	0.0000	2.6493	1.3418
采掘业	0.4733	0.2876	6.1735
食品、饮料和烟草业	0.1836	0.4150	1.6265
纺织及纺织制造业	0.0694	0.8853	4.7063
皮革和制鞋业	0.0000	1.0339	0.5853
木材业	0.0167	2.4452	6.9507
纸、纸浆、造纸和印刷业	0.3821	0.9050	5.5852
炼焦、成品油和核燃料业	0.0308	5.9602	2.6749
化学工业	0.2921	7.9281	5.9681
橡胶及塑料产品	0.1029	0.4432	0.2910
其他非金属矿产业	2.1569	3.0672	8.7252
金属制品业	0.9353	0.5141	3.9738
机械设备业	0.0008	0.4594	1.3601
电机及光学设备业	0.0003	0.3662	0.3651
交通运输设备制造业	0.0058	0.2615	0.8714
制造业	0.0075	0.4919	0.1262
电力、燃气及水的供应业	47.3514	31.6443	36.6370
建筑业	0.0000	2.0614	0.0617
销售、保养和维修汽车和摩托车；零售燃料	0.0001	0.4617	0.4861
批发贸易和代办贸易，不含汽车和摩托车	0.0001	0.5243	0.2643
零售业，不含汽车和摩托车；家庭商品维修	0.0001	1.1728	0.6130
住宿和餐饮业	0.0007	1.3012	1.5849
陆运	0.0000	8.5583	2.4838
水运	0.0000	29.7198	0.0000
空运	0.0000	21.4964	0.0000
其他支持和辅助运输业，旅游业	0.0003	5.1006	0.4755
邮电通信业	0.0004	0.4726	1.0219
金融业	0.0000	0.2155	0.1810

续表

部门	采掘业	炼焦、成品油和核燃料业	电力、燃气及水的供应业
房地产业	0.0003	0.0716	0.3204
租赁业和其他商业活动	0.0004	0.5875	0.3469
公共管理和国防，社会保障业	0.0218	0.8196	1.6154
教育业	0.0000	1.2353	2.2846
卫生和社会工作	0.0001	0.9026	0.4954
其他社区及个人服务业	0.0001	0.8489	0.5331

表 4.9　日本各部门对能源部门消耗系数初始矩阵

部门	采掘业	炼焦、成品油和核燃料业	电力、燃气及水的供应业
农林牧渔业	0.0000	1.7668	0.3286
采掘业	6.9590	1.0654	0.4251
食品、饮料和烟草业	0.0000	0.4166	0.3620
纺织及纺织制造业	0.0064	0.8903	0.1070
皮革和制鞋业	0.0042	0.5616	0.0587
木材业	0.0057	0.6890	1.6535
纸、纸浆、造纸和印刷业	0.4958	0.6773	2.2432
炼焦、成品油和核燃料业	6.4399	3.0477	1.0097
化学工业	0.4563	8.8832	1.5308
橡胶及塑料产品	0.0026	0.3047	0.1149
其他非金属矿产业	2.1296	2.2781	2.2965
金属制品业	1.2995	1.7098	1.8160
机械设备业	0.0019	0.1795	0.3268
电机及光学设备业	0.0019	0.2101	0.4388
交通运输设备制造业	0.0011	0.2279	0.0550
制造业	0.0234	1.0898	0.1245
电力、燃气及水的供应业	7.4891	15.5298	14.2280
建筑业	0.0000	0.7618	0.1116
销售、保养和维修汽车和摩托车；零售燃料	0.0000	0.1478	0.4079
批发贸易和代办贸易，不含汽车和摩托车	0.0000	0.4044	0.1910
零售业，不含汽车和摩托车；家庭商品维修	0.0000	0.6134	1.2039
住宿和餐饮业	0.0248	0.3932	0.9954
陆运	0.0000	2.6505	0.3928
水运	0.0000	17.3260	0.0000
空运	0.0000	10.0615	0.0000
其他支持和辅助运输业，旅游业	0.0000	0.2048	0.9751
邮电通信业	0.0000	0.2256	0.2854

续表

部门	采掘业	炼焦、成品油和核燃料业	电力、燃气及水的供应业
金融业	0.0000	0.1178	0.1306
房地产业	0.0000	0.0505	0.1132
租赁业和其他商业活动	0.0008	0.3045	0.3059
公共管理和国防，社会保障业	0.0010	0.4445	0.6901
教育业	0.0011	0.3244	0.4712
卫生和社会工作	0.0010	0.3741	0.4248
其他社区及个人服务业	0.0015	0.5949	0.5880

表 4.10　印度各部门对能源部门消耗系数初始矩阵

部门	采掘业	炼焦、成品油和核燃料业	电力、燃气及水的供应业
农林牧渔业	0.0000	3.3408	2.9540
采掘业	23.7301	2.3392	8.9054
食品、饮料和烟草业	1.3031	6.7506	14.2657
纺织及纺织制造业	0.2034	1.5747	5.8138
皮革和制鞋业	0.0826	0.6322	6.0349
木材业	10.7901	1.2112	12.3434
纸、纸浆、造纸和印刷业	3.7854	1.2419	6.2187
炼焦、成品油和核燃料业	0.8364	7.6929	0.3206
化学工业	0.8525	9.9001	17.1098
橡胶及塑料产品	0.9229	0.5179	3.5905
其他非金属矿产业	10.7673	3.6454	7.9772
金属制品业	8.6541	1.3774	6.0832
机械设备业	0.8855	0.5309	1.5184
电机及光学设备业	0.4212	0.4163	1.3327
交通运输设备制造业	1.5159	0.2983	2.1221
制造业	0.0187	0.2315	0.2687
电力、燃气及水的供应业	122.9456	11.5813	66.3290
建筑业	0.0000	2.2709	1.7710
销售、保养和维修汽车和摩托车；零售燃料	0.0000	0.6856	0.0976
批发贸易和代办贸易，不含汽车和摩托车	0.0000	0.2134	0.0968
零售业，不含汽车和摩托车；家庭商品维修	0.0000	0.6125	0.0975
住宿和餐饮业	4.4157	0.3523	11.6998
陆运	0.0000	2.6873	1.1995
水运	0.0000	31.5194	0.0000
空运	0.0000	15.7004	0.0000
其他支持和辅助运输业，旅游业	0.0000	5.2808	7.2065

续表

部门	采掘业	炼焦、成品油和核燃料业	电力、燃气及水的供应业
邮电通信业	0.0000	1.4779	4.0438
金融业	0.0000	0.1248	0.6246
房地产业	0.0262	0.0220	0.0090
租赁业和其他商业活动	0.4142	0.1263	0.5460
公共管理和国防，社会保障业	0.0000	0.0970	0.0002
教育业	0.0000	0.7973	0.3909
卫生和社会工作	0.0000	0.2641	0.2982
其他社区及个人服务业	5.8964	7.6431	2.5485

表 4.11　俄罗斯各部门对能源部门消耗系数初始矩阵

部门	采掘业	炼焦、成品油和核燃料业	电力、燃气及水的供应业
农林牧渔业	0.0414	3.5445	2.7914
采掘业	3.9576	1.2357	9.1513
食品、饮料和烟草业	0.0440	0.3325	3.3830
纺织及纺织制造业	0.0288	0.8811	5.8207
皮革和制鞋业	0.0276	0.5853	4.5724
木材业	0.0615	1.5805	9.4113
纸、纸浆、造纸和印刷业	0.0653	0.8012	16.2261
炼焦、成品油和核燃料业	6.0209	4.4909	6.3323
化学工业	0.2798	40.2556	58.7453
橡胶及塑料产品	0.0004	0.4715	2.5798
其他非金属矿产业	1.1533	1.4540	28.4979
金属制品业	8.1381	5.7938	23.0521
机械设备业	0.0286	0.6478	3.7617
电机及光学设备业	0.0159	0.5192	2.1695
交通运输设备制造业	0.0137	0.5461	4.6925
制造业	0.0007	0.6110	2.5110
电力、燃气及水的供应业	17.7814	25.1097	115.8573
建筑业	0.0131	2.0161	0.9226
销售、保养和维修汽车和摩托车；零售燃料	0.0364	0.6310	0.9621
批发贸易和代办贸易，不含汽车和摩托车	0.0451	0.3925	1.1658
零售业，不含汽车和摩托车；家庭商品维修	0.0340	0.5173	0.8940
住宿和餐饮业	0.2904	0.6711	4.2331
陆运	0.0000	5.0328	17.6650
水运	0.0000	18.7236	28.0433
空运	0.0000	29.2826	0.0000

续表

部门	采掘业	炼焦、成品油和核燃料业	电力、燃气及水的供应业
其他支持和辅助运输业，旅游业	0.0924	1.5623	3.0499
邮电通信业	0.0372	0.6404	1.2324
金融业	0.0957	0.1708	0.9931
房地产业	0.2986	0.2206	3.9099
租赁业和其他商业活动	0.0098	0.2830	0.8391
公共管理和国防，社会保障业	0.1685	0.3920	1.7543
教育业	0.0977	1.2934	0.8915
卫生和社会工作	0.0771	0.7278	1.0559
其他社区及个人服务业	0.4635	5.2144	6.1005

各国 2009 年的能源消费结构由 WIOD 提供的能源数据核算得到，各类能源类型的碳排放强度数据来源于 WIOD。温度上升对经济造成的损失函数中的参数如表 4.12 所示。

表 4.12　温度上升破坏系数与生产型破坏系数取值

国家或地区	温度上升破坏系数	生产型破坏系数
中国	0.1371	0.10
美国	0.0992	0.07
日本	0.1057	0.05
欧盟	0.1057	0.05
印度	0.1371	0.10
俄罗斯	0.7713	0.10
高收入国家	0.1057	0.05
中等偏上收入国家	0.1144	0.10
中等偏下收入国家	0.1371	0.10
低收入国家	0.115	0.10

数据来源：Nordhaus，Yang（1996），Pizer（1999），朱潜挺（2012），刘昌新（2013），顾高翔（2014）

4.6　模型及系统的校验

本节将对本研究构建的 EMRICES-2017 进行以下校验。校验的内容主要包括模拟情景中是否出现库兹涅茨曲线、模拟情景与真实值的差异性，以及技术进步在模型中所发挥的作用，并将模拟的结果与基于全球一般均衡发展的模拟结果进行对比。模型校验采取的基准情景设置为，经济模块的技术进步由资本存量总额决定；气候响应模块采用 Nordhaus 气候反馈模块；碳排放模块采用单层碳循环系统。能源技术的改进采用随机冲击，冲击方差值如表 4.13 所示。

4.6.1　库兹涅茨曲线

本节首先对基准情景下中国的碳排放曲线是否符合库兹涅茨曲线进行验证，2010~

表 4.13　主要国家技术进步随机正态分布冲击的方差取值

中国	美国	日本	印度	俄罗斯
0.000096	0.0001	0.00003	0.00008	0.0001

2100 年中国的碳排放曲线见图 4.10。从图中可以得出，在基准情景下，中国的碳排放呈现出先上升后下降的趋势，符合库兹涅茨曲线的特征，这是 RICE 等模型没有得到过的现象，模型的理论检验正确。另外，在基准情景下，中国的碳排放量在 2033 年达到排放高峰。基于全球一般均衡发展的模拟结果则显示中国的碳排放高峰将于 2032 年实现（顾高翔，2014），而基于最优增长理论的模拟结果则显示中国的碳高峰将于 2031 年出现（王铮等，2010），与本节基准情景所模拟的结果基本一致。

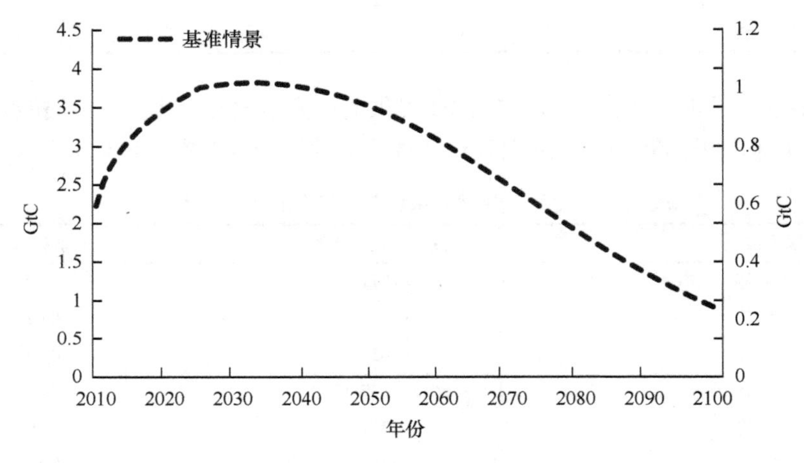

图 4.10　中国在基准情景下的碳排放

4.6.2　与真实数据的关系

为了保证模型的可靠性，本研究将模拟的基准情景（未加干扰的）的模拟结果与真实情况进行校验。将系统模拟获得的 GDP 数据、碳排放数据与实际 GDP 数据、碳排放数据进行比较。鉴于数据的可获取性与可操作性，本研究选取经济模型修改为 CGE 模型的 5 个国家，校验方法上，本研究采用回归统计中的相关性分析、双样本均值分析（Z 检验）和单因素方差分析来验证模拟数据与实际数据间的一致性、相关性和差异显著性。其中，Z 检验是基于标准正态分布的理论来推断差异发生的概率，从而比较两个平均数的差异是否显著，其适用于大样本（样本容量大于或等于 30）平均值的差异性检验（吴静，2008）。

1. 碳排放

目前可获取到最新的世界各国碳排放量为 2014 年数据，因此本研究校验 2010~2014 年基准情景碳排放量与真实碳排放量之间的拟合度。主要国家的碳排放真实数据来自世界银行网站。结果显示，模拟值与真实值之间的差距很小，且模拟值随时间变化的变化趋势与真实值也较为接近。需要注意的是印度和俄罗斯 2012 年的真实碳排放值有所缺失，因此验证分析时，剔除了这两个数据。基准情景下的碳排放模拟值与真实值见表 4.14。

表 4.14　基准情景下各国碳排放值与世界银行数据比较　（单位：GtC）

数据来源	相关系数	年份	中国	日本	印度	俄罗斯	美国
世界银行数据	1.000	2009	7.3293	1.1047	1.6449	1.4799	5.4302
		2010	7.8949	1.1554	1.7621	1.6692	5.5779
		2011	8.7033	1.1942	1.7984	1.7084	5.4796
		2012	8.9643	1.2523	—	—	5.2697
		2013	8.8913	1.1837	1.7052	1.7055	5.3639
		2014	8.7436	1.1578	1.7724	1.7373	5.4119
基准情景	0.9959	2009	7.6922	1.0940	1.6427	1.5983	5.0254
		2010	8.1781	1.0941	1.7717	1.6049	5.0296
		2011	9.2605	1.0831	2.0530	1.6005	4.9867
		2012	9.9917	1.0817	2.2605	1.6071	4.9819
		2013	10.5431	1.0802	2.4314	1.6141	4.9757
		2014	10.9934	1.0791	2.5832	1.6218	4.9687

对基准情景下各国碳排放的模拟值与世界银行所提供的真实数据进行相关性分析。基准情景下数据与真实数据的相关系数为 0.9959，表明模拟值与真实数据之间具有很好的相关性。对模拟结果和真实数据做 Z 检验，得到 Z 值为 0.1963，小于其单尾的临界值 1.64，同时小于双尾的临界值 1.96，表明基准情景模拟得到的结果与真实数据之间不存在显著差异。对模拟值和真实数据进行方差分析，得到的 F 值为 0.0385，小于 50×50 自由度显著性水平 P=0.05 情景下的临界值 1.6，得到的 P 值为 0.8451，大于差异存在的校验水准 0.05。这同样表明基准情景碳排放的模拟值与真实值之间的差异非常小，模拟得到的主要国家每年的碳排放数据可以很好地与现实中的真实数据对应。

2. GDP

本部分对 GDP 的模拟数据与真实数据进行校验。2010~2014 年 5 个国家真实 GDP 数据来自于世界银行数据库，因其数据为当年价格的 GDP，设定 2009 年为基年，通过价格指数进行缩减，单位为 10^9 美元。在 2015 年，俄罗斯由于能源经济命脉在西方持续经济制裁和国际原油价格暴跌等因素的影响下，其 GDP 数据相比较于 2014 年有较大下降，真实 GDP 数据比上年下降了一个数量级，因此，在对历史数据进行校准时，未采用 2015 年的数据。基准情景下各国 GDP 的模拟值与世界银行真实值对照见表 4.15。

表 4.15　基准情景下各国 GDP 值与世界银行数据比较　（单位：10^9 美元）

数据来源	相关系数	年份	中国	日本	印度	俄罗斯	美国
世界银行	1.000	2009	5059.4	5035.1	1365.4	1222.6	14419.0
		2010	5647.8	5620.1	1567.6	1335.5	14783.8
		2011	6479.0	6153.5	1583.2	1439.1	15020.5
		2012	7146.2	6262.0	1475.3	1419.3	15354.7
		2013	7840.0	5189.1	1417.9	1392.5	15583.4
		2014	8481.5	4778.6	1504.7	1163.3	15961.7

续表

数据来源	相关系数	年份	中国	日本	印度	俄罗斯	美国
基准情景	0.9952	2009	4984.4	4915.2	1257.9	1081.4	14117.0
		2010	5344.4	4947.8	1338.7	1108.2	14527.9
		2011	5655.5	4934.9	1408.2	1128.4	14821.4
		2012	6032.2	4961.4	1494.8	1155.9	15226.8
		2013	6424.0	4988.5	1586.1	1184.4	15640.2
		2014	6831.2	5016.1	1682.1	1213.8	16061.0

对基准情景下各国 GDP 的模拟值与世界银行真实数据进行相关性分析，得到其相关系数为 0.9952，表明模拟值与真实数据之间具有很好的相关性。对模拟结果和真实数据做 Z 检验，得到 Z 值为 0.2661，小于其单尾的临界值 1.64，同时小于双尾的临界值 1.96，表明模拟得到的结果与真实数据之间不存在显著差异。对模拟值和真实数据进行方差分析，得到的 F 值为 0.0708，小于 50×50 自由度显著性水平 P=0.05 情景下的临界值 1.6，得到的 P 值为 0.7872，大于差异存在的校验水准 0.05。这同样表明模拟值与真实值之间的差异非常小，基准情景下模拟得到的世界各国每年的 GDP 可以很好地与现实中的真实数据对应。

4.6.3 技术进步

相比较于其他的 IAM，EMRICES-2017 实现了技术进步的内生化，即当期的资本存量总额决定当期全要素生产率的值，而对于能源技术进步，则通过随机冲击进行。本节将讨论不同的技术进步情景下主要国家碳排放量在模拟期间的情况，从另外一方面验证本书构建模型的准确性。

图 4.11 绘制了中国、美国、印度、日本和俄罗斯在无技术进步冲击条件下的碳排放趋势。从中可以看出，尽管中国的碳排放曲线和基准情景一致，表现出先增加后下降的趋势，但碳排放量和碳排放高峰值的出现年份与基准情景有很大区别。中国碳高峰在无技术进步情景下出现在 2086 年，碳高峰排放量为 28.07GtC。这一数值明显与已有诸多研究成果不一致（王铮，2010；顾高翔，2014）。美国的碳高峰出现在 2073 年，碳排放曲线呈现出先增加后下降的趋势，日本的碳排放高峰出现在 2052 年，这一结果与全球经济一般均衡发展中的美国碳排放发展趋势亦不相同。俄罗斯和印度的碳排放则呈现出一直上升的趋势。这一结果表明，在没有能源技术进步的情况下，各国的碳排放量相比较于有技术进步情况下均有所增加，且排放趋势亦有所改变。

图 4.12 为能源技术进步采用最近 15 年的能源技术演变速率发展至 2100 年的主要国家碳排放趋势。从中可以看出，俄罗斯、中国和日本的碳排放在模拟后期呈现出增加的发展趋势。产生这一现象的原因在于对能源技术进步进行历史推演时，并非所有产业的能源消耗在历史年份中都是呈现出下降趋势。而在模拟过程中，没有相应的机制对产业

进行优化调整，因此导致能源排放强度高的产业在模拟后期发展中拥有较高的排放导致总排放的增加。这也说明了历史推演技术进步变化速率，从而获得能源排放强度变化规律的方法在长期的模拟中是不可靠的。

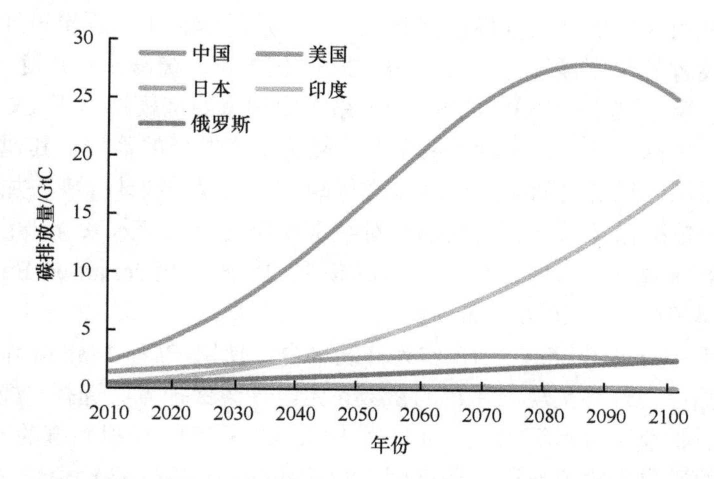

图 4.11　无技术进步情景下主要国家的碳排放趋势（彩图扫描封底二维码获取）

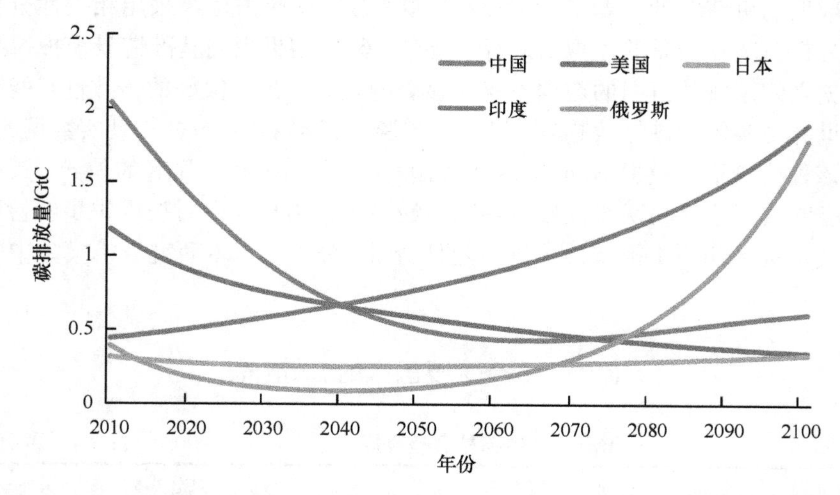

图 4.12　技术进步历史演变情景下主要国家的碳排放趋势（彩图扫描封底二维码获取）

需要指出的是，在无技术进步的情景下，中国的碳排放也呈现出先上升后下降的特征。表面上看是呈现了库兹涅茨曲线的特征，然而结合各国家在无技术进步情景下模拟期间的 GDP 数据，可以发现，这是由于在无技术进步情景下，碳排放量持续增加，气候系统反作用于经济系统，给经济系统带来的负面冲击导致中国的 GDP 在模拟后期出现衰退现象，从而导致碳排放量的下降，并非是由于能源技术进步导致的能源排放强度的下降引起的碳排放量下降。无技术进步情景下的经济衰退现象也同时证明了在模型中技术进步的重要性。技术进步对维持全球气候稳定，功不可没，可惜 RICE 模型等未能反映。

4.7 小　　结

在第 2 章和第 3 章所介绍的模型基础上，本章从需求分析、逻辑设计、详细设计及系统开发实现过程等角度详细介绍了 EMRICES-2017 的系统设计和开发，并对模型进行了基准情景的校验。其中，EMRICES-2017 系统中国家经济模型采用 CGE 模型获取主要国家（中国、美国、日本、印度、俄罗斯）经济均衡发展的数据，其他国家采用经济增长模型，全球国家经济之间采用弱联系进行响应，在碳排放计算模块加入能源消费结构的影响，将全球碳循环系统和气候模块对经济模块的反馈接入系统，用以衡量减排方案的全球经济影响及升温效用。系统中 CGE 模型的求解采用 Johansen-Euler 算法，模拟步长为一年，模拟区间为 2010~2100 年。

本研究使用 Visual Studio 2010 作为开发平台，使用 C#和 Matlab 作为编程语言，Access 作为数据库，最终实现了系统的参数设定、气候保护方案选择、模拟计算、数据存储、统计分析、地图显示等功能，完成了 EMRICES-2017 模拟系统的开发工作。

在验证方面，首先模拟发现了环境库兹涅茨曲线的存在，理论上较 RICE 进步，考虑到历史数据的可获取性，本章从 GDP 和碳排放量两个方面，采用相关性分析、*Z* 检验和方差分析对基准情景的模拟值进行了验证，验证结果表明基准情景模拟得到的结果与现实数据之间碳排放方面的数据不存在显著的差异，具有很好的一致性，能够较好地反映现实世界中各国的碳排放趋势，进一步校验其模拟 GDP 数据与真实数据的拟合度，结果表明该种情景下的模拟 GDP 与现实各国 GDP 之间不存在显著的差异，具有很好的一致性，能够较好地反映现实世界中各国的经济增长情形。在对技术进步的检验中，分别采用无技术进步和历史推演技术进步两种情景，分析显示本研究分析模型中的技术进步设定不可缺失。

附表　5 个主要国家的 SAM 表

附表 I　中国社会核算矩阵　　（单位：$\times10^2$ 万美元）

账户	商品	活动	劳动	资本	居民	企业	政府	固定资本形成	国外	合计
商品		10116711			1721218		637604	2390098	1333217	16198849
活动	15149965									15149964
劳动		2087894								2087894
资本		2896548								2896548
居民			2087894	655487		461876	479297			3684555
企业				2241060						2241060
政府		48811			255671	698509				1002991
固定资本形成					1707666	1080675	−113910		−284333	2390098
国外	1048883									
合计	16198849	15149964	2087894	2896548	3684555	2241060	1002991	2390098	1048885	1048885

附表Ⅱ　美国社会核算矩阵　　（单位：$\times10^2$万美元）

账户	商品	活动	劳动	资本	居民	企业	政府	固定资本形成	国外	合计
商品		10636684			10021782		2411522	2110573	1402114	26582676
活动	24802899									24802899
劳动		8309519								8309519
资本		5807461								5807461
居民			8309519	1920000		827758	1117723			12175000
企业				3887461						3887461
政府		49235			1784722	269473				2103430
固定资本形成					368495	2790230	–1425815		377663	2110573
国外	1779777									1779777
合计	26582676	24802899	8309519	5807461	12175000	3887461	2103430	2110573	1779777	

附表Ⅲ　日本社会核算矩阵　　（单位：$\times10^2$万美元）

账户	商品	活动	劳动	资本	居民	企业	政府	固定资本形成	国外	合计
商品		4453248			2904088		972331	987609	640036	9957312
活动	9388243									9388243
劳动		2768541								2768541
资本		2146667								2146667
居民			2768541	501459		82925	1445446			4798370
企业				1645209						1645209
政府		19787			1362500	545818				1928105
固定资本形成					531782	1016466	–489672		–70967	987609
国外	569069									569069
合计	9957312	9388243	2768541	2146667	4798370	1645209	1928105	987609	569069	

附表Ⅳ　俄罗斯社会核算矩阵　　（单位：$\times10^2$万美元）

账户	商品	活动	劳动	资本	居民	企业	政府	固定资本形成	ROW	合计
商品		1049202			622359		244996	199393	286686	2402636
活动	2185970									2185970
劳动		637927								637927
资本		443450								443450
居民			637927	175136		36533	128820			978416
企业				268314						268314
政府		55391			159330	120959				335680
固定资本形成					196727	110823	–38136		–70021	199393
ROW	216665									216665
合计	2402636	2185970	637927	443450	978416	268314	335680	199393	216665	

附表V　印度社会核算矩阵　（单位：×10^2万美元）

账户	商品	活动	劳动	资本	居民	企业	政府	固定资本形成	国外	合计
商品		1263798			750237		153300	470908	220350	2858593
活动	2590618									2590618
劳动		642643								642643
资本		615299								615299
居民			642643	205100		146156	196951			1190849
企业				410199						410199
政府		68879			68569	137077				274525
固定资本形成					372043	126967	−75726		47624	470908
国外	267974									267974
合计	2858593	2590618	642643	615299	1190849	410199	274525	470908	267974	

参 考 文 献

顾高翔. 2014. 全球经济互动与产业进化条件下的气候变化经济学集成评估模型及减排战略——CINCIA的研发与应用. 中国科学院大学博士学位论文.

刘昌新. 2013. 新型集成评估模型的构建与全球减排合作方案研究. 中国科学院大学博士学位论文.

马永立. 1982. 专题地图地理底图的探讨. 地理科学, (1): 35-41.

孟亚辉. 2009. 浅谈软件项目开发过程中的需求分析. 科技信息, (11): 435-436.

王铮, 朱永彬, 刘昌新. 2010. 最优增长路径下的中国碳排放估计. 地理学报, 65(12): 1559-1568.

吴兵. 2004. 中国经济可计算一般均衡分析决策支持系统的研究与应用. 华东师范大学硕士学位论文.

吴静. 2008. 人地关系分析的自主体模拟理论框架及其平台开发研究. 华东师范大学硕士学位论文.

徐程瑾. 2015. 未来中国的人口分布格局估计. 华东师范大学硕士学位论文.

朱艳鑫. 2008. 中国多区域可计算一般均衡政策模拟系统的开发与应用研究. 中国科学院大学博士学位论文.

Zhuang J. 1996. Estimating distortions in the Chinese economy: a general equilibrium approach. Economica, 63(252), 543-568.

第 5 章　无减排约束下各国经济增长和碳排放

在第 4 章构建的 EMRICES-2017 系统基础上，从本章开始，我们将通过设置不同的参数来构建经济和气候模拟情景，以此对系统进行模拟。本章主要研究无碳排放约束即基准情景下全世界和各国的经济发展趋势、碳排放量与全球气候变化的情况。在本章中，我们首先设定基准情景，并对模拟的结果和现实数据进行校验，在基准情景下对全世界和各国的 GDP 增长、产业结构变化、能源使用、能源消费结构、碳排放等模拟结果进行分析。

5.1　基准情景设置

本研究设定的基准情景为不考虑全球或单个国家的减排措施，即自由排放情景。基准情景不仅反映系统中经济系统、气候系统及碳核算模块、气候反馈模块之间的联系，同时也能反映世界各国经济发展在不受到减排约束情景下的发展趋势。因此，基准情景中各参数的设置必须尽可能地与现实接近，以求更加精确地预测未来世界经济的发展状况，为下文减排情景的设定和分析提供支持。

本研究的基准情景具体设置为，所有国家和部门都不存在碳排放约束；气候响应模块采用 Nordhaus 气候反馈模块；碳排放模块采用单层碳循环系统。在对主要国家（中国、美国、日本、俄罗斯、印度）的能源消费结构反映方面，考虑技术进步的变化，对主要国家能源模块的能源消耗系数矩阵进行技术进步冲击，不同国家冲击的方差 ρ 见表 5.1，EMRICES-2017 系统内的其他国家均采用原系统默认设定。为了讨论经济全球化和逆全球化的差别，本研究选取顾高翔（2014）的模拟结果进行比较，选取的理由是其对全球减排合作政策的研究采用全球一般均衡模型，代表了全球经济一体化发展的进程，且模拟进行至 2100 年，与本研究的设定一致。

表 5.1　主要国家技术进步随机正态分布冲击的方差取值

中国	美国	日本	印度	俄罗斯
0.000096	0.0001	0.00003	0.00008	0.0001

5.2　基准情景模拟结果

通过第 4 章的校验，证明本研究系统基准情景下所模拟的数据对真实世界经济发展具有较好的反映。本节将详细对该情景下各国家或地区的发展状况进行介绍。

5.2.1　经济发展

1. GDP

本研究基础数据来自于 WIOD 数据库，以 2009 年价格计算各国 GDP 值，并在此基础上进行 2010~2100 年的模拟。由于本研究不讨论货币问题，因此模拟所得各区域 GDP 均为以 2009 年不变价格的真实 GDP。基准情景下，全世界 2010~2030 年的年均 GDP 增长率为 3.20%，2030~2050 年的年均增长率为 2.31%，2050~2100 年的年均增长率为 1.20%，2010~2100 年模拟期间平均 GDP 增长率为 1.87%。到 2050 年，世界 GDP 总量为 1706455.9 亿美元，而到了 2100 年，世界的 GDP 量为 3091219.9 亿美元。在初始年份 2010 年，10 个国家或地区的 GDP 总量排序为欧盟、美国、高收入国家、中国、中等偏上收入国家、日本、中等偏下收入国家、印度、俄罗斯、低收入国家；在 2030 年，10 个国家或地区的 GDP 总量排序为欧盟、美国、中国、中等偏上收入国家、高收入国家、中等偏下收入国家、日本、印度、低收入国家、俄罗斯；在 2050 年，10 个国家或地区的 GDP 总量排序为美国、中国、欧盟、中等偏上收入国家、中等偏下收入国家、高收入国家、印度、日本、低收入国家、俄罗斯；在 2100 年，10 个国家或地区的 GDP 总量排序为中国、美国、中等偏下收入国家、印度、欧盟、中等偏上收入国家、高收入国家、低收入国家、日本、俄罗斯。图 5.1 展示了各国家或地区的 GDP 在这些年份的分布。

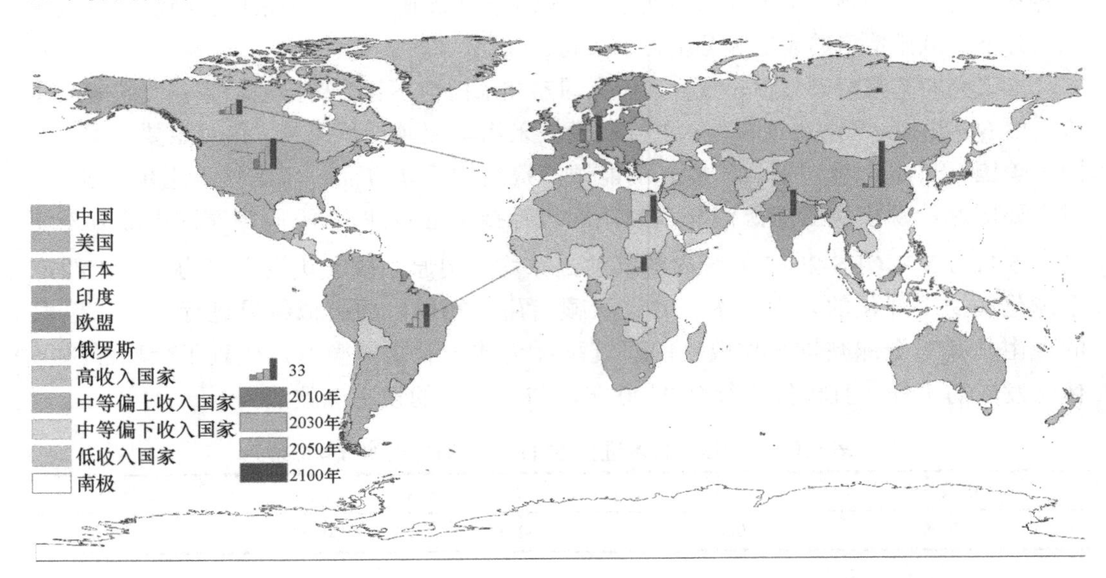

图 5.1　基准情景下各国家或地区 2010/2030/2050/2100 年的 GDP 分布（彩图扫描封底二维码获取）

图 5.2 为基准情景下 2010~2100 年各国家或地区的 GDP 增长情况。中国 GDP 在 2010~2030 年的年均增长率将维持在 5.48%左右；2030~2050 年，中国的 GDP 年平均增长速度逐步下降到 3.66%；2050~2100 年中国的 GDP 平均增速降为 1.45%；2010~2100 年的总 GDP 年均增长速度为 2.82%。中国的 GDP 于 2046 年（282250 亿美元）超过欧

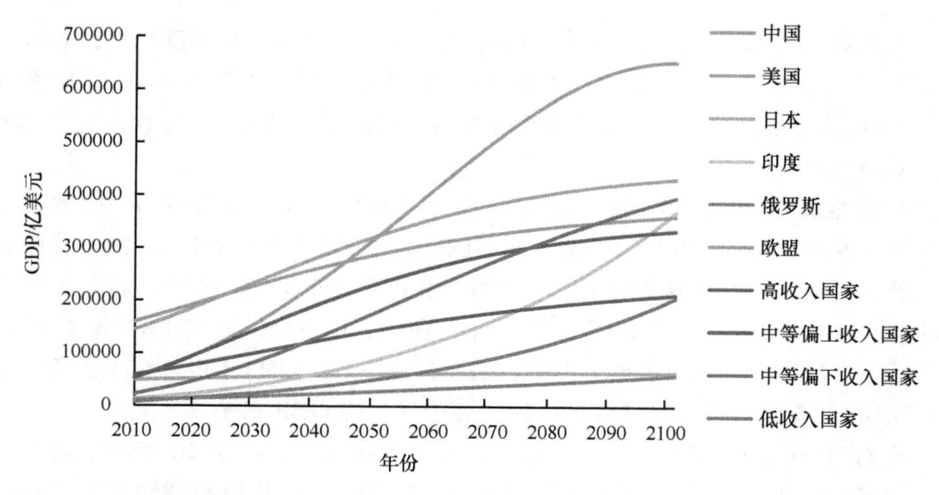

图 5.2　基准情景下各国家或地区 GDP（彩图扫描封底二维码获取）

盟（276990 亿美元），2051 年（328030 亿美元）超过美国（325880 亿美元）成为世界第一大经济体，占世界总 GDP 的 18.68%；此后中国的 GDP 增速有所减缓，到 2100 年，中国的 GDP 为 654230 亿美元，占世界总 GDP 的 21.16%，表明中国经济在国际社会中的地位不断攀升。与全球均衡发展模型所模拟的中国同期的 GDP（674690 亿美元）（顾高翔，2014）接近，表明无论是在各国经济自治发展情景下，还是在全球经济均衡发展情景下，中国经济均有较快的发展，在国际中的经济地位均有明显的增加。

美国 GDP 在 2010~2030 年的年平均增速为 2.41%；2030~2050 年的年平均增速为 1.61%；2050~2100 年的年平均增速下降到 0.59%，2010~2100 年总的年均增长速度为 1.22%。美国 GDP 在 2051 年被中国超过，到 2100 年其 GDP 总量在 10 国（地区）中排在第 2 位。2050 年，美国的 GDP 为 322040 亿美元，占世界总 GDP 的 18.87%，而到了 2100 年，美国的 GDP 为 432810 亿美元，占世界总 GDP 的 14.00%，表明美国经济在国际社会中的经济地位有所下降。在全球均衡发展模型中，美国在 2100 年的 GDP 为 400670 亿美元（顾高翔，2014），相比较于本研究各国经济自治发展情景下的 GDP 水平略低。

欧盟 GDP 在 2010~2030 年的年平均增长率将维持在 1.80%左右；2030~2050 年，欧盟的 GDP 年平均增长速度逐步下降到 1.17%；2050~2100 年的 GDP 平均增速降为 0.46%；2010~2100 年，总 GDP 年均增长速度为 0.91%。在模拟初期，欧盟作为世界第一大经济体，其 GDP 较排名第二的美国高出 14093.7 亿美元。随着时间的推移，先后被中国、中等偏下收入国家、美国、印度所超越，经济总量的排名下降，到 2100 年，欧盟的 GDP 为 361620.6 亿美元，占当期世界总 GDP 的 12.27%。在全球均衡发展模型中，欧盟在 2100 年的 GDP 为 324650 亿美元（顾高翔，2014），相比较于本研究各国经济自治发展情景下的 GDP 水平略低。

日本在 2010~2100 年 GDP 增长率较低，2010~2030 年的 GDP 年平均增长率为 0.53%，2030~2050 年的 GDP 年平均增长率 0.47%，2050~2100 年的增长率为 0.12%；2010~2100 年，总 GDP 年均增长速度为 0.29%。2010~2100 年，日本的 GDP 不断被中等偏下收入国家、印度、俄罗斯、低收入国家所超越；2050 年日本的 GDP 量为 60352 亿美元，占全世界的 3.54%；2100 年的 GDP 为 64198 亿美元，占全世界总 GDP 的 2.08%，在 10 国（地区）中排在倒数第二位。在全球均衡发展模型中，日本在 2100 年的 GDP 为 49830 亿美元（顾高翔，2014），本研究各国经济自治发展情景下的 GDP 水平略高于全球一般均衡模型中的 GDP。

俄罗斯 GDP 2010~2030 年的年均增长率为 2.48%，2030~2050 年为 2.19%，2050~2100 年为 1.51%，2010~2100 年模拟期间 GDP 的平均增长率为 1.88%，高于美国、欧盟等发达国家（地区）的模拟期间年均增长率。俄罗斯的 GDP 在 2050 年达到 27897 亿美元，占全世界的 1.63%；到 2100 年为 59041 亿美元，仅占全世界的 1.88%，排在世界经济的最后一位。在全球均衡发展模型中，俄罗斯在 2100 年的 GDP 为 66940 亿美元（顾高翔，2014），高于本研究各国经济自治发展情景下的 GDP 水平。

印度 GDP 在 2010~2030 年的年均增长率为 5.49%；2030~2050 年的年均增长率为 4.11%，2050~2100 年的年均增长率为 2.93%，2010~2100 年模拟期间的年均增长率为 3.76%，高于大部分的国家和地区的发展速度。印度的 GDP 于 2039 年超过日本，2074 年超过高收入国家；2100 年，印度的 GDP 达到 369720 亿美元，成为世界第四大经济体，占世界总 GDP 的 11.96%。在全球均衡发展模型中，印度在 2100 年的 GDP 为 404550 亿美元（顾高翔，2014），成为世界第三大经济体。本研究各国经济自治发展情景下的 GDP 水平低于全球一般均衡模型中的 GDP，且在世界中的排名也落后一名。

高收入国家的经济增长速度比较缓慢，其 GDP 在 2010~2030 年的年均增长率为 2.68%；2030~2050 年的年均增长率为 1.82%；2050~2100 年的年均增长率为 0.78%，2010~2100 年模拟期间的年均增长率为 1.43%。到 2100 年，高收入国家的 GDP 为 212183.6 亿美元，占全世界总 GDP 的 6.86%。

中等偏上收入国家 GDP 在 2010~2030 年的年均增长率为 5.09%，2030~2050 年的增长率为 2.41%，2050~2100 年的增长率为 0.74%，2010~2100 年模拟期间年均 GDP 增长率为 2.06%。这一增长率高于美国和欧盟同期的增长率，与俄罗斯的增长率较为接近。到 2100 年，中等偏上收入国家的 GDP 为 334273.1 亿美元，占全世界 GDP 的 10.81%。

中等偏下收入国家 GDP 在 2010~2030 年的年均增长率为 6.62%，2030~2050 年为 3.85%，2050~2100 年为 1.63%，模拟期间的年均 GDP 增长率为 3.21%，略低于同期印度的增长率。到 2100 年，中等偏下收入国家的 GDP 为 396868.8 亿美元，是世界第三大经济体，占世界总 GDP 的 12.84%。

低收入国家的 GDP 在模拟初期低于其他国家或地区，经济总量在全球排名倒数第一，但是其 GDP 增长速率较高。2010~2030 年的年均增长率为 5.95%，2030~2050 年是 2.31%，2050~2100 年为 3.01%，整个模拟期间的年均增长率为 3.87%，这一增长速率为所有国家或地区中最高的。2050 年，低收入国家的 GDP 为 53900 亿美元，占全世界总 GDP 的 3.06%。到 2100 年，低收入国家的 GDP 为 236870 亿美元，占全世界总 GDP 的 7.08%，在国际社会中的经济地位不断改善。

2. 人均 GDP

图 5.3 为基准情景下各个国家或地区的人均 GDP 变化趋势。基准情景下，全世界人

均 GDP 在 2010~2100 年模拟期间的年均增长速率为 1.45%，到 2050 年，世界人均 GDP 为 1.58 万美元，到 2100 年上升为 2.60 万美元。在模拟初期 2010 年，世界人均 GDP 的排序为美国、日本、欧盟、高收入国家、俄罗斯、中国、中等偏上收入国家、中等偏下收入国家、印度、低收入国家；到 2100 年，世界人均 GDP 排序变为美国、日本、高收入国家、中国、欧盟、俄罗斯、印度、中等偏上收入国家、中等偏下收入国家、低收入国家。

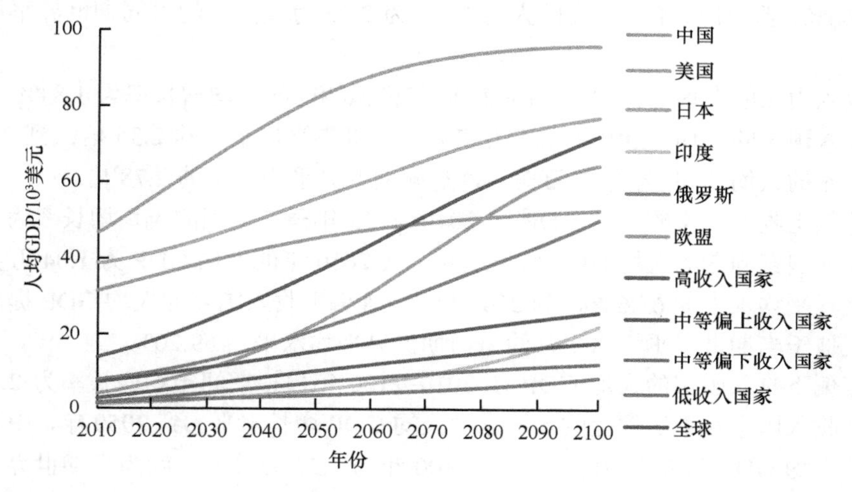

图 5.3　基准情景下全世界与各国家或地区人均 GDP（彩图扫描封底二维码获取）

具体到各个国家或地区而言：

基准情景下，中国的人均 GDP 在 2010~2030 年的年均增速为 5.19%；2030~2050 年的年均增速为 3.91%；2050~2100 年的年均增长率为 2.04%；在模拟期间 2010~2100 年，人均 GDP 的年均增速为 3.15%，略高于同期 GDP 的增长速度。期间，中国人均 GDP 超过俄罗斯和欧盟，在全世界排名第四。到 2100 年，中国的人均 GDP 为 6.46 万美元，是同期世界人均 GDP 的 2.48 倍。

美国在 2010~2100 年人均 GDP 的年均增长率较低，为 0.80%，但由于其模拟初始年份人均 GDP 水平较高，在模拟期间一直保持世界最高水平。2030 年美国的人均 GDP 为 6.58 万美元，相当于当期世界平均水平的 5.91 倍；2050 年美国的人均 GDP 为 8.28 万美元，相当于当期世界平均水平的 5.25 倍；2100 年美国的人均 GDP 为 9.61 万美元，达到当期世界平均水平的 3.70 倍。

欧盟在 2010~2100 年的人均 GDP 年均增长率为 0.57%。2030 年，欧盟人均 GDP 为 3.93 万美元；到 2050 年，欧盟的人均 GDP 为 4.57 万美元，到 2100 年为 5.28 万美元，低于同期中国的人均 GDP 值。

日本的人均 GDP 在 2010~2100 年的平均增长率为 0.77%，为所有国家中增长率最低的。但由于其人口数量远远小于其他地区，其人均 GDP 在世界中依然为世界第二。到 2050 年，日本的人均 GDP 为 5.62 万美元；到 2100 年，日本的人均 GDP 为 7.72 万美元。

俄罗斯在 2010~2100 年模拟期间的人均 GDP 年增长率为 2.10%，高于同期高收入国家、美国和日本的人均 GDP 增长率，低于中国的人均 GDP 增长率。到 2050 年俄罗斯的人均 GDP 为 2.17 万美元，2100 年为 3.77 万美元，略低于世界其他发达国家的水平。

印度在 2010~2100 年模拟期间人均 GDP 的年均增长率为 3.41%，高于同期中国人均 GDP 的年均增长率。到 2050 年，印度的人均 GDP 为 5.12 万美元，约为世界平均水平的 32.46%。到 2100 年，印度的人均 GDP 为 2.23 万美元，约占同期世界平均水平的 85.67%。

高收入国家的人均 GDP 在 2010~2100 年模拟期间的年均增长率为 1.84%。到 2050 年，高收入国家的人均 GDP 为 3.71 万美元，是世界平均水平的 2.35 倍；到 2100 年，高收入国家的人均 GDP 为 7.23 万美元，是同期世界平均水平的 2.78 倍。

中等偏上收入国家的人均 GDP 在 2010~2100 年模拟期间的年均增长率为 2.14%，高于高收入国家同期的人均 GDP 增长速率。其 2050 年的人均 GDP 为 1.04 万美元，约为当期世界平均水平的 65.64%。到 2100 年，中等偏上收入国家的人均 GDP 提高到 1.80 万美元，低于当期世界平均水平，约为当期世界平均水平的 69.20%。

中等偏下收入国家的人均 GDP 在 2010~2100 年模拟期间年均增长率为 2.31%，高于同期高收入国家和中等偏上收入国家的人均 GDP 增长水平。到 2050 年，中等偏下收入国家的人均 GDP 为 0.71 万美元，到 2100 年为 1.22 万美元，约为当期世界平均水平的 32.10%。

低收入国家的人均 GDP 在 2010~2100 年模拟期间的年均增长率为 2.02%。2050 年，其人均 GDP 为 0.37 万美元，到 2100 年增长到 0.83 万美元，均低于世界平均水平。

5.2.2　产业结构

本研究采用各国各部门产出增加值占总增加值的比重来表示其产业结构的变化情况（顾高翔，2014）。三大产业的分类标准依据中国《国民经济行业分类》（GB/T 4754—2002）的划分方法，由于本研究中只有主要国家数据细分到产业，因此关于产业结构的分析仅涉及这些国家，各个国家的产业结构变化情况详细介绍如下。

1. 中国产业结构

图 5.4 显示了基准情景下中国的产业结构变化趋势。从图中可以看到，在基准情景下，中国的产业结构在总体上呈现第一产业占比下降，第二产业占比上升的趋势，第三产业占比先上升后下降的趋势。农业在产业结构中的占比从 2010 年的 10.15%下降到 2050 年的 4.81%，再下降到 2010 年的 3.45%；第二产业总体占比从 2010 年的 46.41%上升到 2050 年的 48.16%，2100 年则下降到 47.81%，而第三产业占比则从 2010 年的 43.43%上升到 2050 年的 47.03%，随后在 21 世纪 90 年代左右达到 48.82%，到 2100 年下降为 48.74%。与在全球一般均衡下模拟的结果比较，第一产业的下降趋势是一致的，但第三产业的增长趋势在后期有所下降，这与全球一般均衡框架下所得到的一直增加趋

势有所不同，且在本研究的模型框架下，中国第二产业的比重是先增加后下降，而非在全球一般均衡条件下所呈现的一直下降趋势。

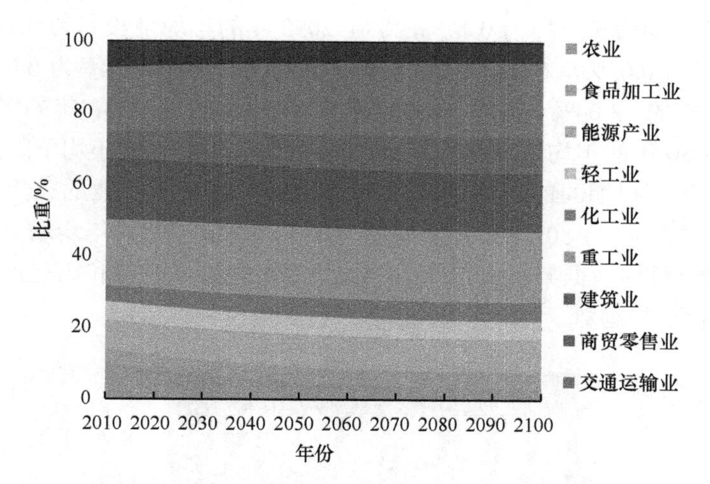

图 5.4　基准情景下中国产业结构变化趋势（彩图扫描封底二维码获取）

基准情景下中国的各生产部门中，农业、建筑业、其他服务业占比呈现出下降趋势，食品加工业、重工业、交通运输业、金融保险业、商贸零售业、能源产业、化工业占比呈现出上升趋势，轻工业占比呈现出先上升后下降的趋势。所有的产业比重中，增加值占比上升最大的是金融保险业，从 2010 年的 18.16%上升到 2100 年的 20.97%。其次为交通运输业和商贸零售业，分别从 2010 年的 7.44%和 10.64%上升到 2100 年的 10.15%和 12.14%。增加值占比下降最大的是农业，2010~2030 年的年均下降速度为 1.98%，2030~2050 年的年均下降速度为 1.71%，2050~2100 年的年均下降速度为 0.66%，在 2010~2100 年模拟期间的整体年均下降速率为 1.19%。其次为建筑业和其他服务业，分别从 2010 年的 6.51%和 7.19%下降到 2100 年的 4.19%和 5.49%。能源产业的增加值占比从 2010 年的 8.05%上升到 2100 年的 9.15%，但其上升速度有明显下降，2010~2030 年的年均上升速度为 0.38%，2030~2050 年的年均上升速度为 0.17%，2050~2100 年的年均上升速度为 0.04%。

从总体上看，中国的产业结构（第一、第二、第三产业）在模拟初期的变化相对缓慢，但具体生产部门之间的变化则相对剧烈。从 2010~2050 年产业结构有较明显的变化。而到了 2050 年后，除了金融保险业和交通运输业外，其余部门的增加值占比变化将趋于缓和。到 2100 年，中国产业结构中增加值占比最高的行业是金融保险业、商贸零售业和重工业，虽然此时重工业的增加值占比的增加速度已趋于 0，但是由于其较大的初始值，其到 2100 年的增加值占比具有较重要的位置，约占总增加值的 19.56%。由此可见，从经济发展角度看，服务业，尤其是金融保险业和交通运输业，将是未来中国经济发展的主要动力来源。

2. 美国产业结构

图 5.5 显示了基准情景下美国的产业结构变化趋势。在基准情景下，美国的产业结

构变化非常平缓。总体来说，美国的第一产业和第三产业占比表现出上升趋势，第二产业占比则有所下降。第一产业的比重从 2010 年的 0.95%上升到 2100 年的 1.02%，2010~2030 年的年均增长速率为 0.17%，2030~2050 年的年均增长率为 0.11%，2050~2100 年的年均增长率为 0.03%，在 2010~2100 年模拟期间的年均增长率为 0.08%。第二产业的比重从 2010 年的 13.04%下降到 2100 年的 12.72%，2010~2030 年的年均下降速率为 0.08%，2030~2050 年的年均下降速率为 0.02%，2050~2100 年的年均下降速率为 0.01%，在 2010~2100 年模拟期间的年均下降速率为 0.03%。第三产业的比重从 2010 年的 80.10%上升到 2100 年的 80.85%，在 2010~2100 年模拟期间的年均增长率较小，约为 0.01%。与全球一般均衡框架下模拟情景相比，美国的第二产业和第三产业占比并未出现反复的增加和下降趋势。

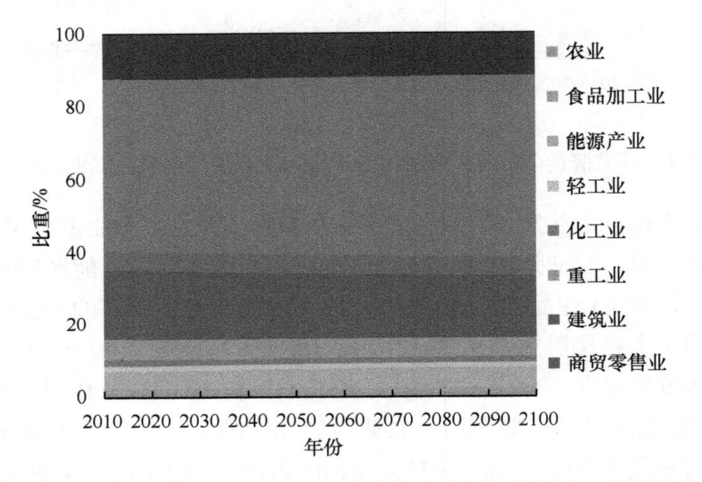

图 5.5　基准情景下美国产业结构变化趋势（彩图扫描封底二维码获取）

从产业部门来看，基准情景下，增加值比重上升相对较明显的产业为金融保险业和能源产业，分别从 2010 年的 47.14%和 4.41%上升到 2100 年的 49.87%和 5.47%。增加值下降比较明显的产业为商贸零售业和建筑业，分别从 2010 年的 15.45%和 4.04%下降到 2100 年的 14.32%和 3.20%。重工业、其他服务业和食品加工业也均有不同程度的下降。

总体上来看，美国在未来的经济发展中将继续维持目前的三大产业比例结构。随着其他国家经济的快速发展，服务业开始向发展中国家转移，美国第三产业的比例将保持在 80%左右，无法再扩大。到模拟后期，美国逐渐失去其在世界经济体系中的地位，第二产业的下降速度有所缓和。

3. 日本产业结构

图 5.6 显示了基准情景下日本的产业结构变化趋势。在基准情景下，日本的三大产业结构变化不明显，第一产业呈现出先短暂下降后上升的趋势，最终 2100 年的第一产业比重与 2010 年相比变化不大，第三产业呈现出下降趋势，相比较于 2010 年，2100 年的产业比重占比下降了 0.20%；而第二产业呈现出先下降后上升的趋势，最终 2100 年

的产业占比相较 2010 年上升了 0.15%。这一变化趋势与采用全球一般均衡模型计算的结果（顾高翔，2014）相似，其结果表明日本的第一产业和第二产业在模拟期间均呈现出先下降后上升的趋势，而第三产业则呈现出先上升后下降的趋势。

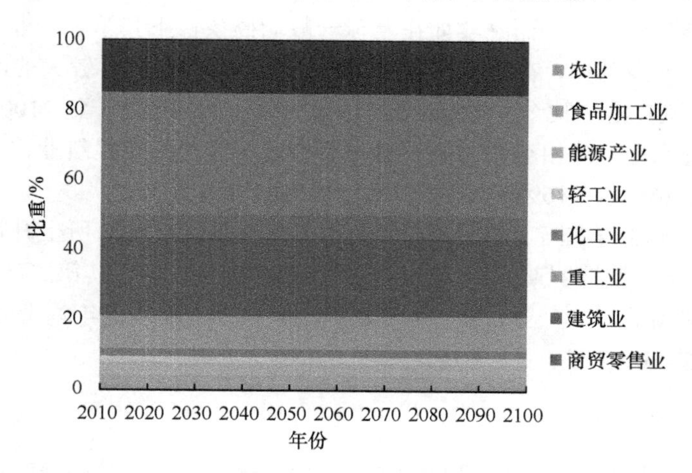

图 5.6　基准情景下日本产业结构变化趋势（彩图扫描封底二维码获取）

具体到各个产业部门，在基准情景下，增加值比重上升相对较大的产业部门为建筑业和其他服务业，其产业占比分别从 2010 年的 6.08%和 14.89%上升到 2100 年的 6.13%和 15.21%。增加值比重下降相对较为明显的产业为金融保险业和商贸零售业，其产业占比分别从 2010 年的 35.29%和 16.08%下降到 2100 年的 34.87%和 15.88%。

4. 印度产业结构

图 5.7 显示了基准情景下印度的产业结构变化趋势。在基准情景下，印度的第一、第三产业呈现出下降趋势，相比较 2010 年，2100 年的产业比重分别下降了 4.19%和 4.32%；而第二产业呈现出线性上升的趋势，最终 2100 年的产业占比相较 2010 年上升

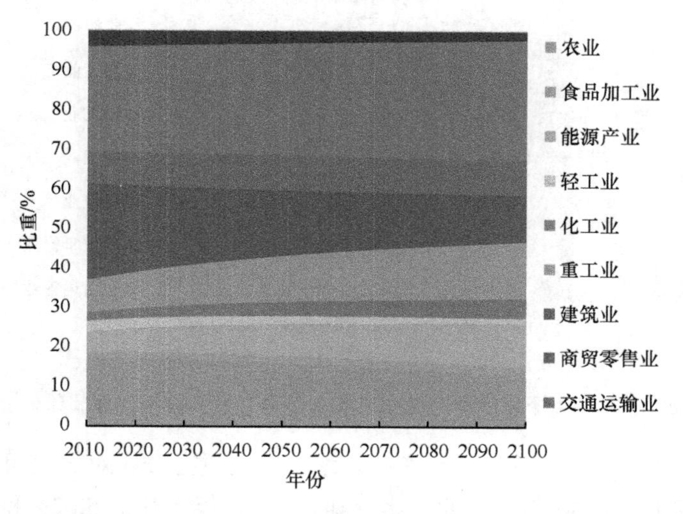

图 5.7　基准情景下印度产业结构变化趋势（彩图扫描封底二维码获取）

了 14.24%。采用全球一般均衡模型计算的结果（顾高翔，2014）中，印度的第一产业占比呈现出下降趋势，而第二产业呈现出先升后降的趋势，第三产业呈现出先降后升的趋势。与本研究的结果略有不同，这也说明，在考虑单个国家的经济均衡发展情景下，印度第二产业的增长趋势将保持，而并非如在全球一般均衡条件下其第二产业最终有所下降。

具体到各个产业部门，在基准情景下，增加值比重上升相对较大的产业部门为重工业和能源产业，其产业占比分别从 2010 年的 8.13%和 5.33%上升到 2100 年的 14.28%和 11.26%。增加值比重下降相对较大的产业部门为商贸零售业和建筑业，其产业占比分别从 2010 年的 16.26%和 8.16%下降到 2100 年的 9.31%和 2.56%。

总体来说，印度与中国、俄罗斯一样，第二产业的比重均有所上升，且第二产业占比在 2100 年大于同期俄罗斯的第二产业占比（26.20%）。尽管其第二产业在 2100 年的占比小于同期中国的第二产业占比（47.81%），但在模拟期间的年均上升速度（0.64%）要远远高于中国（0.03%）。

5. 俄罗斯产业结构

图 5.8 显示了基准情景下俄罗斯的产业结构变化趋势。在基准情景下，俄罗斯的第一产业占比呈现出先升后降的趋势，第三产业占比呈现出下降趋势，相比较 2010 年，2100 年的第一产业和第三产业占比分别下降了 0.16%和 3.97%；而第二产业占比呈现出上升的趋势，最终 2100 年的产业占比较 2010 年上升了 2.07%，在 2010~2100 年模拟期间的年均上升速度为 0.09%。俄罗斯的三大产业占比与全球一般均衡模拟情景下的结果有较大区别，在全球一般均衡模型中，俄罗斯的第一产业占比一直处于下降趋势，第二产业占比一直下降，第三产业占比一直上升（顾高翔，2014）。这表明在优先考虑本国经济发展的前提下，俄罗斯的第二产业发展状况要优于考虑全球一般均衡条件时的发展状况。

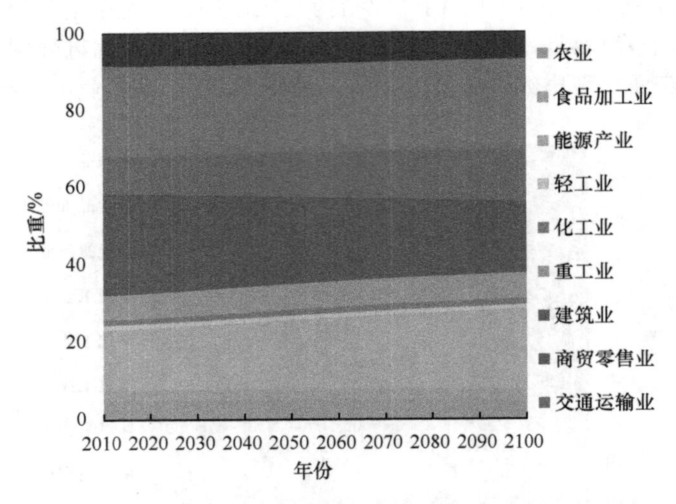

图 5.8　基准情景下俄罗斯产业结构变化趋势（彩图扫描封底二维码获取）

具体到各个产业部门，在基准情景下，增加值比重上升相对比较明显的产业为能源产业和交通运输业，2100 年的产业占比分别比 2010 年上升了 5.02%和 3.86%。化工业和重工业的产业占比上升比例较小，分别增加了 0.31%和 0.23%。增加值比重下降相对明显的产业为商贸零售业，2100 年的产业占比比 2010 年下降了 6.23%；下降较为明显的为建筑业和其他服务业，2100 年的产业占比分别比 2010 年下降了 1.68%和 1.63%。轻工业和农业的产业占比下降比例较小，均约为 0.16%。金融保险业的产业占比在 2010~2100 年模拟期间变化不大，2100 年的产业占比比 2010 年大约增加了 0.02%。

5.2.3 能源使用

1. 总能源使用

与产业结构类似，由于本研究在模型构建时仅对涉及 CGE 模型的 5 个国家添加了能源模块，本节内容仅分析这 5 个国家的能源使用情况。图 5.9 展示了基准情景下各国能源使用量的变化趋势。在基准情景下，美国、俄罗斯、日本的能源使用量处于一直下降的趋势，中国、印度的能源使用量则呈现出先升后降的趋势。

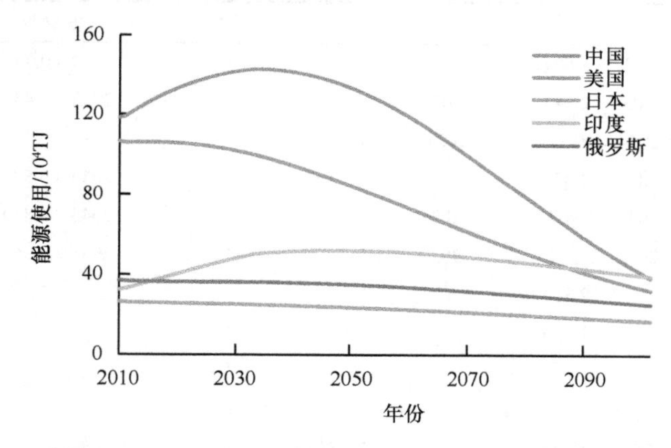

图 5.9　基准情景下主要国家的能源使用情况（彩图扫描封底二维码获取）

在基准情景下，中国的能源使用量从 2010 年的 118.25EJ 上升到 2034 年的 143.05EJ，达到能源使用量的高峰，之后能源使用量开始下降，在 2100 年能源使用量为 38.59EJ。相比较 2010 年，2034 年中国的能源高峰使用量上升了 20.97%。而在 2034~2100 年的能源使用量下降则比较明显，2100 年的能源使用量相比较能源使用高峰下降了 73.02%，相比较 2010 年，2100 年的能源使用量下降了 67.36%。这表明随着能源消费结构的改变，中国单位能源的需求强度是持续下降的。印度的能源使用量从 2010 年的 32.38EJ 上升到 2047 年的 52.01EJ，达到能源使用量的高峰，之后能源使用量开始下降，在 2100 年能源使用量为 39.34EJ。相比较 2010 年，印度的能源高峰使用量比 2010 年增加了约 60.62%。2100 年的能源使用量相比较 2010 年的能源使用量上升了 21.51%，但与高峰时的能源使用量比较下降了 24.35%。印度的能源使用量变化趋势与中国相似，都呈现先升后降的趋势，但其能源使用量的高峰出现时间较晚，且后期能源使用的下降速率很小，明显低于中国。

美国的能源使用量从 2010 年的 106.58EJ 下降到 2050 年的 83.67EJ，较 2010 年下降了21.50%，2100年下降至32.23EJ，比2010年下降了69.76%。日本的能源使用量从2010年的26.38EJ下降到2050年的23.34EJ，较2010年下降了11.53%，2100年下降至16.68EJ，比2010年下降了36.71%。俄罗斯的能源使用量从2010年的37.17EJ下降到2050年的34.92EJ，较2010年下降了6.05%，2100年下降至25.13EJ，比2010年下降了32.39%。

2. 分产业能源使用

各国各部门的能源使用量受到各部门自身GDP增长速度和对能源产品的需求系数下降速度的影响。表5.2显示了基准情景下主要国家各部门的能源使用量高峰及其峰值出现年份。从中可以看到，各国分部门的能源使用趋势与其本国总的能源使用量变化趋势一致：总能源使用呈现下降趋势的美国、日本、俄罗斯存在大量生产部门在模拟过程中没有出现能源高峰；能源使用呈现倒“U”形的中国、印度的生产部门则大多在模拟期间存在能源使用高峰。

表5.2 基准情景下各国各部门能源使用高峰（年）与高峰值（EJ）

产业	中国	美国	日本	俄罗斯	印度
农业	2037（3.60）	/	/	2039（0.74）	2033（2.26）
食品加工业	2037（2.34）	2022（1.77）	/	2032（0.43）	2056（4.58）
能源产业	2034（69.74）	2024（53.61）	/	/	2048（25.60）
轻工业	2030（3.47）	/	/	2033（0.57）	2042（1.70）
化学工业	2038（13.67）	2024（9.20）	/	2045（4.81）	2052（5.02）
重工业	2034（38.73）	2020（5.60）	/	2041（5.06）	2052（8.55）
建筑业	2033（2.31）	/	/	/	2033（1.69）
商贸零售业	2030（1.57）	/	/	/	2033（1.05）
交通运输业	/	/	/	/	2033（1.69）
金融保险业	/	/	/	/	2040（0.24）
其他服务业	2033（1.93）	/	/	/	2036（0.12）

注：“/”表示在当前情景下，该国的能源使用高峰在2010年之前

在基准情景下，除交通运输业和金融保险业，中国大部分产业部门都存在能源使用高峰。其中，最先达到能源使用高峰的是商贸零售业，其高峰年为2030年；其次是建筑业和其他服务业，其高峰年为2033年；能源业在2034年达到能源使用高峰，其峰值为60.74EJ；第二产业的能源高峰普遍出现在2030~2040年。

俄罗斯各部门的能源高峰分布较为分散，尽管其第一产业、第二产业的峰值年份要晚于中国，但其第三产业的能源使用峰值于2010年之前达到，这也导致其总能源消费高峰早于中国。其中食品加工业的能源高峰出现最早，为2032年，化工业高峰年出现得最晚，为2045年。

印度各部门的能源高峰分布比较分散且高峰年份普遍晚于其他国家。第二产业中的建筑业最早达到能源使用量高峰，为2033年；食品加工业的能源使用量达峰年份最晚，为2056年；第一产业的能源高峰年为2033年，第二产业的能源使用高峰年多在2030年以后，第三产业的能源使用高峰年多在2030~2040年。

美国除食品加工业、能源产业、化工业、重工业在 2020 年左右到达能源使用的高峰期外，其他产业均在 2010 年之前达到能源使用的高峰。

日本存在大量生产部门的能源使用量在模拟期间持续下降，各个产业均在 2010 年之前达到能源使用高峰。

3. 累积能源使用

表 5.3 显示了基准情景下主要国家各部门累积能源使用情况。从中可以得到，各国累积能源使用占比最大的部门均为能源产业，均占到其能源使用量的一半以上，其中俄罗斯能源部门的累积能源使用量更是占到本国累积能源使用量的 56.25%，是这 5 个国家中最高的。其次为美国，其能源产业累积使用量占其总累积能源使用量的 53.70%。从产业分类上来看，重工业的累积能源使用也占到各国总能源使用相当大的比例，在 10%~30%，其中中国的重工业累积能源使用约占其总累积能源使用量的 26.63%，在这 5 个国家中比例最高。

表 5.3 基准情景下主要国家各部门累积能源使用 （单位：EJ）

产业	中国	美国	日本	印度	俄罗斯
农业	245.31	85.15	21.70	163.76	59.76
食品加工业	159.68	124.70	25.10	380.93	34.87
能源产业	4937.35	3732.02	978.34	2100.17	1704.24
轻工业	236.85	255.16	43.61	141.13	44.82
化学工业	956.21	630.07	224.38	408.42	393.74
重工业	2655.14	374.37	260.58	682.07	424.02
建筑业	157.95	101.15	40.29	122.54	34.24
商贸零售业	108.51	340.32	107.02	84.27	49.95
交通运输业	291.41	476.55	169.76	122.15	185.55
金融保险业	93.56	550.66	101.96	19.25	53.44
其他服务业	129.79	279.33	77.56	9.79	45.02

从各部门能源使用在几个国家中的分布来看，除食品加工业和商贸零售业外，中国大多数部门的能源使用量占这 5 个国家累积能源使用的比重为最高。其中，中国的重工业累积能源使用占 5 个国家总能源使用量的比重达到 60.40%；而农业、能源产业和化学工业的累积能源使用占比分别为 42.61%、36.70%和 36.60%；金融保险业和商贸零售业的累积能源使用占 5 个国家总能源使用量的比例最少，分别只有 11.43%和 15.72%。美国的商贸零售业和金融保险业的能源使用占 5 个国家总能源使用量的比例最高，分别为 49.32%和 67.25%。印度食品加工业的能源使用量占 5 个国家总能源使用量的比例最高，为 52.52%。

主要国家各部门的能源使用变化趋势与该部门的 GDP 增长和对能源部门的中间需求下降有关。总体上，各国各部门的能源使用变化趋势与该国总的能源使用变化趋势基本保持一致，各主要能源消费部门的能源高峰都在该国能源高峰附近。因此，美国、日本等发达国家存在大量生产部门在 2010 年之前即达到能源高峰。在各部门的累积能源使用方面，能源产业的累积能源使用占5个国家总能源使用比例最高；而中国大部分部门的累积能源使用占全世界该部门累积能源使用的比例最高，其中重工业可达到约60%。

5.2.4 能源消费结构

由于本系统在计算碳排放时是依据不同品种能源消耗来计算的，即可以考虑到能源消费结构的变化对碳排放的影响。因此，本节将分析主要国家的能源消费结构在基准情景下的变化情况。本节所考虑的能源消费结构包含煤、油、天然气和非化石能源4类。

1. 中国能源消费结构

表5.4展示了中国2010~2100年能源消费结构的变化趋势。在模拟初期，占中国能源比例最大的是煤，约为54.09%，非化石能源排第二，约为27.0%。其次为油，约占14.59%，天然气的比重比较少，仅有4.32%。随着模拟的进行，能源消费结构也在不断发生变化，煤所占的比例一直在下降，天然气所占的比例一直在上升，到2050年，煤所占的比例约为31.25%，油和天然气的能源比例较为接近，分别为20.69%和19.29%，非化石能源所占的比例呈现出缓慢上升的趋势，在2050年为28.67%。到模拟后期，油所占的比例持续下降，约为11.19%，而能源则主要由煤、天然气和非化石能源提供，三种能源所占的比例分别为42.21%、25.19%和21.41%，能源消费结构更加趋向于低碳化。在模拟期间，煤所占的比例下降较明显，2100年煤所占总能源的比重相较于模拟初期下降了约32.69%，年均下降速率为1.03%；天然气比例上升较为明显，2100年相比于2010年增加了20.88%，年均增加速率为1.98%；非化石能源2100年较2010年增加了15.21%，年均增加速率为0.50%。

表5.4 基准情景下中国2010~2100年能源消费结构的变化 （单位：%）

能源	2010年	2020年	2030年	2040年	2050年	2060年	2070年	2080年	2090年	2100年
煤	54.09	46.15	39.84	35.00	31.35	28.64	26.37	24.45	22.81	21.41
油	14.59	17.18	19.25	20.52	20.69	19.53	17.35	14.87	12.71	11.19
天然气	4.32	7.84	11.77	15.76	19.29	21.99	23.81	24.80	25.20	25.19
非化石能源	27.00	28.83	29.15	28.73	28.67	29.85	32.47	35.87	39.29	42.21

2. 美国能源消费结构

表5.5展示了美国2010~2100年能源消费结构的变化趋势。在模拟初期，油所占的能源比例较大，约为32.50%，非化石能源提供的能源次之，约为27.90%，其次为天然气，约为20.96%，煤所提供的能源最少，约为18.64%。在模拟过程中，非化石能源提供的能源比例一直呈现出上升趋势，到2100年其提供的能源比例将近美国总能源消耗量的一半，约为45.31%，从2010~2100年的上升速率为年均0.54%；煤所提供的能源比例一直呈现出上升趋势，到2100年成为排名第二的能量供给来源，约为22.93%，从2010~2100年的上升速率为年均0.23%。油所提供的能源比例则呈现出一直下降的趋势，

在 2100 年油所提供的能源比例约为 18.41%，已经不再是美国主要的能源供给来源，从 2010~2100 年的下降速率为年均 0.63%；天然气所提供的能源比例则呈现出一直下降的趋势，在 2100 年天然气所提供的能源比例约为 13.36%，在所有能源中的比例最小，从 2010~2100 年的下降速率为年均 0.50%。

表 5.5 基准情景下美国 2010~2100 年能源消费结构的变化 （单位：%）

能源	2010 年	2020 年	2030 年	2040 年	2050 年	2060 年	2070 年	2080 年	2090 年	2100 年
煤	18.64	19.14	19.60	20.05	20.45	20.87	21.31	21.82	22.36	22.93
油	32.50	31.03	29.62	28.19	26.74	25.19	23.58	21.87	20.13	18.41
天然气	20.96	20.15	19.27	18.38	17.47	16.60	15.74	14.92	14.13	13.36
非化石能源	27.90	29.68	31.50	33.39	35.34	37.34	39.37	41.38	43.37	45.31

3. 日本能源消费结构

表 5.6 展示了日本 2010~2100 年能源消费结构的变化趋势。模拟初期，油所提供的能源占日本所有能源的比例最高，约为 36.08%，排名第二的为非化石能源，约为 28.12%，其次为煤，约为 19.43%，天然气提供的能源最少，约为 16.37%。在模拟过程中，油所提供的能源比例处于一直下降的趋势，到 2100 年占总能源比例的 25.58%，2010~2100 年的年均下降速度为 0.38%；非化石能源所提供的能源比例呈现一直下降的趋势，到 2100 年下降为 22.06%，2010~2100 年的年均下降速率为 0.27%。天然气所提供的能源在模拟期间呈现出一直上升趋势，2100 年比 2010 年上升了约 12.30%，模拟期间的年均上升速率为 0.62%；煤所提供的能源比例在模拟期间上涨了 4.26%，在 2100 年占总能源的比例为 23.68%，2010~2100 年的年均上涨速度为 0.22%。在模拟后期，4 种能源提供的能源比例较为接近。

表 5.6 基准情景下日本 2010~2100 年能源消费结构的变化 （单位：%）

能源	2010 年	2020 年	2030 年	2040 年	2050 年	2060 年	2070 年	2080 年	2090 年	2100 年
煤	19.43	20.03	20.63	21.19	21.70	22.16	22.59	22.98	23.35	23.68
油	36.08	34.87	33.65	32.44	31.26	30.09	28.93	27.80	26.68	25.58
天然气	16.37	17.94	19.49	21.01	22.49	23.90	25.24	26.48	27.62	28.67
非化石能源	28.12	27.16	26.23	25.35	24.56	23.85	23.24	22.74	22.35	22.06

4. 印度能源消费结构

表 5.7 展示了印度 2010~2100 年能源消费结构的变化趋势。在模拟初期，煤和非化石能源为主要的能源种类，分别占总能源提供量的 37.46%和 35.25%，加起来提供了总能源的 72.71%，油所提供的能源大约为 20.46%，天然气所提供的能源比例最小，约为 6.83%。模拟过程中，煤所提供的能源比例呈现出下降趋势，2100 年煤所提供的能源比例占总能源的 29.95%，比 2010 年下降了 7.51%，2010~2100 年的年均下降速率为 0.25%。非化石能源所提供的能源占总能源的比例呈现出下降趋势，2100 年比 2010 年降低了 7.25%，提供的能源比例在 2100 年占总能源的 28.00%，仍为印度主要的能源种类。天

然气在模拟期间呈现出上升的趋势，2100 年比 2010 年上升了 1.44%，2100 年占总能源的 8.27%，2010~2100 年的年均上升速度为 0.21%。油所提供的能源占总能源的比例在模拟期间呈现出一直上升趋势，2100 年比 2010 年上升了 13.32%，成为印度能源的主要供应来源，2100 年占总能源的 33.78%，2010~2100 年的年均上升速率为 0.56%。

表 5.7 基准情景下印度 2010~2100 年能源消费结构的变化 （单位：%）

能源	2010 年	2020 年	2030 年	2040 年	2050 年	2060 年	2070 年	2080 年	2090 年	2100 年
煤	37.46	35.94	34.27	32.60	31.30	30.53	30.15	29.96	29.86	29.95
油	20.46	21.78	23.61	26.01	28.43	30.43	31.78	32.75	33.45	33.78
天然气	6.83	8.60	10.29	11.54	12.11	11.99	11.39	10.45	9.37	8.27
非化石能源	35.25	33.68	31.83	29.86	28.16	27.05	26.68	26.84	27.33	28.00

5. 俄罗斯能源消费结构

表 5.8 展示了俄罗斯 2010~2100 年能源消费结构的变化趋势。在模拟初期，天然气所提供的能源占总能源的比例最高，约为 39.88%，其次为非化石能源，约占总能源的 35.93%，这两类共提供了总能源的 75.81%。煤和油所提供的能源比例分别为总能源的 7.95%和 16.23%。天然气所占的能源比例在模拟期间呈现出一直下降的趋势，2100 年比 2010 年下降了约 4.85%，期间的年均下降速度为 0.14%。这一下降速度十分微小，因此，在 2100 年，天然气所提供的能源依然占据俄罗斯总能源的 35.03%。在 2100 年，煤占总能源供应量的 15.7%，比 2010 年的比例上升了约 7.75%，模拟期间的年均上升速度为 0.76%。油所提供的能源比例在模拟期间呈现出缓慢上升的趋势，从 2010 年的 16.23% 上升至 2100 年的 18.39%。非化石能源提供的能源占总能源的比例呈现出一直下降的趋势，2100 年比 2010 年下降了约 5.05%，在总能源中占据的比例为 30.88%，模拟期间的年均下降速率为 0.17%，依然是其能源的主要组成部分。

表 5.8 基准情景下俄罗斯 2010~2100 年能源消费结构的变化 （单位：%）

能源	2010 年	2020 年	2030 年	2040 年	2050 年	2060 年	2070 年	2080 年	2090 年	2100 年
煤	7.95	9.10	10.15	11.13	12.06	12.95	13.75	14.48	15.11	15.70
油	16.23	17.81	18.76	19.12	18.94	18.58	18.32	18.22	18.28	18.39
天然气	39.88	39.26	38.50	37.66	36.94	36.30	35.81	35.48	35.23	35.03
非化石能源	35.93	33.83	32.59	32.09	32.07	32.17	32.12	31.82	31.38	30.88

5.2.5 碳排放趋势

1. 碳排放

图 5.10 展示了全世界和各个国家或地区的碳排放趋势。全球碳排放总量在 2010~2100 年模拟期间呈现出先上升后下降的趋势，从 2010 年的 10.42GtC 上升到 2053 年的 18.49GtC，期间的年均增长速率为 1.34%；之后开始逐步下降，到 2100 年降为 13.52GtC，期间的下降速率为 0.66%。在整个模拟期间，2100 年全球的碳排放依然高于 2010 年的

全球碳排放水平，期间的年均增长速率为 0.29%。对于不同的国家或地区而言，呈现出先上升后下降趋势的国家为中等偏下收入国家、中等偏上收入国家、中国、欧盟、高收入国家、俄罗斯、印度；呈现出一直下降趋势的国家为美国、日本；呈现出一直上升趋势的国家为低收入国家。图 5.11 展示了各个国家在模拟初期（2010 年）、模拟短期（2030 年）、模拟中期（2050 年）及模拟后期（2100 年）的碳排放量的空间分布。

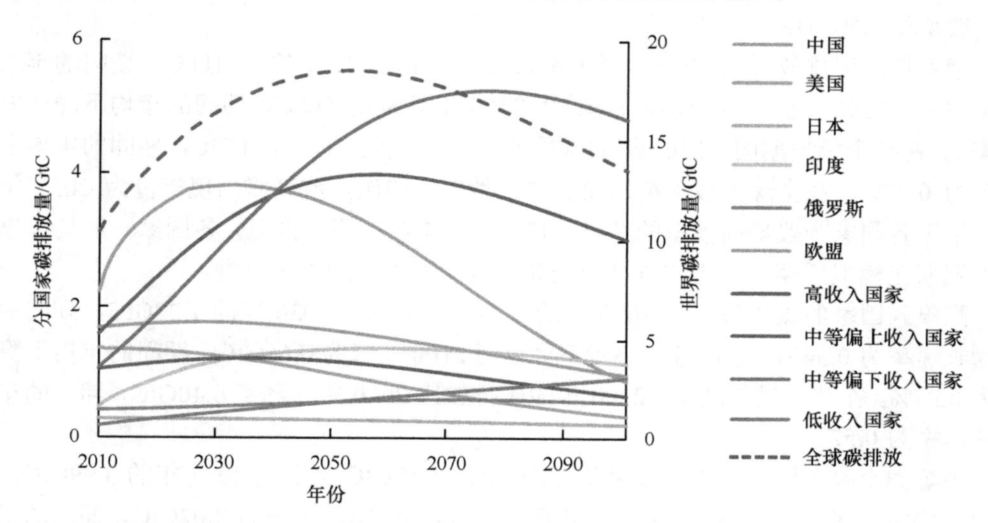

图 5.10　基准情景下全世界及各个国家或地区的碳排放趋势（彩图扫描封底二维码获取）

图 5.11　基准情景下各国家或地区 2010/2030/2050/2100 年碳排放（彩图扫描封底二维码获取）

在基准情景下，中国的碳排放量与能源使用量的变化趋势一致，从 2010 年的 2.23GtC 上升到 2033 年的 3.82GtC，期间的年均增长速率为 2.37%；之后开始逐步下降，到 2100 年降为 0.89GtC，期间的下降速率为 2.16%。在整个模拟期间，2100 年中国的碳排放比 2010 年的中国碳排放下降了 1.34GtC，期间的年均下降速率为 1.02%。在全球一般均衡的模型评估下，中国碳高峰年份为 2032 年，碳排放量为 4.00GtC，相比较于各国经济均衡的情景碳高峰排放量略高。

欧盟的碳排放量从2010年的1.68GtC上升到2028年的1.76GtC，期间的年均增长速率为0.25%；之后开始逐步下降，到2100年降为0.97GtC，期间的下降速率为0.82%。在整个模拟期间，2100年欧盟的碳排放比2010年下降了0.71GtC，期间的年均下降速率为0.60%。本研究模型中欧盟在模拟期间的碳排放下降比例（42.26%）略低于各国全球一般均衡的模拟结果（53.09%）。

俄罗斯的碳排放量从2010年的0.44GtC上升到2072年的0.61GtC，期间的年均增长速率为0.52%；之后开始逐步下降，到2100年降为0.55GtC，期间的年均下降速率为0.34%。在整个模拟期间，2100年的碳排放比2010年上升了0.11GtC，期间的年均上升速率为0.25%。在全球一般均衡的模型中，俄罗斯的碳排放高峰出现年份为2035年，远远早于各国家一般均衡模拟的结果。且由于碳排放高峰的推迟，各国家一般均衡框架下俄罗斯在模拟后期的碳排放量高于全球一般均衡下同期碳排放量。

高收入国家的碳排放量从2010年的1.06GtC上升到2036年的1.22GtC，期间的年均增长速率为0.54%；之后开始逐步下降，到2100年降为0.66GtC，期间的年均下降速率为0.95%。在整个模拟期间，2100年的碳排放比2010年下降了0.40GtC，期间的年均下降速率为0.52%。

中等偏上收入国家的碳排放量从2010年的1.59GtC上升到2057年的3.99GtC，期间的年均增长速率为1.98%；之后开始逐步下降，到2100年降为3.02GtC，期间的下降速率为0.65%。在整个模拟期间，2100年的碳排放比2010年上升了1.43GtC，期间的年均上升速率为0.71%。

中等偏下收入国家的碳排放量从2010年的1.09GtC上升到2076年的5.25GtC，期间的年均增长速率为2.42%；之后开始逐步下降，到2100年降为4.82GtC，期间的下降速率为0.36%。在整个模拟期间，2100年的碳排放比2010年上升了3.73GtC，期间的年均上升速率为1.67%。

在基准情景下，美国的碳排放从2010年的1.37GtC下降到2050年的0.99GtC，期间的年均下降速率为0.81%；之后继续下降，到2100年降为0.34GtC，期间的年均下降速率为2.14%。在整个模拟期间，2100年的碳排放比2010年下降了1.04GtC，期间的年均下降速率为1.55%。在各国一般均衡发展的框架下，美国在模拟期间碳排放的下降比例（75.18%）要高于全球一般均衡发展框架下同期比例（50.08%）。

日本的碳排放从2010年的0.30GtC下降到2050年的0.28GtC，期间的年均下降速率为0.19%；之后继续下降，到2100年降为0.20GtC，期间的年均下降速率为0.60%。在整个模拟期间，2100年的碳排放比2010年下降了0.10GtC，期间的年均下降速率为0.42%。在各国一般均衡框架下，日本的碳排放量在模拟期间下降了33.33%，低于全球一般均衡发展框架下同期下降比例（68.75%）。

在基准情景下，印度的碳排放从2010年的0.48GtC上升到2050年的1.36GtC，期间的年均上升速率为2.62%；之后继续上升，到2059年达到碳排放的高峰，为1.38GtC，2050~2100年的年均上升速率为0.34%。在整个模拟期间，2100年的碳排放比2010年上升了0.66GtC，期间的年均上升速率为0.97%。在各国一般均衡框架下，印度的碳排放量在模拟期间增加了 1.38 倍，远远低于在全球一般均衡框架下印度同期碳排放量增加比例。

低收入国家的碳排放从 2010 年的 0.19GtC 上升到 2050 年的 0.56GtC，期间的年均上升速率为 2.79%；之后继续上升，到 2100 年上升为 0.93GtC，期间的年均上升速率为 1.79%。在整个模拟期间，2100 年的碳排放比 2010 年上升了 0.74GtC，期间的年均上升速率为 1.67%。

2. 累积碳排放

图 5.12 展示了基准情景下各国 2010~2100 年累积碳排放量的变化情况。全世界 2010~2050 年的累积碳排放达到 646.15GtC，2010~2100 年的累积碳排放量达到 1476.23GtC。中等偏下收入国家是累积碳排放量最大的国家；其次是中等偏上收入国家、中国、欧盟、高收入国家、美国、印度、低收入国家、俄罗斯、日本。

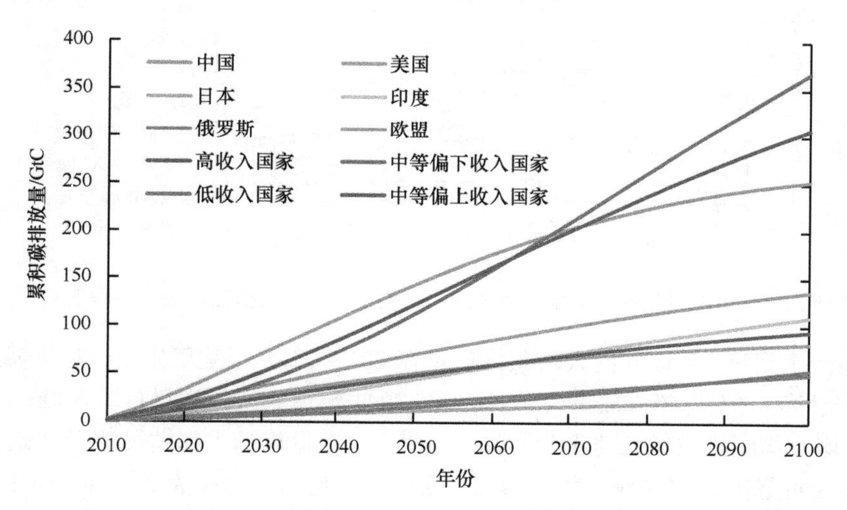

图 5.12　各个国家或地区的累积碳排放（彩图扫描封底二维码获取）

具体到国家而言，中国到 2050 年的累积碳排放达到 144.74GtC，占全世界累积碳排放的 22.40%；到 2100 年达到 252.51GtC，占全世界累积碳排放的 17.11%。美国到 2050 年的累积碳排放量达到 50.41GtC，占全世界的 7.80%，而到 2100 年的累积碳排放量则达到 81.57GtC，占全世界的 5.53%。欧盟 2010~2050 年的累积碳排放量达到 70.68GtC，占全世界的 10.94%；而到 2100 年的累积碳排放量达到 136.13GtC，占全世界的 9.22%。日本由于经济发展速度缓慢，其累积碳排放量较小，其 2010~2100 年的累积碳排放量只有 22.97GtC，占全世界的 1.62%。高收入国家从 2010~2100 年的累积碳排放量为 94.60GtC，占全世界的 6.40%。俄罗斯从 2010~2100 年的累积碳排放量为 49.61GtC，占全世界的 3.36%。而俄罗斯的人口只占全世界的 1.35%，其人均碳排放量较大。印度 2010~2100 年的累积碳排放量为 109.71 GtC，占全世界的 7.43%。中等偏上收入国家到 2100 年的累积碳排放量为 307.10GtC，占全世界的 20.80%。中等偏下收入国家从 2010~2100 年的累积碳排放量分别为 367.25GtC，占全世界的 24.88%。低收入国家从 2010~2100 年的累积碳排放量分别为 53.79GtC，占全世界的 3.64%。

3. 人均碳排放

图5.13展示了基准情景下全世界和各个国家或地区2010~2100年人均碳排放量的变化情况。在 2010 年，全世界人均碳排放量最高的国家是美国，其次是欧盟和俄罗斯，之后分别是高收入国家、日本、中国、中等偏上收入国家、中等偏下收入国家，印度和低收入国家排在最后。美国、欧盟的人均碳排放呈现出始终下降的趋势；低收入国家、中国、俄罗斯、高收入国家、中等偏上收入国家、中等偏下收入国家、印度、日本的人均碳排放呈现出先上升后下降的趋势。

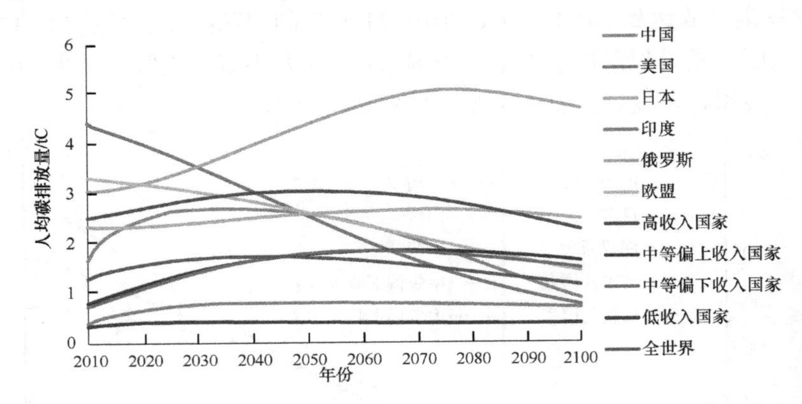

图 5.13 全世界及各个国家或地区的人均碳排放（彩图扫描封底二维码获取）

在基准情景下，全世界的人均碳排放量在 2010~2100 年呈现先上升后下降的趋势。2010 年，全世界的人均碳排放量为 1.29tC，在 2041 年达到人均碳排放的高峰，为 1.73tC，期间的年均人均碳排放增长速率为 0.96%；此后，全世界的人均碳排放量开始下降，到 2100 年，全世界人均碳排放量为 1.14tC，期间的年均下降速率为 0.71%。在 2010~2100 年的模拟期间内，2100 年的全世界人均碳排放量比 2010 年水平下降了 0.15tC，期间的年均下降速率为 0.14%。

美国的人均碳排放从 2010 年的 4.43tC 下降到 2100 年的 0.75tC，年均下降速率为 1.96%。欧盟的人均碳排放从 2010 年的 3.32tC 下降到 2100 年的 1.42tC，年均下降速率为 0.94%。

中国的人均碳排放从 2010 年的 1.65tC 逐渐上升到 2033 年的 2.69tC，达到人均碳排放的高峰值，年均上升速率为 2.14%；之后开始逐渐下降，到 2100 年的 0.87tC，年均下降速率为 1.67%。相比于 2010 年，2100 年的人均碳排放下降了 0.78tC，整个模拟期间的年均下降速率为 0.71%。

日本的人均碳排放从 2010 年的 2.34tC 逐渐上升到 2075 年的 2.66tC，达到人均碳排放的高峰值，年均上升速率为 0.19%；之后开始逐渐下降，到 2100 年的 2.46tC，年均下降速率为 0.31%。相比于 2010 年，2100 年的人均碳排放增加了 0.12tC，整个模拟期间的年均上升速率为 0.05%。

低收入国家的人均碳排放从 2010 年的 0.34tC 逐渐上升到 2030 年的 0.43tC，达到人均碳排放的高峰值，年均上升速率为 0.18%；之后开始逐渐下降，到 2100 年的 0.38tC，年均下降速率为 0.18%。相比于 2010 年，2100 年的人均碳排放增加了 0.04tC，整个模拟期间的年均上升速率为 0.12%。

高收入国家的人均碳排放从 2010 年的 2.51tC 逐渐上升到 2048 年的 3.04tC，达到人均碳排放的高峰值，年均上升速率为 0.51%；之后开始逐渐下降，到 2100 年的 2.25tC，年均下降速率为 0.57%。相比于 2010 年，2100 年的人均碳排放下降了 0.25tC，整个模拟期间的年均下降速率为 0.12%。

中等偏上收入国家的人均碳排放从 2010 年的 0.80tC 逐渐上升到 2053 年的 1.79tC，达到人均碳排放的高峰值，年均上升速率为 1.89%；之后开始逐渐下降，到 2100 年的 1.62tC，年均下降速率为 0.67%。相比于 2010 年，2100 年的人均碳排放上升了 0.82tC，整个模拟期间的年均上升速率为 0.89%。

中等偏下收入国家的人均碳排放从 2010 年的 0.73tC 逐渐上升到 2059 年的 1.83tC，达到人均碳排放的高峰值，年均上升速率为 1.88%；之后开始逐渐下降，到 2100 年的 1.48tC，年均下降速率为 0.52%。相比于 2010 年，2100 年的人均碳排放上升了 0.74tC，整个模拟期间的年均上升速率为 0.78%。

印度的人均碳排放从 2010 年的 0.39C 逐渐上升到 2047 年的 0.80tC，达到人均碳排放的高峰值，年均上升速率为 1.93%；之后开始逐渐下降，到 2100 年的 0.69tC，年均下降速率为 0.27%。相比于 2010 年，2100 年的人均碳排放上升了 0.30tC，整个模拟期间的年均上升速率为 0.63%。

4. 累积人均碳排放

图 5.14 展示了基准情景下全世界和各个国家或地区 2010~2100 年累积人均碳排放量的变化情况。累积人均碳排放强度由各国的经济发展、人口变化、能源需求强度变化和能源消费结构变化共同决定。全世界 2010~2050 年的累积人均碳排放量为 66.80tC；到 2100 年，全世界的累积人均碳排放量为 139.18tC，约是 2010~2050 年人均累积碳排放的 2.08 倍。

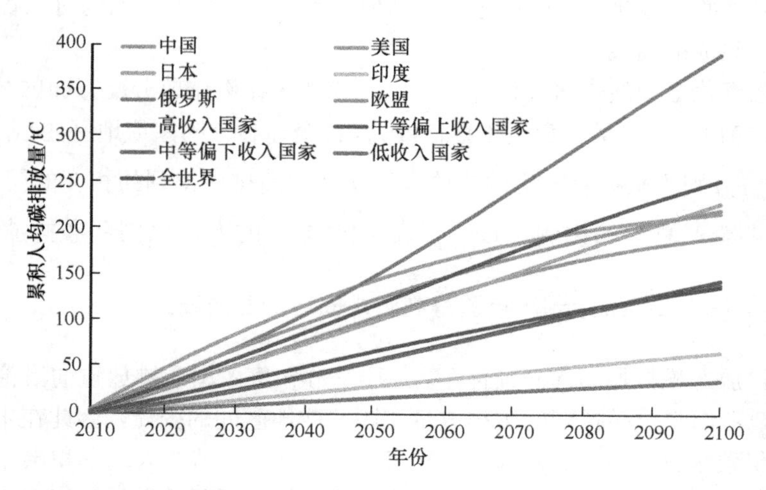

图 5.14　基准情景下全世界及各个国家或地区的累积人均碳排放（彩图扫描封底二维码获取）

在模拟后期，俄罗斯的累积人均碳排放量是所有国家中最高的，其2010~2050年的累积人均碳排放量为147.70tC，是同期世界人均累积碳排放水平的2.21倍；其2010~2100年累积人均碳排放量为390.79tC，是所有国家中最高的，且是全世界人均累积碳排放水平的2.81倍。我们认为造成这一结果的原因一方面是俄罗斯人口下降速度较快，但经济增长的速度却并未因此有太大减缓；另一方面则是俄罗斯的能源需求强度下降速度较低。

中国的累积人均碳排放量从2010年的1.65tC上升到2050年的103.37tC，再上升到2100年的193.10tC，高于同期世界平均水平。美国的累积人均碳排放量从2010年的4.43tC上升到2050年的144.25tC，再上升到2100年的218.97tC，是当期世界水平的1.57倍。日本的累积人均碳排放量从2010年的2.34tC上升到2050年的99.45tC，再上升到2100年的229.52tC，是当期世界水平的1.65倍。

在模拟初期，印度的累积人均碳排放量为0.39tC；之后到2050年上涨到29.23tC，2100年其累积人均碳排放量约为66.95tC，比2010年水平增加了170.67倍，约为当期世界平均水平的48.10%。欧盟在模拟初期的累积人均碳排放为3.23tC，到2050年上升为123.33tC，到2100年上升为222.40tC，比2010年水平上升了67.85倍，是同期世界水平的1.60倍。高收入国家在模拟初期的累积人均碳排放为2.51tC，到2050年上升为116.69tC，到2100年上升为254.61tC，是同期世界水平的1.83倍。中等偏上收入国家在模拟初期的累积人均碳排放为0.80tC，到2050年上升为56.82tC，到2100年上升为145.77tC，是同期世界水平的1.05倍。中等偏下收入国家在模拟初期的累积人均碳排放为0.73tC，到2050年上升为55.59tC，到2100年上升为141.66tC，与同期世界水平基本持平。低收入国家在模拟初期的累积人均碳排放为0.34tC，到2050年上升为16.78tC，到2100年上升为35.99tC，比2010年水平上升了105.81倍，低于同期世界水平。

5. *碳排放的洛伦兹曲线*

美国统计学家洛伦兹（Max Otto Lorenz）于1907年提出以洛伦兹曲线来描述社会收入分配状况，用以研究财富、土地和工资收入的分配是否公平。即在一个总体（国家、地区）内，以“最贫穷的人口计算起一直到最富有人口”的人口比例对应各个人口比例的收入比例点组成的曲线。

本节使用洛伦兹曲线来研究世界各个国家或地区在碳排放分配方面的公平性问题。依据顾高翔（2014），定义碳排放洛伦兹曲线为，设全球各个国家或地区的$(x_1, x_2, \cdots, x_n)$，$(y_1, y_2, \cdots, y_n)$分别为根据“人均碳排放量”从低到高排序得到的相应的国家/地区的人口和碳排放占全球总数的比例。(x_i, y_i)表示国家i的人口比例和碳排放比例。以点$\left(\sum_{k=1}^{i} x_k, \sum_{k=1}^{i} y_k\right), i = 1, 2, \cdots, n$绘制散点图得到碳排放洛伦兹曲线。

考虑碳排放在模拟期间的延续性，单纯研究分年度各国碳排放量的洛伦兹曲线是不够的，还需要考虑整个模拟期间碳排放量在国家或地区间的分配，因此在本节中，我们采用人均累积碳排放量为研究对象，绘制洛伦兹曲线。本节的人均累积碳排放量为在一段时间内一国或地区碳排放总和除以累积人口数，与上面所分析的累积人均碳排放量是一个不同的概念。

图 5.15 展示了基准情景下 2010 年、2050 年和 2100 年各国人均碳排放公平情况的洛伦兹曲线。从中可以看到，2050 年和 2100 年的洛伦兹曲线均高于 2010 年，因此从总体上看，随着模拟的进行，国家或地区间的碳排放量分配将会越来越公平。其中，2100 年的洛伦兹曲线有与 2050 年相交的部分，这是由于这部分所代表的发达国家随着碳排放强度的下降，人均碳排放量已降至较低的水平，造成发达国家与发展中国家间人均碳排放差距拉大，从洛伦兹曲线的角度来说是造成了新的地区间碳排放的不公平。

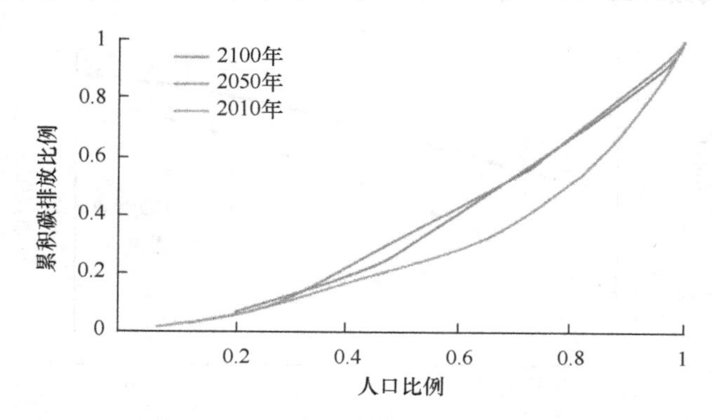

图 5.15　人均碳排放的洛伦兹曲线（彩图扫描封底二维码获取）

图 5.16 展示了基准情景下 2010 年、2010~2050 年、2010~2100 年各国人均累积碳排放公平情况的洛伦兹曲线。从中可以看到，从 2010 年到 2050 年再到 2100 年，洛伦兹曲线的弧度趋于缓和，2010~2100 年人均累积碳排放的曲线明显高于 2010 年的曲线。这说明在模拟过程中，全世界的人均累积碳排放量的分配逐渐趋于公平。这是全世界各国经济发展和碳排放强度下降的一个自然过程，包括人口占比较大的发展中国家碳排放量随着经济的发展而增加和人口占比较小的发达国家碳排放量随着碳排放强度的下降而下降，不需要任何人为的碳排放约束进行控制。

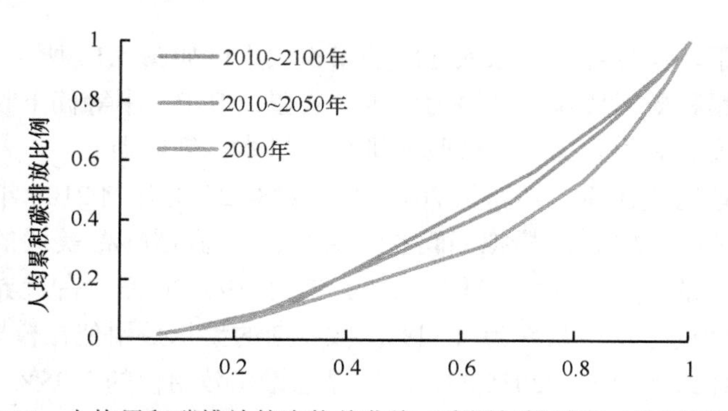

图 5.16　人均累积碳排放的洛伦兹曲线（彩图扫描封底二维码获取）

5.2.6　全球气候变化

如图 5.17 所示，在基准情景下，全球地表温度较工业革命前水平的上升幅度呈现稳定上升的趋势，到 2100 年，全球地表温度上升幅度达到 3.37℃，较 2009 年上升了 2.61 倍，与 IPCC-AR4（2007）中地表温度上升的可能范围之内（1.9~4.0℃）相符，地表温度变化在 2100 年无法满足大多数研究所要求的在 2100 年将地表温度控制在 2℃以内的目标。在基准情景下的大气中 CO_2 浓度也呈现稳定的上升趋势，到 2100 年，全球 CO_2 浓度上升到 644.42ppmv，超过了国际上提倡的 CO_2 当量浓度控制范围（450~500ppmv）的标准，而基于全球一般均衡发展的集成评估模型得到 2100 年全球 CO_2 浓度为 632.34ppmv（顾高翔，2014），两种模拟情景下全球总的碳排放量基本一致。

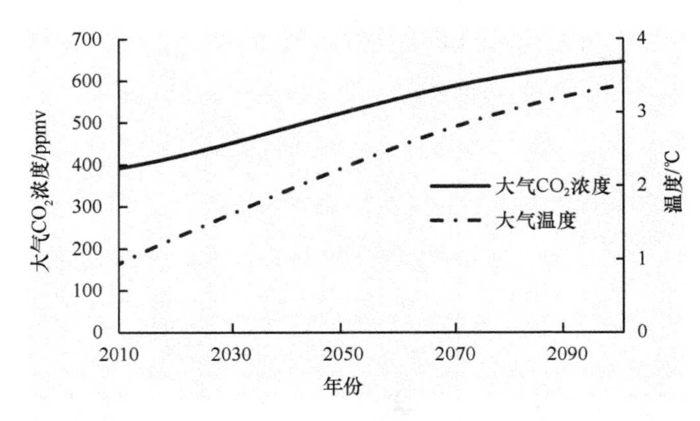

图 5.17　基准情景下地表温度较工业革命前上升幅度与大气 CO_2 浓度变化（彩图扫描封底二维码获取）

在基准情景下，全球的经济得到自由发展，能源无限量供给，碳排放没有受到外部的控制，其变化完全取决于各国经济发展，其带来的地表温度上升和温室气体浓度都大大超过目前的气候变化控制目标。因此，基准情景无法保证温室气体在可接受范围内的排放，进行大规模的全球减排是势在必行的。

5.2.7　累积效用

在基准情景下，世界各个国家或地区的累积效用值如图 5.18 所示。到 2100 年，世界国家或地区的累积效用值排名顺序为中国、欧盟、美国、中等偏下收入国家、中等偏上收入国家、印度、高收入国家、低收入国家、日本、俄罗斯。

中国的累积效用值在模拟期间从 2010 年的 7284.24 上升到 2100 年的 698970.62，占世界总累积效用值的 17.34%，模拟期间的年均增长率为 5.20%；美国的累积效用值在模拟期间从 2010 年的 13358.32 上升到 2100 年的 595630.05，占世界总累积效用值的 14.78%，模拟期间的年均增长率为 4.31%；俄罗斯的累积效用值在模拟期间从 2010 年的 1461.69 上升到 2100 年的 82535.23，占世界总累积效用值的 2.05%，模拟期间的年均增长率为 4.58%；印度的累积效用值在模拟期间从 2010 年的 2644.72 上升到 2100 年的 348192.99，占世界总累积效用值的 8.64%，模拟期间的年均增长率为 5.57%，是所有国家中年均增长速率最高的国家；日本的累积效用值在模拟期间从 2010 年的 4692.52 上升到 2100 年的 139999.01，占世界总累积效用值的 3.47%，模拟期间的年均增长率为 3.85%；欧盟的累积效用值在模拟期间从 2010 年的 15868.88 上升到 2100 年的 615767.88，占世

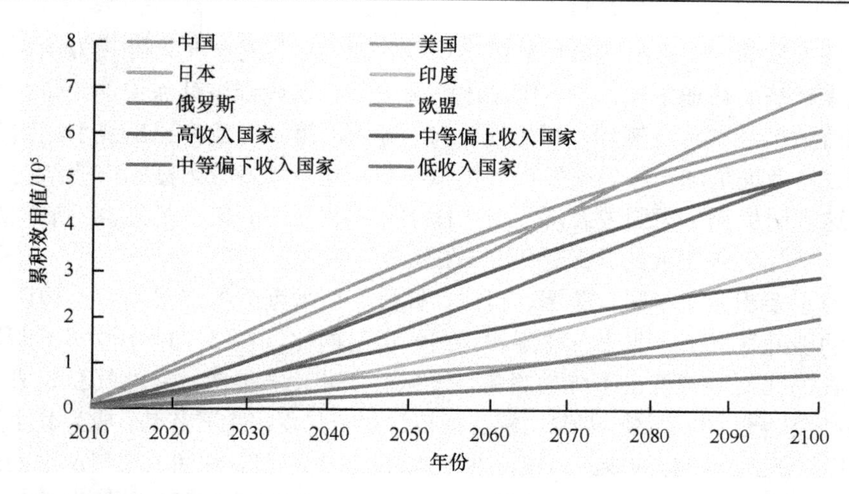

图5.18　基准情景下各国家或地区累积效用值（彩图扫描封底二维码获取）

界总累积效用值的15.28%，模拟期间的年均增长率为4.15%；高收入国家的累积效用值在模拟期间从2010年的6102.86上升到2100年的294616.26，占世界总累积效用值的7.31%，模拟期间的年均增长率为 4.40%；中等偏上收入国家的累积效用值在模拟期间从2010年的7245.13上升到2100年的523557.92，占世界总累积效用值的12.99%，模拟期间的年均增长率为 4.87%；中等偏下收入国家的累积效用值在模拟期间从 2010 年的4167.70上升到2100年的526066.89，占世界总累积效用值的13.05%，模拟期间的年均增长率为 5.52%；低收入国家的累积效用值在模拟期间从 2010 年的 1583.79 上升到2100年的205420.84，占世界总累积效用值的12.99%，模拟期间的年均增长率为4.87%。

5.3　小　　结

本章对系统进行了无碳排放约束下基准情景的模拟，并对模拟结果进行分析，研究从2010~2100年世界各国的经济发展、产业结构、能源使用、能源消费结构、碳排放量、累积福利值及全球气候变化的趋势。在模拟中，我们采用 Nordhaus 气候反馈模块和单层碳循环系统来组成基准情景中的气候系统。

基于基准情景，对未来发展趋势的模拟结果显示如下。

（1）中国的GDP将在2046年超过欧盟，在2051年超过美国成为全球第一大经济体，到2100年其GDP占全世界的21.16%；而美国、欧盟等发达国家的经济发展速度较慢，到2100年美国GDP在所有国家中排在第2位，欧盟则排在了第5位。尽管GDP的增长速度较低，美国的人均GDP仍保持了较高的水平，高于其他国家。

（2）对主要国家（中国、美国、日本、印度、俄罗斯）的产业结构研究结果表明，第一产业占比下降是大多数国家经济结构发展的基本规律，其中，中国、印度的第一产业占比下降较明显；发展中国家的产业结构变动幅度往往要大于发达国家，而变动幅度随着模拟时间的推移逐渐减小。中国、印度和俄罗斯的第二产业占比在模拟期间依然保持上升趋势，尽管中国初始第二产业占比基数大，但印度的第二产业占比增加速度远远大于中国和俄罗斯，在模拟的后期其第二产业占比与中国的接近。在模拟的后期，随着发展中国家经济的快速发展，发达国家逐渐失去其在国际经济体系中的地位，继而无法支撑其原有的产业结构。例如，日本在 2040 年后，第二产业占比出现小幅回升的再工业化现象。与考虑全球一般均衡发展的模拟结果相比，大多数国家的产业结构变化均有所不同，这表明优先考虑国内经济一般均衡发展的情况下，国家的经济发展状况与优先考虑全球一体化经济发展的状况是不一致的。

（3）对主要国家（中国、美国、日本、印度、俄罗斯）的能源消费结构研究结果表明，中国的能源种类中，非化石能源和天然气所占的比例在 2010~2100 年不断增加，而煤和油所占的比例则表现出下降的趋势，模拟后期非化石能源、天然气和煤成为中国主要的能源种类。美国的非化石能源比例在模拟过程中呈现出上升趋势，成为其主要的能源种类，同样处于上升趋势的能源为煤，成为第二大能源种类，油和天然气所占的比例处于一直下降的趋势。日本 4 种类型能源的分配比较接近，每种能源所占的比例约为总能源的 1/4。印度的油和天然气的比例在模拟期间呈现出上升趋势，非化石能源和煤的比例有轻微下降趋势，在模拟后期，煤、油为其主要的能源来源。俄罗斯煤和油提供的能源比例一直处于上升趋势，但天然气和非化石能源由于初始比例较高，在模拟后期依然为俄罗斯主要的能源种类。

（4）对各国碳排放和气候变化的研究结果表明，在基准情景下到 2100 年，全球将升温 3.37℃，无法实现升温 2℃的目标，全球减排形势十分严峻。采用全球经济互动与产业进化条件下的一般均衡模型分析结果表明全球碳排放量在 2100 年为 632.34ppmv（顾高翔，2014），相比较与本章模拟的碳排放在 2100 年的浓度为 644.42ppmv，两种情景下的 CO_2 浓度较为接近。全球碳排放量呈现出先上升后下降的趋势，碳高峰出现在 2053 年。中国碳排放量在模拟过程中呈现先上升后下降的趋势，碳高峰出现在 2033 年，但 2100 年的碳排放量显著低于 2010 年水平，而采用全球经济互动与产业进化条件下的一般均衡模型分析结果显示中国碳高峰出现在 2032 年（顾高翔，2014），本章结果与其基本一致。欧盟的碳高峰出现在 2028 年，俄罗斯的碳高峰出现在 2072 年，印度的碳高峰出现在 2059 年，中等偏上收入国家的碳高峰出现在 2057 年，中等偏下收入国家的碳高峰出现在 2076 年；低收入国家的碳排放量将保持不断上升的趋势，不存在碳高峰。美国和日本的碳排放则呈现出一直下降的趋势。在各部门中，能源产业、化学工业和重工业的能源使用占各国总能源使用的绝大多数，其减排潜力和减排空间较大；而食品加工业和建筑业对能源产品的中间需求较低，减排潜力较小。

参 考 文 献

顾高翔. 2014. 全球经济互动与产业进化条件下的气候变化经济学集成评估模型及减排战略——CINCIA 的研发与应用. 中国科学院大学博士学位论文.

Intergovernmental Panel on Climate Change (IPCC). 2007. The 4th Assement Report. http://www.ipu.ch.

Solomon S. 2007. IPCC (2007): Climate change the physical science basis. AGV Fall Meeting. AGV Fall Meeting Abstracts. 123-124.

第 6 章　不同技术进步情景下的经济增长和碳排放

在基准情景中，能源-碳排放模块中的能源技术进步通过随机冲击来进行描述。本章继续对能源-碳排放模块进行探讨，研究两种不同的技术进步情景对能源强度、全球经济发展和气候变化产生的影响。第一种为无技术进步自由情景，继续考虑能源消费结构方面的模拟，保持 2009 年的能源消耗结构延续到 2100 年，没有随机冲击的技术进步，即模拟各国不采取任何减排措施、没有任何技术进步的一种极端排放情景；第二种为技术进步历史演变情景，采用最近 15 年的能源排放强度的变化趋势对未来的能源排放强度进行推演，技术进步的速率保持现有的速率至 2100 年，从而模拟在这种情景下全球经济发展和气候变化的情况，是一种理想化情景。虽然在现实中，这两种情景所模拟的状态不能完全实现，但是可以作为经济发展和气候变化的极端情况，为相关政策制定者提供政策制定的上限和下限参考。

6.1　无技术进步自由排放情景

本节的无技术进步自由指的是不考虑全球或单个国家的减排措施，气候响应模块采用 Nordhaus 气候反馈模块，全球碳循环模块采用单层碳循环系统。主要国家（中国、美国、日本、印度、俄罗斯）对 27 种能源的消耗系数矩阵，保持 2009 年的消耗系数不变发展至 2100 年。目的在于反映如果这些国家保持 2009 年的能源消耗系数，在各种能源的供给是无限量的情况下，2100 年全球的经济发展情形和气候变化情况。

6.1.1　经济发展

1. GDP

图 6.1 展示了在无技术进步自由情景下各个国家或地区在 2010 年、2030 年、2050 年及 2100 年的 GDP 分布。在此情景下，全世界 2010~2030 年的年均 GDP 增长率为 3.07%，2030~2050 年的年均增长率为 2.19%，2050~2100 年的年均增长率为 0.76%，2010~2100 年模拟期间平均 GDP 增长率为 1.59%；各个阶段的增长速度均低于基准情景下的增长速度。到 2050 年，世界 GDP 总量为 162112.2 亿美元，而到了 2100 年，世界的 GDP 量为 2367537.8 亿美元。世界经济的格局与基准情景相比有了较大的变化。在无技术进步自由情景下，在 2030 年，10 个国家或地区的 GDP 总量排序为欧盟、美国、中国、中等偏上收入国家、高收入国家、中等偏下收入国家、日本、印度、低收入国家、俄罗斯；在 2050 年，10 个国家或地区的 GDP 总量排序为中国、欧盟、美国、中等偏上收入国家、中等偏下收入国家、高收入国家、印度、日本、低收入国家、俄罗斯；在 2100 年，10 个国家或地区的 GDP 总量排序为中国、中等偏下收入国家、欧盟、中等偏上收入国家、

美国、印度、高收入国家、低收入国家、俄罗斯、日本。世界各个国家或地区在模拟初期、短期、中期和长期的 GDP 分别见图 6.1。

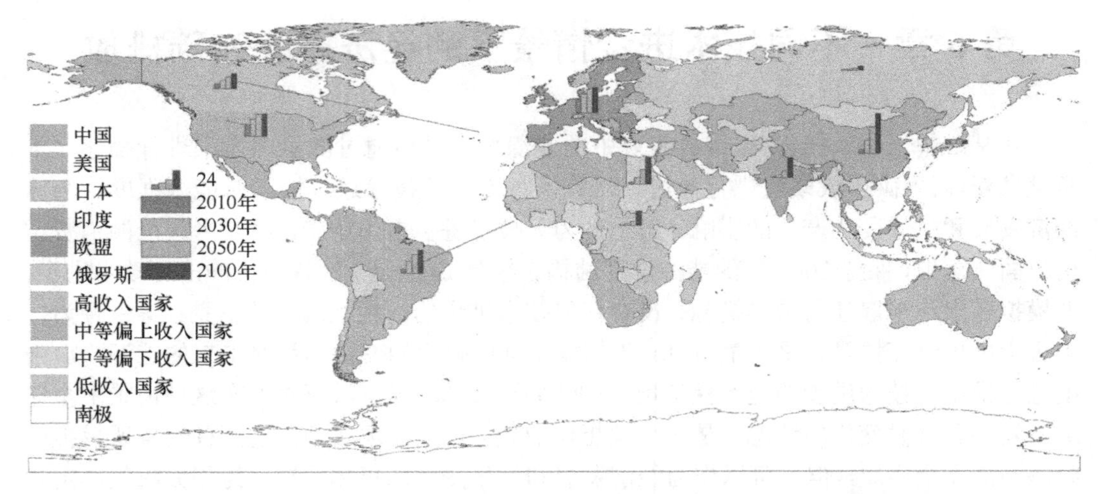

图 6.1　无技术进步自由情景下各国家或地区 2010/2030/2050/2100 年的 GDP 分布
（彩图扫描封底二维码获取）

图 6.2 展示了在无技术进步自由情景下各国家或地区的 2010~2100 年的 GDP 发展趋势。从各个国家或地区的角度来看，与基准情景有着明显区别的是有些国家在模拟期间经济发展呈现出先上升后下降的趋势，其中有中国、美国、欧盟、中等偏上收入国家、日本。中国的经济在 2087 年左右由于受到气候系统的负面反馈冲击而导致其经济增长出现衰退，而美国的经济则在 2074 年左右呈现出下降趋势，欧盟的经济则在 2082 年左右呈现出下降趋势，日本的经济则在 2054 年左右呈现出下降趋势，中等偏上收入国家的经济则在 2088 年左右呈现出下降趋势。这一结果的出现对于政策制定者具有重要的意义，如果当前主要国家（中国、美国、日本、印度、俄罗斯）按照 2009 年的能源消耗系数，不减少其 CO_2 的排放，自由地进行发展，势必会在未来对世界的经济增长产生不利的影响。因此，实行碳减排政策，不仅是对全球气候治理的贡献，更是对自身经济发展的一种贡献。

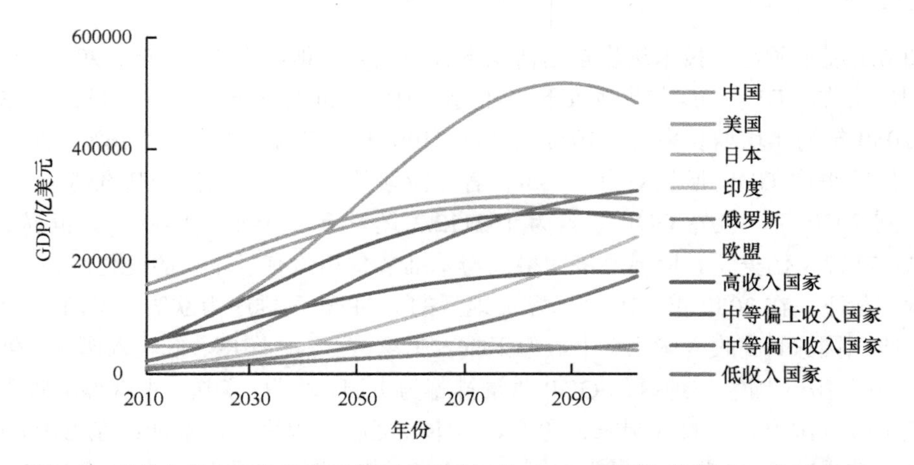

图 6.2　无技术进步自由情景下各国家或地区的 GDP（彩图扫描封底二维码获取）

考虑各个国家在 2010~2100 年整个模拟期间的增长速度。中国在模拟期间的年均增长率为 2.47%，2100 年中国的 GDP 为 482350 亿美元，占当时世界总 GDP 的 20.37%；美国在模拟期间的年均增长率为 0.71%，2100 年美国的 GDP 为 272250 亿美元，占当时世界总 GDP 的 11.50%；欧盟在模拟期间的年均增长率与美国的较为接近，为 0.75%，2100 年欧盟的 GDP 为 311053 亿美元，占当时世界总 GDP 的 13.14%；日本在模拟期间的年均增长率为–0.18%，2100 年日本的 GDP 为 42115 亿美元，占当时世界总 GDP 的 1.78%，这表明日本的经济对于高强度的碳排放更加敏感；印度在模拟期间的年均增长率为 3.28%，高于中国经济的增长速率，2100 年印度的 GDP 为 243400 亿美元，占当时世界总 GDP 的 10.28%；俄罗斯在模拟期间的年均增长率为 1.70%，2100 年俄罗斯的 GDP 为 5059.8 亿美元，占当时世界总 GDP 的 2.14%；高收入国家在模拟期间的年均增长率为 1.26%，2100 年高收入国家的 GDP 为 182471.7 亿美元，占当时世界总 GDP 的 7.71%；中等偏上收入国家在模拟期间的年均增长率为 1.88%，2100 年中等偏上收入国家的 GDP 为 283596.5 亿美元，占当时世界总 GDP 的 11.98%；中等偏下收入国家在模拟期间的年均增长率为 2.99%，2100 年中等偏下收入国家的 GDP 为 326007.3 亿美元，占当时世界总 GDP 的 13.77%；低收入国家在模拟期间的年均增长率为 3.52%，为所有国家中年增长率最高的国家，2100 年低收入国家的 GDP 为 173696.3 亿美元，占当时世界总 GDP 的 7.34%。

2. 人均 GDP

图 6.3 展示了在无技术进步自由情景下全世界及各个国家或地区的 2010~2100 年的人均 GDP 发展趋势。与基准情景下 2100 年世界各个国家或地区的人均 GDP 排序顺序有轻微的变化。在 2030 年，世界各国家或地区的人均 GDP 排名顺序，依次为美国、日本、欧盟、高收入国家、俄罗斯、中国、中等偏上收入国家、中等偏下收入国家、低收入国家、印度。在 2050 年，世界各个国家或地区的人均 GDP 排名顺序，依次为美国、日本、欧盟、高收入国家、中国、俄罗斯、中等偏上收入国家、中等偏下收入国家、印

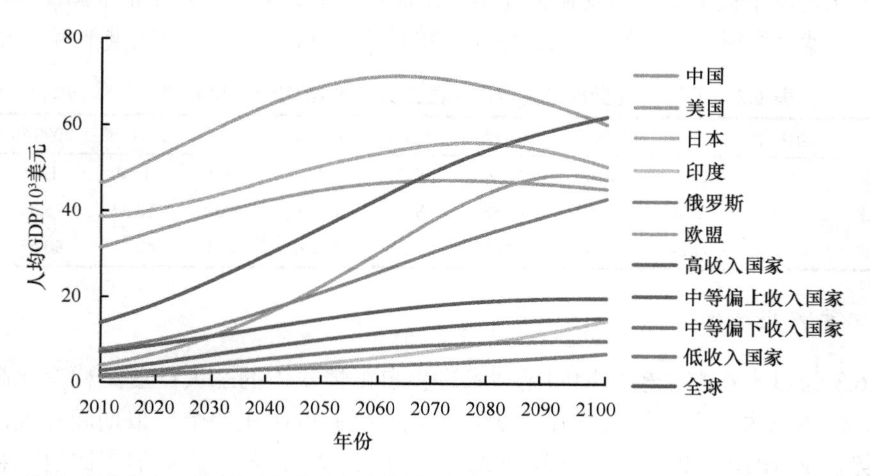

图 6.3 无技术进步自由情景下全世界与各国家或地区人均 GDP（彩图扫描封底二维码获取）

度、低收入国家。2100 年，世界各个国家或地区的人均 GDP 排名顺序，依次为高收入国家、美国、日本、中国、欧盟、俄罗斯、中等偏上收入国家、印度、中等偏下收入国家、低收入国家。

6.1.2　产业结构

1. 中国产业结构

表 6.1 为中国在整个模拟期间无技术进步自由情景下的三大产业结构变化趋势。第一产业占比一直处于下降趋势，从 2010 年的 10.15%下降至 2100 年的 3.83%；第二产业的占比则呈现出先上升后下降的趋势，在 2050 年左右第二产业的占比达到最大值，随后开始逐渐下降，但在 2100 年第二产业的占比相比较于 2010 年仍是有所增加的；第三产业占比一直处于上升趋势，从 2010 年的 43.43%上升至 2100 年的 48.23%，超过第二产业，成为中国主要的经济支柱。

表 6.1　无技术进步自由情景下中国三大产业结构的变化趋势　（单位：%）

产业	2010 年	2020 年	2030 年	2040 年	2050 年	2060 年	2070 年	2080 年	2090 年	2100 年
第一产业	10.15	8.32	6.80	5.66	4.83	4.25	3.87	3.68	3.66	3.83
第二产业	46.41	47.37	47.91	48.13	48.16	48.09	47.99	47.92	47.90	47.95
第三产业	43.43	44.31	45.29	46.21	47.01	47.66	48.13	48.40	48.44	48.23

2. 美国产业结构

表 6.2 为美国在整个模拟期间无技术进步自由情景下的三大产业结构变化趋势。第一产业占比一直处于上升趋势，从 2010 年的 0.95%上升至 2100 年的 1.00%；第二产业的占比则一直呈现出下降的趋势，从 2010 年的 18.95%下降至 2100 年的 18.37%；第三产业占比一直处于上升趋势，从 2010 年的 80.09%上升至 2100 年的 80.62%。美国第三产业的占比在整个模拟期间的变化幅度不大，这是由于其第三产业在整个国民经济中所占的比重本来就已经很高，其在整个国民经济中的作用也将保持在这个比重不再有大幅上升。

表 6.2　无技术进步自由情景下美国三大产业结构的变化趋势　（单位：%）

产业	2010 年	2020 年	2030 年	2040 年	2050 年	2060 年	2070 年	2080 年	2090 年	2100 年
第一产业	0.95	0.96	0.97	0.99	0.99	1.00	1.00	1.00	1.00	1.00
第二产业	18.95	18.80	18.67	18.57	18.49	18.43	18.39	18.37	18.36	18.37
第三产业	80.09	80.24	80.36	80.45	80.52	80.57	80.61	80.63	80.63	80.62

3. 日本产业结构

表 6.3 为日本在整个模拟期间无技术进步自由情景下的三大产业结构变化趋势。总体而言，日本三大产业占比的变化不明显。第一产业占比在整个模拟期间呈现出缓慢下降的趋势，从 2010 年的 1.35%下降到 2100 年的 1.32%；第二产业的占比也一直呈现出缓慢下降的趋势，从 2010 年的 25.79%下降至 2100 年的 25.72%；第三产业占比一直处

于轻微上升趋势，从 2010 年的 72.86%上升至 2100 年的 72.96%。

表 6.3　无技术进步自由情景下日本三大产业结构的变化趋势　（单位：%）

产业	2010 年	2020 年	2030 年	2040 年	2050 年	2060 年	2070 年	2080 年	2090 年	2100 年
第一产业	1.35	1.34	1.34	1.34	1.34	1.34	1.33	1.33	1.33	1.32
第二产业	25.79	25.79	25.81	25.83	25.85	25.85	25.85	25.83	25.79	25.72
第三产业	72.86	72.87	72.85	72.83	72.82	72.81	72.82	72.84	72.89	72.96

4. 印度产业结构

表 6.4 为印度在整个模拟期间无技术进步自由情景下的三大产业结构变化趋势。第一产业占比在整个模拟期间呈现出下降趋势，从 2010 年的 16.92%下降至 2100 年的 13.40%；第二产业的占比则一直呈现出显著上升的趋势，从 2010 年的 28.13%上升至 2100 年的 35.76%；第三产业占比呈现出轻微的下降趋势，从 2010 年的 54.95%下降至 2100 年的 50.84%。对于印度而言，第二产业在其产业中所占的比重逐渐增加，将在国民经济中发挥越来越重要的作用。

表 6.4　无技术进步自由情景下印度三大产业结构的变化趋势　（单位：%）

产业	2010 年	2020 年	2030 年	2040 年	2050 年	2060 年	2070 年	2080 年	2090 年	2100 年
第一产业	16.92	16.97	16.78	16.41	15.96	15.45	14.93	14.41	13.89	13.40
第二产业	28.13	29.18	30.16	31.08	31.96	32.80	33.60	34.36	35.08	35.76
第三产业	54.95	53.84	53.07	52.51	52.09	51.75	51.47	51.24	51.03	50.84

5. 俄罗斯产业结构

表 6.5 为俄罗斯在整个模拟期间无技术进步自由情景下的三大产业结构变化趋势。第一产业占比在整个模拟期间呈现出先上升后下降的趋势，在 2040 年左右达到最大值 4.94%，之后逐渐下降至 2100 年的 4.59%；第二产业的占比则一直呈现出缓慢上升的趋势，从 2010 年的 32.84%上升至 2100 年的 36.80%；第三产业占比一直处于轻微下降趋势，从 2010 年的 62.45%下降至 2100 年的 58.61%。

表 6.5　无技术进步自由情景下俄罗斯三大产业结构的变化趋势　（单位：%）

产业	2010 年	2020 年	2030 年	2040 年	2050 年	2060 年	2070 年	2080 年	2090 年	2100 年
第一产业	4.71	4.83	4.91	4.94	4.92	4.88	4.81	4.74	4.67	4.59
第二产业	32.84	33.18	33.68	34.24	34.78	35.29	35.74	36.14	36.49	36.80
第三产业	62.45	61.99	61.41	60.83	60.30	59.84	59.45	59.12	58.84	58.61

6.1.3 能源使用

1. 总能源使用

图 6.4 为主要国家在模拟期间的总能源使用情况。中国、日本、美国的能源使用量呈现出先升后降的趋势，印度和俄罗斯的能源使用量一直呈现上升趋势。

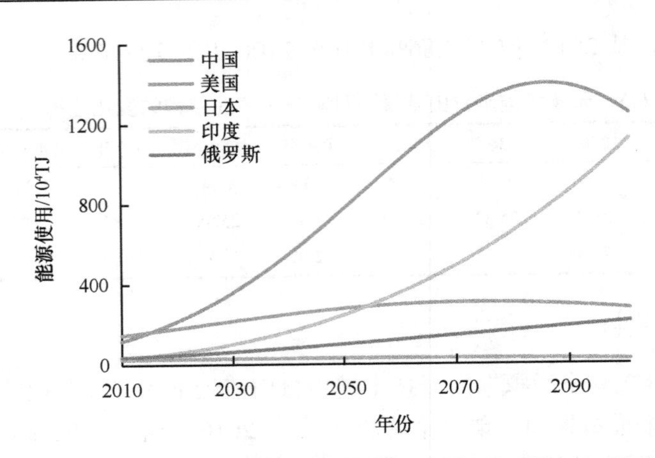

图 6.4　无技术进步自由情景下的能源使用情况（彩图扫描封底二维码获取）

中国的能源使用量从 2010 年的 118.19EJ 上升到 2086 年的 1394.74EJ，达到能源使用量的高峰，相比较于基准情景，能源使用高峰年份有明显的推迟，能源使用量的高峰值相比较于基准情景有大幅提高；之后能源使用量开始下降，在 2100 年能源使用量为 1248.28EJ，这一能源使用量远远高于基准情景下同期的能源使用量。相比较于 2010 年，2086 年中国的能源高峰使用量增加了 10.80 倍。而在 2086~2100 年的能源使用量下降则不太明显，相比较于 2010 年，2100 年的能源使用量上升了 8.56 倍，相比较能源使用高峰下降了 10.50%。表明若中国保持 2009 年的能源消耗度，其在模拟期间的能源消耗量是十分巨大的。日本的能源使用量从 2010 年的 26.76EJ 上升到 2053 年的 30.23EJ，达到能源使用量的高峰，之后能源使用量开始下降，在 2100 年能源使用量为 21.67EJ。相比较于 2010 年，日本的能源高峰使用量比 2010 年增加了约 12.97%。2100 年的能源使用量相比较于 2010 年的能源使用量下降了 19.02%，但比较于高峰时的能源使用量下降了 28.31%。美国的能源使用量从 2010 年的 147.23EJ 上升到 2073 年的 305.09EJ，达到能源使用量的高峰，之后能源使用量开始下降，在 2100 年能源使用量为 274.35EJ。相比较于 2010 年，美国的能源高峰使用量比 2010 年增加了约 1.07 倍。2100 年的能源使用量相比较于 2010 年的能源使用量增加了 86.35%，但比较于高峰时的能源使用量下降了 10.07%。中国、日本和美国的能源使用均存在着使用高峰年份，其中日本的能源使用高峰最先达到，其次为美国，最后为中国。

印度的能源使用量呈现出一直上升的趋势，从 2010 年的 32.19EJ 上升到 2050 年的 250.47EJ，增加了 6.78 倍，2100 年的 1121.13EJ，相比较于 2010 年增加了 33.83 倍，已接近同期中国的能源使用量。俄罗斯的能源使用量从 2010 年的 36.97EJ 上升到 2050 年的 100.65EJ，增加了 1.72 倍，2100 年上升为 210.29EJ，比 2010 年增加了 4.69 倍。

2. 分产业能源使用

表 6.6 为主要国家分部门的能源使用量高峰量及其出现年份，在无技术进步自由情景下，俄罗斯和印度的能源使用一直处于上升趋势，因此其分产业的能源使用也无高峰年份和高峰使用量。对于中国、美国和日本，分产业的能源使用高峰年份与

其总能源的能源使用高峰年份一致。这是由于在无技术进步自由情景下，各个国家的能源消耗系数矩阵未发生改变，因此其分产业的能源使用量仅与其分产业的 GDP 发展速度有关。

表 6.6 各国各部门能源使用高峰（年）与高峰值（EJ）

部门	中国	美国	日本	俄罗斯	印度
农业	2086（37.60）	2073（2.35）	2053（0.33）	/	/
食品加工业	2086（37.60）	2073（3.01）	2053（0.28）	/	/
能源产业	2086（37.60）	2073（148.78）	2053（17.24）	/	/
轻工业	2086（37.60）	2073（4.16）	2053（0.30）	/	/
化学工业	2086（37.60）	2073（15.58）	2053（2.92）	/	/
重工业	2086（37.60）	2073（9.56）	2053（2.78）	/	/
建筑业	2086（37.60）	2073（4.72）	2053（0.72）	/	/
商贸零售业	2086（37.60）	2073（10.32）	2053（1.22）	/	/
交通运输业	2086（37.60）	2073（16.63）	2053（2.28）	/	/
金融保险业	2086（37.60）	2073（15.69）	2053（1.21）	/	/
其他服务业	2086（37.60）	2073（8.70）	2053（0.95）	/	/

注：“/”表示在当前情景下，该国的能源使用高峰在 2010 年之前

3. 累积能源使用

表 6.7 显示了无技术进步自由情景下主要国家各部门累积能源使用情况。从中可以看到，各国累积能源使用占比最大的部门依然为能源产业，均占到其能源使用量的一半以上，其中印度能源部门的累积能源使用量更是占到了本国累积能源使用量的 69.06%，是这 5 个主要国家中最高的。其次为俄罗斯，其能源产业累积使用量占其总累积能源使用量的 67.65%。从产业分类上来看，重工业的累积能源使用也能占到各国总能源使用相当大的比例，其中中国的重工业累积能源使用约占其总累积能源使用量的 20.56%，为这 5 个国家中比例最高的。

表 6.7 无技术进步自由情景下主要国家各部门累积能源使用 （单位：EJ）

部门	中国	美国	日本	印度	俄罗斯
农业	2126.88	181.11	27.23	1083.53	218.64
食品加工业	728.16	232.37	23.42	993.07	39.70
能源产业	47204.77	11552.74	1452.02	24871.68	7113.69
轻工业	944.11	317.06	24.86	498.16	45.90
化学工业	4187.14	1193.87	252.28	2102.41	1128.93
重工业	15922.98	731.90	241.92	4092.70	984.74
建筑业	1453.77	373.46	61.96	927.68	126.14
商贸零售业	630.52	798.60	103.27	380.32	111.18
交通运输业	2946.03	1299.56	195.18	907.11	554.73
金融保险业	399.11	1289.49	105.96	77.31	80.59
其他服务业	921.40	670.87	82.69	81.83	111.71

从各部门能源使用在几个国家中的分布来看，除食品加工业、金融保险业和商贸零售业外，中国大部分部门的能源使用量占这5个国家累积能源使用的比重是最高的。其中，中国的重工业累积能源使用占5个国家总能源使用量的比重达到了72.46%；而农业、能源产业和化学工业的累积能源使用占比分别为58.47%、51.20%和47.23%；金融保险业和商贸零售业的累积能源使用占5个国家总能源使用量的比例分别为20.44%和31.15%。美国的商贸零售业的能源使用占5个国家总能源使用量的比例最高，为39.46%，金融保险业的能源使用占5个国家总能源使用量的比例最高，为66.04%。印度的食品加工业的能源使用量占5个国家总能源使用量的比例最高，为49.24%。

6.1.4 碳排放趋势

1. *碳排放*

在无技术进步自由情景下，世界各个国家或地区在2010年、2030年、2050年及2100年的碳排放分布见图6.5。图6.6展示了全世界和各个国家或地区的碳排放趋势。从图中可以看出，全球碳排放总量在2010~2100年模拟期间呈现出先上升后下降的趋势，从2010年的10.29GtC上升到2097年的58.80GtC，期间的年均增长速率为1.98%；之后开始逐步下降，到2100年降为58.75GtC。在整个模拟期间，2100年全球的碳排放显著高于2010年的全球碳排放水平，期间的年均增长速率为1.91%。对于不同的国家或地区而言，呈现出先上升后下降的趋势的国家为中等偏下收入国家、中等偏上收入国家、中国、高收入国家、美国、日本；呈现出一直上升趋势的国家为低收入国家、俄罗斯、印度；呈现出一直下降趋势的国家为欧盟。在无技术进步自由情景下，2100年各个国家或地区碳排放量的排序为中国、印度、中等偏下收入国家、中等偏上收入国家、美国、俄罗斯、欧盟、低收入国家、高收入国家、日本。

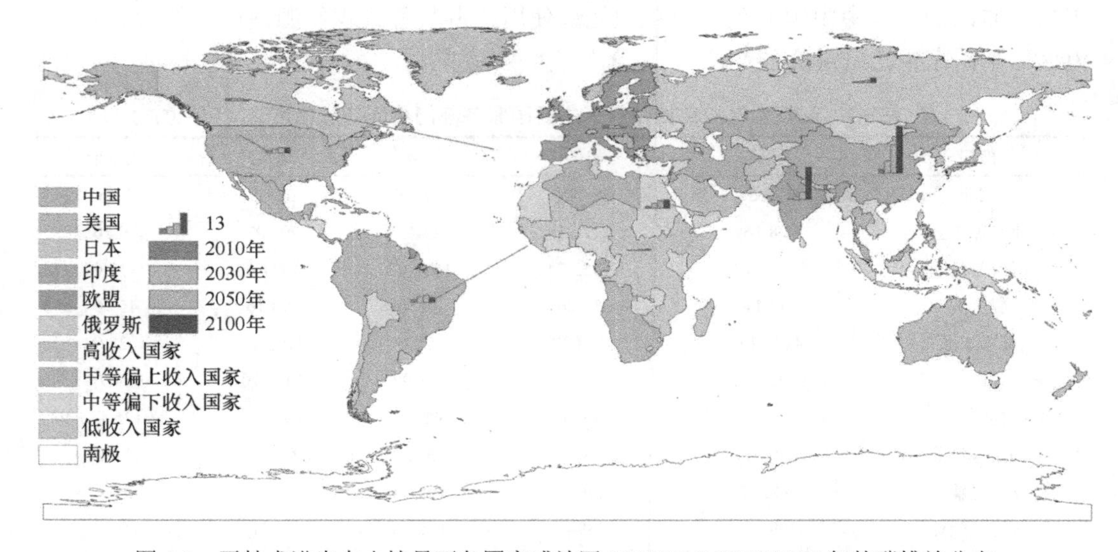

图6.5　无技术进步自由情景下各国家或地区2010/2030/2050/2100年的碳排放分布

（彩图扫描封底二维码获取）

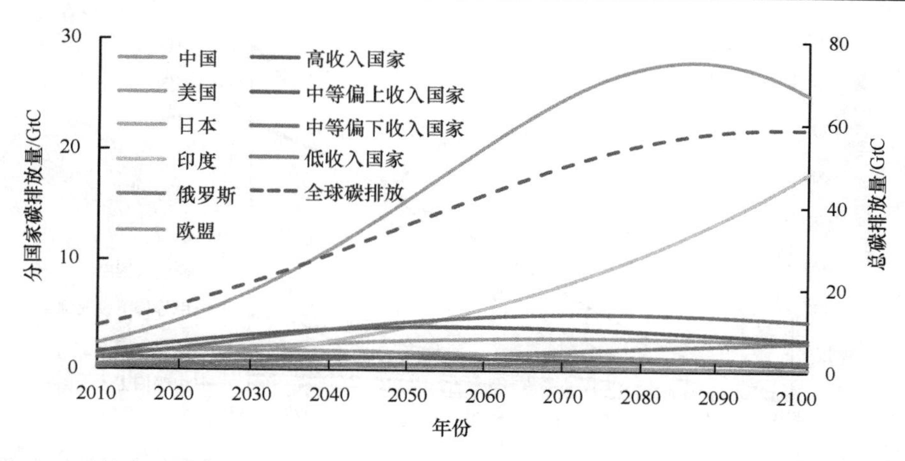

图 6.6　无技术进步自由情景下世界各国家或地区的碳排放（彩图扫描封底二维码获取）

从各个国家或地区的角度来说，中国的碳排放在无技术进步自由情景下于 2086 年达到高峰，碳排放高峰为 28.07GtC，其达峰时间远远晚于基准情景；其在整个模拟期间的碳排放年均增长率为 2.65%。美国的碳排放在无技术进步自由情景下于 2073 年达到高峰，碳排放高峰为 2.97GtC，与基准情景呈现出完全不一样的增长趋势；其在整个模拟期间的碳排放年均增长率为 0.70%。日本的碳排放在无技术进步自由情景下于 2053 年达到高峰，碳排放高峰为 0.34GtC，与基准情景呈现出完全不一样的增长趋势；由于后期其碳排放下降，导致其在 2100 年的碳排放量低于 2010 年的碳排放量，其在整个模拟期间的碳排放年均下降速率为 0.23%。高收入国家的碳排放在无技术进步自由情景下于 2036 年达到高峰，碳排放高峰为 1.22GtC，与基准情景碳排放高峰年份一致；其在整个模拟期间的碳排放年均下降速率为 0.56%。中等偏上收入国家的碳排放在无技术进步自由情景下于 2056 年达到高峰，碳排放高峰为 3.97GtC，与基准情景下的碳排放高峰年份比较接近；其在整个模拟期间的碳排放年均增长率为 0.67%。中等偏下收入国家的碳排放在无技术进步自由情景下于 2074 年达到高峰，碳排放高峰为 5.16GtC，与基准情景下的碳排放高峰年份比较接近；其在整个模拟期间的碳排放年均增长率为 1.61%。

低收入国家在 2100 年的碳排放量为 0.89GtC，其在整个模拟期间的碳排放年均增长率为 1.74%。印度在 2100 年的碳排放量为 18.08GtC，其在整个模拟期间的碳排放年均增长率为 4.05%。俄罗斯在 2100 年的碳排放量为 2.65GtC，其在整个模拟期间的碳排放年均增长率为 1.97%。欧盟在 2100 年的碳排放量为 0.94GtC，其在整个模拟期间的碳排放年均下降速率为 0.64%。

2. 累积碳排放

图 6.7 展示了无技术进步自由情景下各国 2010~2100 年累积碳排放量的变化情况。全世界 2010~2050 年的累积碳排放达到 919.83GtC，比基准情景增加了 273.68GtC，2010~2100 年的累积碳排放量达到 3484.93GtC，比基准情景增加了 2008.70GtC。中国是累积碳排放量最大的国家；其次是印度、中等偏下收入国家、中等偏上收入国家、美国、欧盟、俄罗斯、高收入国家、低收入国家、日本。

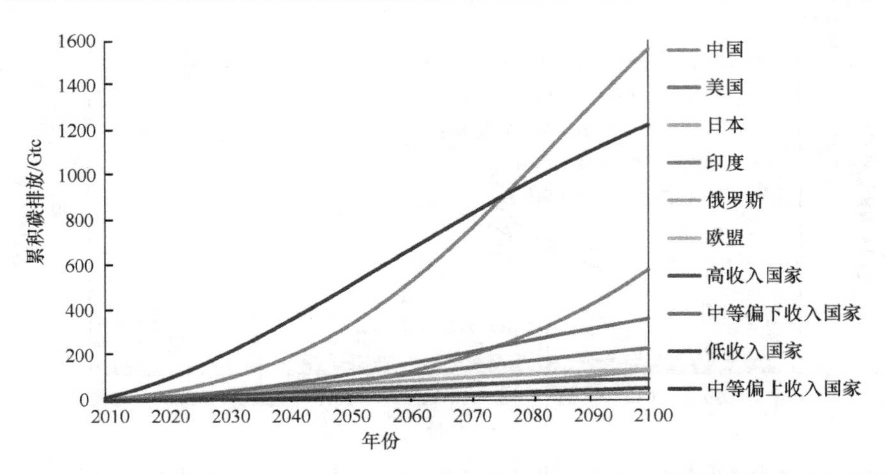

图 6.7　无技术进步自由情景下世界各个国家或地区的累积碳排放（彩图扫描封底二维码获取）

具体到国家而言，中国到 2050 年的累积碳排放达到 329.26GtC，占全世界累积碳排放的 35.79%；到 2100 年达到 1559.20GtC，占全世界累积碳排放的 44.74%。美国到 2050 年的累积碳排放量达到 87.16GtC，占全世界的 9.48%，而到 2100 年的累积碳排放量则达到 230.90GtC，占全世界的 6.63%。欧盟 2010~2050 年的累积碳排放量达到 72.33GtC，占全世界的 7.86%；而到 2100 年的累积碳排放量达到 137.01GtC，占全世界的 3.93%。日本由于经济发展速度缓慢，其累积碳排放量较小，其 2010~2100 年的累积碳排放量只有 28.56GtC，占全世界的 0.82%。高收入国家从 2010~2100 年的累积碳排放量为 95.09GtC，占全世界的2.73%。俄罗斯从2010~2100年的累积碳排放量为131.97GtC，占全世界的3.79%。印度 2010~2100 年的累积碳排放量为 580.26 GtC，占全世界的 16.65%。中等偏上收入国家到 2100 年的累积碳排放量为 305.90GtC，占全世界的 8.78%。中等偏下收入国家从 2010~2100 年的累积碳排放量分别为 362.84GtC，占全世界的 10.41%。低收入国家从 2010~2100 年的累积碳排放量分别为 53.19GtC，占全世界的 1.53%。

3. 人均碳排放

图 6.8 展示了无技术进步自由情景下全世界和各个国家或地区 2010~2100 年人均碳排放量的变化情况。在 2100 年，全世界人均碳排放量最高的国家是中国，其次是俄罗斯和印度，之后分别是美国、日本、高收入国家、中等偏上收入国家、中等偏下收入国家、欧盟和低收入国家。在模拟过程中，欧盟的人均碳排放呈现出始终下降的趋势；中国、俄罗斯、印度的人均碳排放呈现出一直上升的趋势；日本、美国、低收入国家、中等偏下收入国家、中等偏上收入国家、高收入国家的人均碳排放呈现出先上升后下降的趋势。

中国的人均碳排放在整个模拟期间的年均上升速率为 2.98%，其在 2100 年的人均碳排放量为 24.79tC，其人均碳排放在 2100 年为世界最大值。印度的人均碳排放在整个模拟期间的年均上升速率为 3.71%，其在 2100 年的人均碳排放量为 10.89 tC，为人均碳排放量较高的国家。俄罗斯的人均碳排放在整个模拟期间的年均上升速率为 2.20%，其在 2100 年的人均碳排放量为 22.54tC，为人均碳排放量第二大的国家。

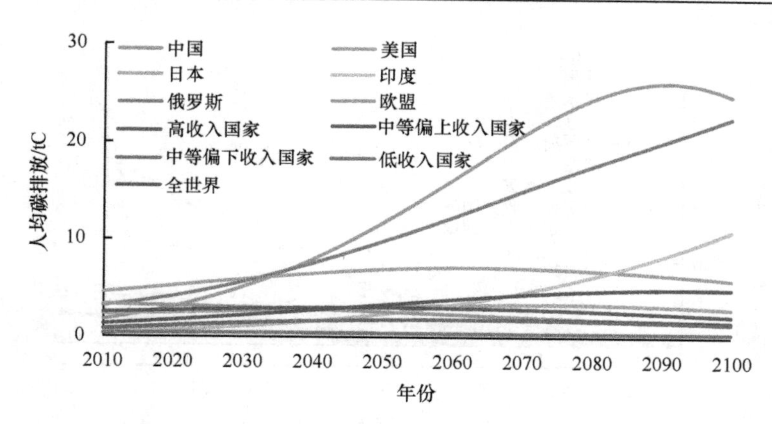

图 6.8　无技术进步自由情景下世界各个国家或地区的人均碳排放（彩图扫描封底二维码获取）

美国的人均碳排放在整个模拟期间的年均上升速率为 0.29%，其在 2100 年的人均碳排放量为 5.93tC，其人均碳排放在 2063 年达到高峰值。高收入国家的人均碳排放在整个模拟期间的年均下降速率为 0.15%，其在 2100 年的人均碳排放量为 2.19tC，其人均碳排放在 2048 年达到高峰值。中等偏上收入国家的人均碳排放在整个模拟期间的年均上升速率为 0.75%，其在 2100 年的人均碳排放量为 1.57tC，其人均碳排放在 2065 年达到高峰值。中等偏下收入国家的人均碳排放在整个模拟期间的年均上升速率为 0.73%，其在 2100 年的人均碳排放量为 1.41tC，其人均碳排放在 2059 年达到高峰值。低收入国家的人均碳排放在整个模拟期间的年均上升速率为 0.08%，其在 2100 年的人均碳排放量为 0.36 tC，其人均碳排放在 2030 年达到高峰值。日本的人均碳排放在整个模拟期间的年均增长速率为 0.25%，其在 2100 年的人均碳排放量为 2.93tC，其人均碳排放在 2075 年达到高峰值。

欧盟的人均碳排放在整个模拟期间的年均下降速率为 0.97%，其在 2100 年的人均碳排放量为 1.38 tC。

4. 累积人均碳排放

图 6.9 展示了全世界和各个国家或地区 2010~2100 年累积人均碳排放量的变化情况。全世界 2010~2050 年的累积人均碳排放量为 92.53tC，到 2100 年，全世界的累积人均碳排放量为 314.88tC。中国为所有国家中累积人均碳排放量最高的国家，其次为俄罗斯、美国、印度、日本、高收入国家、欧盟、中等偏上收入国家、中等偏下收入国家、低收入国家。

具体到国家而言，印度从 2010~2050 年的累积人均碳排放达到 48.59tC，是同期全世界累积人均碳排放的 52.51%；到 2100 年的累积人均碳排放量为 341.87GtC，是同期全世界累积人均碳排放的 1.09 倍。俄罗斯到 2050 年的累积人均碳排放达到 244.79tC，是同期全世界累积人均碳排放的 2.65 倍；到 2100 年达到 1061.97tC，是同期全世界累积人均碳排放的 3.37 倍。中国到 2050 年的累积人均碳排放达到 234.11tC，是同期全世界累积人均碳排放的 2.53 倍；到 2100 年达到 1303.79tC，是同期全世界累积人均碳排放的 4.14 倍。美国到 2050 年的累积人均碳排放量达到 240.84tC，是同期全世界累积人均碳

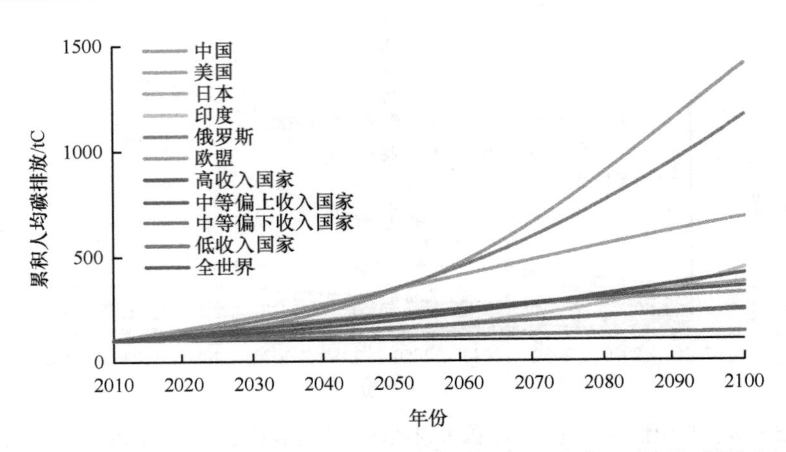

图 6.9　无技术进步自由情景下世界各国家或地区的累积人均碳排放（彩图扫描封底二维码获取）

排放的 2.60 倍；而到 2100 年的累积人均碳排放量则达到 581.12tC，是同期全世界累积人均碳排放的 1.85 倍。欧盟 2010~2050 年的累积碳排放量达到 123.29tC，是同期全世界累积人均碳排放的 1.33 倍；而到 2100 年的累积碳排放量达到 221.23tC，占同期全世界累积人均碳排放的 70.26%。日本从 2010~2100 年的累积碳排放量只有 273.04tC，是同期全世界累积人均碳排放的 86.71%。

高收入国家从 2010~2100 年的累积人均碳排放量为 252.86tC，占同期全世界累积人均碳排放的 80.30%。中等偏上收入国家到 2100 年的累积人均碳排放量为 144.41tC，占全世界的 45.86%。中等偏下收入国家从 2010~2100 年的累积人均碳排放量为 139.89tC，占全世界的 44.43%。低收入国家从 2010~2100 年的累积人均碳排放量为 35.63GtC，占全世界的 11.31%。

6.1.5　全球气候变化

如图 6.10 所示，在无技术进步自由情景下，全球地表温度较工业革命前的水平呈现出稳定上升的趋势，到 2100 年，全球地表温度上升幅度达到 4.92℃，较 2009 年上升了 4.46 倍，已超出 IPCC-AR3（2007）中地表温度上升的可能范围（1.9~4.0℃）的最大值。在无技术进步自由情景下的大气中 CO_2 浓度也呈现稳定的上升趋势，到 2100 年，全球 CO_2 浓度上升到 1125.05ppmv，已远远超过国际上提倡的 CO_2 当量浓度控制范围 450~500ppmv 的标准。

6.1.6　累积效用

图 6.11 为世界各国在无技术进步自由情景下的累积效用值。到 2100 年，世界国家或地区的累积效用值排名顺序为中国、欧盟、美国、中等偏上收入国家、中等偏下收入国家、印度、高收入国家、低收入国家、日本、俄罗斯。与基准情景相比排序有轻微的差别。

中国的累积效用值在模拟期间从 2010 年的 7284.24 上升到 2100 年的 656578.65，占世界总的累积效用值的 17.46%，模拟期间的年均增长率为 5.13%；美国的累积效用值在

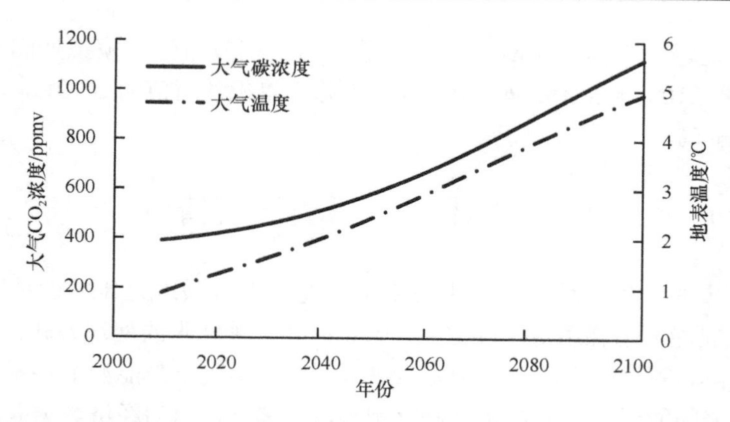

图 6.10　无技术进步自由情景下地表温度较工业革命前上升幅度与大气 CO_2 浓度变化

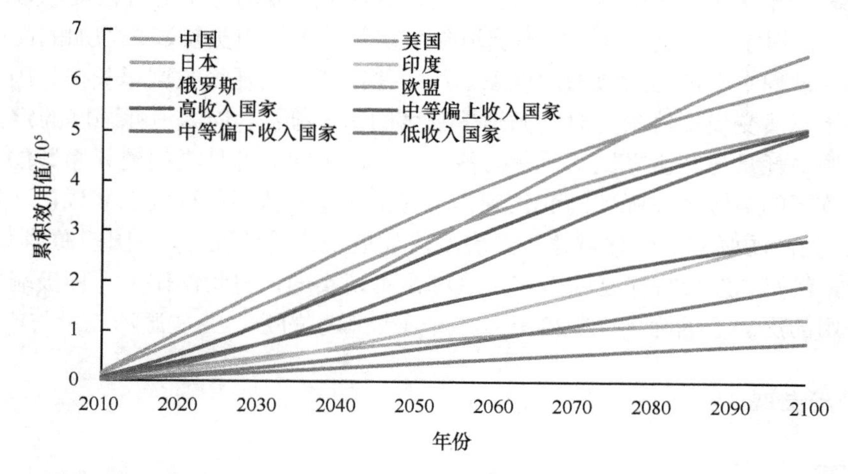

图 6.11　无技术进步自由情景下各个国家或地区累积效用值（彩图扫描封底二维码获取）

模拟期间从 2010 年的 13358.32 上升到 2100 年的 509997.00，占世界总的累积效用值的 13.56%，模拟期间的年均增长率为 4.14%；俄罗斯的累积效用值在模拟期间从 2010 年的 1461.69 上升到 2100 年的 79945.77，占世界总的累积效用值的 2.13%，模拟期间的年均增长率为 4.55%；印度的累积效用值在模拟期间从 2010 年的 2644.72 上升到 2100 年的 297993.16，占世界总的累积效用值的 7.92%，模拟期间的年均增长率为 5.39%，是所有国家中年均增长速率最高的国家；日本的累积效用值在模拟期间从 2010 年的 4692.52 上升到 2100 年的 127729.67，占世界总的累积效用值的 3.40%，模拟期间的年均增长率为 3.74%；欧盟的累积效用值在模拟期间从 2010 年的 15868.88 上升到 2100 年的 600127.34，占世界总的累积效用值的 15.96%，模拟期间的年均增长率为 4.12%；高收入国家的累积效用值在模拟期间从 2010 年的 6102.86 上升到 2100 年的 286260.02，占世界总的累积效用值的 7.61%，模拟期间的年均增长率为 4.37%；中等偏上收入国家的累积效用值在模拟期间从 2010 年的 7245.13 上升到 2100 年的 506585.62，占世界总的累积效用值的 13.47%，模拟期间的年均增长率为 4.83%；中等偏下收入国家的累积效用值在模拟期间从 2010 年的 4167.70 上升到 2100 年的 500343.43，占世界总的累积效用值的 13.30%，模拟期间的年均增长率为 5.46%；低收入国家的累积效用值在模拟期间从 2010 年的 1583.79 上升到 2100 年的 195466.40，占世界总的累积效用值的 5.20%，模拟期间的年均增长率为 5.50%。

6.2　技术进步历史演变情景

对技术进步的另外一种描述，为技术进步速率保持最近几年的速率不变，发展至 2100 年。体现在能源消耗系数矩阵方面，则是另外一种常见的处理方式，基于历史的能源消耗系数矩阵，对矩阵中的每一个元素进行拟合，得到未来能源消耗系数矩阵的预测方程，再对未来的能源消耗系数矩阵进行预测，并基于模拟的经济数据获取未来碳排放的量。在这一部分的操作过程中，我们发现，对各个产业的每个能源消耗系数进行历史数据拟合，在程序上是可行的，但不能消除个别系数由于历史轨迹是增加的而引起的其在后期推演过程中出现的指数增加现象，从而使得能源消耗系数剧增失控。因此，本节技术进步历史演变模拟情景为对能源消费强度的历史推演，能源消耗强度的定义为各个产业的能源消耗量与产出之比。不考虑各个产业在不同能源种类间消耗系数的差异，即以现有轨迹下的能源消费强度的变化规律来递推未来。从某种程度上来说，这是一种极端的情景，是能源强度的变化规律符合现阶段发展规律的情况下，各国能源消费的变化。而事实上，任何一发展规律延续百年左右都是不现实的，因此仅作为一种极端情景进行分析。采用的历史数据为 1995~2010 年 5 个主要国家的分产业能源消耗量与产出。

6.2.1　经济发展

1. GDP

在此情景下，全世界 2010~2030 年的年均 GDP 增长率为 3.09%，2030~2050 年的年均增长率为 2.32%，2050~2100 年的年均增长率为 1.23%，2010~2100 年模拟期间平均 GDP 增长率为 1.88%。到 2050 年，世界 GDP 总量为 1666942.1 亿美元，而到了 2100 年，世界的 GDP 量为 3073084.6 亿美元。在技术进步历史演变情景下，在 2030 年，10 个国家或地区的 GDP 总量排序为欧盟、美国、中国、中等偏上收入国家、高收入国家、中等偏下收入国家、日本、印度、低收入国家、俄罗斯；在 2050 年，10 个国家或地区的 GDP 总量排序为中国、欧盟、美国、中等偏上收入国家、中等偏下收入国家、高收入国家、印度、日本、低收入国家、俄罗斯；在 2100 年，10 个国家或地区的 GDP 总量排序为中国、中等偏下收入国家、欧盟、美国、中等偏上收入国家、印度、高收入国家、低收入国家、俄罗斯、日本。各国家或地区在 2010 年、2030 年、2050 年及 2100 年的 GDP 分别见图 6.12。

图 6.13 展示了在技术进步历史演变情景下全世界各个国家或地区的 2010~2100 年的 GDP 发展趋势。考虑各个国家在 2010~2100 年整个模拟期间的增长速度。中国在模拟期间的年均增长率为 2.90%，2100 年中国的 GDP 为 698230 亿美元，占当时世界总 GDP 的 22.72%；美国在模拟期间的年均增长率为 1.03%，2100 年美国的 GDP 为 361960 亿

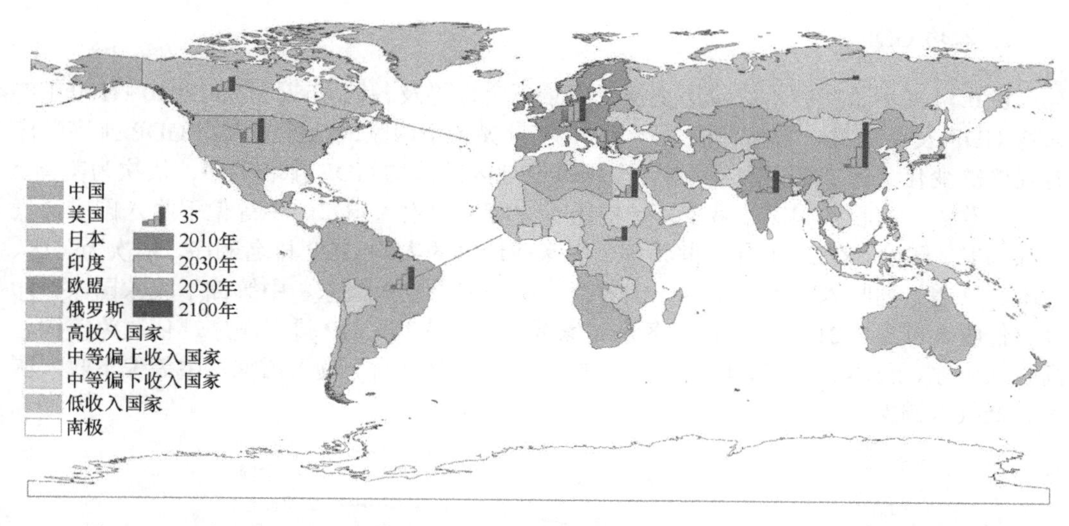

图 6.12　技术进步历史演变情景下各个国家或地区 2010/2030/2050/2100 年的 GDP 分布（彩图扫描封底二维码获取）

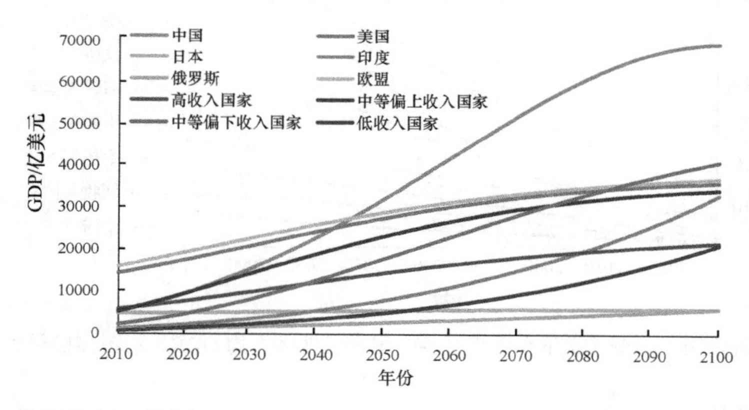

图 6.13　技术进步历史演变情景下各个国家或地区的 GDP（彩图扫描封底二维码获取）

美元，占当时世界总 GDP 的 11.78%；欧盟在模拟期间的年均增长率与美国的较为接近，为 0.95%，2100 年欧盟的 GDP 为 371689.9 亿美元，占当时世界总 GDP 的 12.10%；日本在模拟期间的年均增长率为 0.23%，2100 年日本的 GDP 为 60778 亿美元，占当时世界总 GDP 的 1.98%；印度在模拟期间的年均增长率为 3.64%，高于中国经济的增长速率，2100 年印度的 GDP 为 331830 亿美元，占当时世界总 GDP 的 10.80%；俄罗斯在模拟期间的年均增长率为 1.99%，2100 年俄罗斯的 GDP 为 61012 亿美元，占当时世界总 GDP 的 1.99%；高收入国家在模拟期间的年均增长率为 1.46%，2100 年高收入国家的 GDP 为 218097 亿美元，占当时世界总 GDP 的 7.10%；中等偏上收入国家在模拟期间的年均增长率为 2.10%，2100 年中等偏上收入国家的 GDP 为 344762.8 亿美元，占当时世界总 GDP 的 11.22%；中等偏下收入国家在模拟期间的年均增长率为 3.25%，2100 年中等偏下收入国家的 GDP 为 411796.5 亿美元，占当时世界总 GDP 的 13.40%；低收入国家在模拟期间的年均增长率为 3.76%，为所有国家中年增长率最高的国家，2100 年低收入国家的 GDP 为 212928.4 亿美元，占当时世界总 GDP 的 6.93%。

2. 人均 GDP

图6.14展示了在技术进步历史演变情景下全世界及各国家或地区的2010~2100年的人均 GDP 发展趋势。与基准情景下 2100 年世界各个国家或地区的人均 GDP 排序顺序有轻微的变化。在 2030 年，世界各个国家或地区的人均 GDP 排名顺序，依次为美国、日本、欧盟、高收入国家、俄罗斯、中国、中等偏上收入国家、中等偏下收入国家、低收入国家、印度。在 2050 年，世界各个国家或地区的人均 GDP 排名顺序，依次为美国、日本、欧盟、高收入国家、中国、俄罗斯、中等偏上收入国家、中等偏下收入国家、印度、低收入国家。2100 年，世界各个国家或地区的人均 GDP 排名顺序，依次为美国、高收入国家、日本、中国、欧盟、俄罗斯、印度、中等偏上收入国家、中等偏下收入国家、低收入国家。

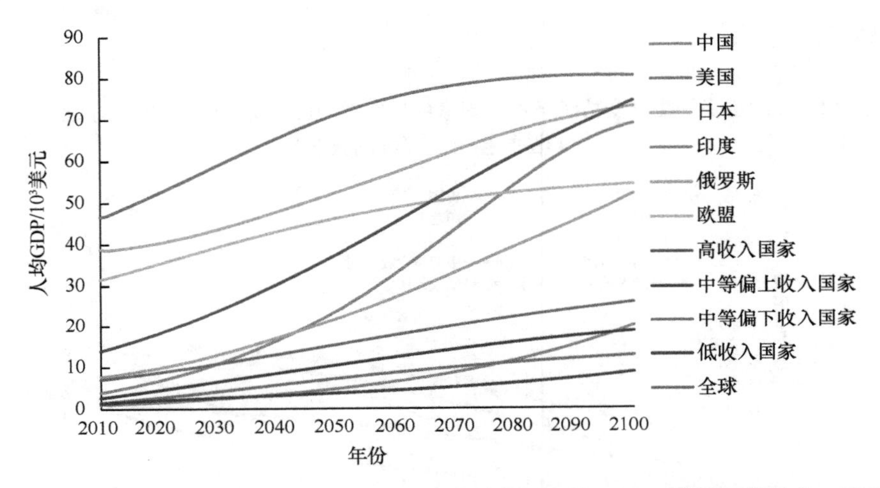

图 6.14 技术进步历史演变情景下全世界及各个国家或地区人均 GDP（彩图扫描封底二维码获取）

6.2.2 产业结构

1. 中国产业结构

表 6.8 为技术进步历史演变情景下中国在整个模拟期间的三大产业结构变化趋势。第一产业占比一直处于下降趋势，从 2010 年的 10.15%下降至 2100 年的 3.36%；第二产业的占比则呈现出先上升后下降的趋势，在 2050 年左右第二产业的占比达到最大值，随后开始逐渐下降，但在 2100 年第二产业的占比相比较于 2010 年仍是有所增加的；第三产业占比一直处于上升趋势，从 2010 年的 43.43%上升至 2100 年的 48.87%，超过第二产业，成为中国主要的经济支柱。

表 6.8 技术进步历史演变情景下中国三大产业结构的变化趋势 （单位：%）

产业	2010 年	2020 年	2030 年	2040 年	2050 年	2060 年	2070 年	2080 年	2090 年	2100 年
第一产业	10.15	8.32	6.80	5.65	4.80	4.18	3.76	3.49	3.36	3.36
第二产业	46.41	47.37	47.91	48.13	48.16	48.08	47.96	47.85	47.78	47.77
第三产业	43.43	44.31	45.29	46.22	47.04	47.74	48.28	48.66	48.86	48.87

2. 美国产业结构

表 6.9 为技术进步历史演变情景下美国在整个模拟期间的三大产业结构变化趋势。第一产业在 2010~2070 年占比一直处于缓慢上升趋势，但在 2070 年之后其比重维持在 1.01%不再发生变化；第二产业的占比则一直呈现出轻微下降的趋势，从 2010 年的 18.95%下降至 2100 年的 18.27%；第三产业占比一直处于上升趋势，从 2010 年的 80.09%上升至 2100 年的 80.72%。美国第三产业的占比在整个模拟期间的变化幅度不大。

表 6.9　技术进步历史演变情景下美国三大产业结构的变化趋势　（单位：%）

产业	2010 年	2020 年	2030 年	2040 年	2050 年	2060 年	2070 年	2080 年	2090 年	2100 年
第一产业	0.95	0.96	0.97	0.99	0.99	1.00	1.01	1.01	1.01	1.01
第二产业	18.95	18.80	18.67	18.56	18.48	18.41	18.36	18.32	18.29	18.27
第三产业	80.09	80.24	80.36	80.45	80.53	80.59	80.63	80.67	80.70	80.72

3. 日本产业结构

表 6.10 为技术进步历史演变情景下日本在整个模拟期间的三大产业结构变化趋势。总体而言，日本三大产业占比的变化不明显。第一产业占比在整个模拟期间基本保持在 1.34%；第二产业的占比则呈现出缓慢上升的趋势，从 2010 年的 25.79%，到 2100 年增长为 25.93%；第三产业占比一直处于轻微下降趋势，从 2010 年的 72.86%下降至 2100 年的 72.73%。

表 6.10　技术进步历史演变情景下日本三大产业结构的变化趋势　（单位：%）

产业	2010 年	2020 年	2030 年	2040 年	2050 年	2060 年	2070 年	2080 年	2090 年	2100 年
第一产业	1.35	1.34	1.34	1.34	1.34	1.34	1.34	1.34	1.34	1.34
第二产业	25.79	25.79	25.81	25.83	25.86	25.88	25.90	25.92	25.93	25.93
第三产业	72.86	72.87	72.85	72.83	72.80	72.78	72.76	72.74	72.73	72.73

4. 印度产业结构

表 6.11 为技术进步历史演变情景下印度在整个模拟期间的三大产业结构变化趋势。第一产业占比在整个模拟期间呈现出下降趋势，从 2010 年的 16.92%下降至 2100 年的 13.06%；第二产业的占比则一直呈现出显著上升的趋势，从 2010 年的 28.13%上升至 2100 年的 36.21%；第三产业占比呈现出轻微的下降趋势，从 2010 年的 54.95%下降至 2100 年的 50.73%。对于印度而言，第二产业在其产业中所占的比重逐渐增加，将在国民经济中发挥越来越重要的作用，但其第二产业占比在 2100 年仍低于第三产业占比。

表 6.11　技术进步历史演变情景下印度三大产业结构的变化趋势　（单位：%）

产业	2010 年	2020 年	2030 年	2040 年	2050 年	2060 年	2070 年	2080 年	2090 年	2100 年
第一产业	16.92	16.97	16.78	16.41	15.94	15.41	14.85	14.26	13.67	13.06
第二产业	28.13	29.18	30.16	31.09	31.98	32.85	33.71	34.55	35.38	36.21
第三产业	54.95	53.84	53.07	52.50	52.08	51.73	51.44	51.18	50.95	50.73

5. 俄罗斯产业结构

表 6.12 为技术进步历史演变情景下俄罗斯在整个模拟期间的三大产业结构变化趋势。第一产业占比在整个模拟期间呈现出先上升后下降的趋势，在 2040 年左右达到最大值 4.94%，之后逐渐下降至 2100 年的 4.53%；第二产业的占比则一直呈现出缓慢上升的趋势，从 2010 年的 32.84%上升至 2100 年的 37.02%；第三产业占比一直处于轻微下降趋势，从 2010 年的 62.45%下降至 2100 年的 58.45%。

表 6.12　技术进步历史演变情景下俄罗斯三大产业结构的变化趋势　（单位：%）

产业	2010 年	2020 年	2030 年	2040 年	2050 年	2060 年	2070 年	2080 年	2090 年	2100 年
第一产业	4.71	4.83	4.91	4.94	4.92	4.87	4.80	4.72	4.63	4.53
第二产业	32.84	33.18	33.68	34.24	34.80	35.33	35.81	36.25	36.65	37.02
第三产业	62.45	61.99	61.41	60.82	60.28	59.80	59.39	59.03	58.72	58.45

6.2.3　能源使用

1. 总能源使用

图 6.15 为主要国家在模拟期间的总能源使用情况。美国、俄罗斯的能源使用量处于一直下降的趋势，中国、日本的能源使用量呈现出先下降后上升的趋势，印度的能源使用量一直处于上升趋势。中国的能源使用量从 2010 年的 128.32EJ 下降到 2064 年的 27.38EJ，达到能源使用量的最小值；之后能源使用量开始上升，在 2100 年能源使用量为 38.67EJ。相比较于 2010 年，2100 年的能源使用量下降了 69.87%，与基准情景相比，在技术进步历史演变情景下中国的能源使用有更多的下降。日本的能源使用量从 2010 年的 36.61EJ 下降到 2040 年的 29.45EJ，达到能源使用量的最小值，之后能源使用量开始上升至 2100 年的 39.30EJ。相比较于 2010 年，日本的 2100 年的能源使用量增加了 7.35%。美国的能源使用量从 2010 年的 121.71EJ 下降至 2100 年的 36.80EJ。相比较于 2010 年，美国 2100 年的能源使用量下降了 69.76%，下降比例略高于基准情景。

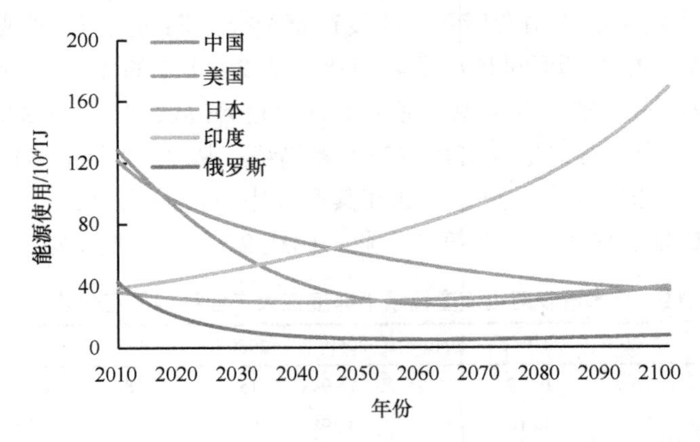

图 6.15　技术进步历史演变情景下主要国家的总能源使用量（彩图扫描封底二维码获取）

印度的能源使用量呈现出一直上升的趋势，从2010年的39.20EJ上升到2050年的69.04EJ，增加了0.76倍，2100年的168.71EJ，相比较于2010年增加了3.30倍，为同期能源使用量最高的国家。俄罗斯的能源使用量从2010年的42.78EJ下降到2062年的4.98EJ，比2010年下降了86.52%，2100年上升为7.41EJ，但比2010年仍然下降了79.96%。

2. 分产业能源使用

表6.13为技术进步历史演变情景下主要国家分部门的能源使用量高峰量及其出现年份，在技术进步历史演变情景下，中国的农业于2012年达到能源使用高峰，商贸零售业于2047年达到能源使用高峰，其他产业均已在2010年之前达到能源使用高峰。美国的食品加工业于2041年达到能源使用高峰，而轻工业和交通运输业没有能源使用高峰，其他产业的能源使用高峰均已在2010年实现。日本的轻工业、商贸零售业、交通运输业没有能源高峰，其他产业在2010年前实现能源高峰。俄罗斯的轻工业和重工业没有能源使用高峰，其他产业的能源高峰均在2010年前达到。印度的轻工业、能源产业没有能源使用高峰，重工业的能源使用高峰在2042年达到。

表6.13　技术进步历史演变情景下各国各部门能源使用高峰（年）与高峰值（EJ）

部门	中国	美国	日本	俄罗斯	印度
农业	2012（2.74）	/	/	/	/
食品加工业	/	2041（2.12）	/	/	/
能源产业	/	/	/	/	2100（97.63）
轻工业	/	2100（9.04）	2100（1.17）	2100（0.68）	2100（64.60）
化学工业	/	/	/	/	/
重工业	/	/	/	2100（6.44）	2042（6.29）
建筑业	/	/	/	/	/
商贸零售业	2047（1.16）	/	2100（7.89）	/	/
交通运输业	/	2100（10.21）	2100（4.13）	/	/
金融保险业	/	/	/	/	/
其他服务业	/	/	/	/	/

注：“/”表示在当前情景下，该国的能源使用高峰在2010年之前

3. 累积能源使用

表6.14显示了技术进步历史演变情景下主要国家各部门累积能源使用情况。从中可以看到，美国、日本、俄罗斯和印度的累积能源使用占比最大的部门为能源产业，均占到其能源使用量的一半左右，其中印度能源部门的累积能源使用量更是占到了本国累积能源使用量的70.30%。中国累积能源使用占比最大的部门为交通运输业，其累积使用量占其总累积能源使用量的33.75%。

从各部门能源使用在几个国家中的分布来看，中国建筑业和重工业的累积能源使用量占这5个国家累积能源使用的比重是最高的，达到了43.58%和43.16%。美国的金融保险业、其他服务业和化学工业的累积能源使用占5个国家加总能源使用量的比例最高，分别为56.58%、50.63%和36.88%。印度的轻工业的能源使用量占5个国家总能源使用

表 6.14 技术进步历史演变情景下主要国家各部门累积能源使用 （单位：EJ）

部门	中国	美国	日本	印度	俄罗斯
农业	102.52	34.28	11.05	128.96	8.16
食品加工业	21.41	173.25	23.62	125.74	5.65
能源产业	1416.69	3200.28	1638.63	5346.68	410.82
轻工业	61.88	571.93	80.42	1319.73	54.18
化学工业	122.22	287.77	207.16	80.69	82.51
重工业	999.93	284.75	239.50	497.58	294.94
建筑业	100.58	53.14	36.55	36.92	3.59
商贸零售业	90.86	154.16	354.69	6.92	12.53
交通运输业	1505.70	780.17	228.51	54.27	57.93
金融保险业	22.63	164.87	88.70	6.34	8.83
其他服务业	17.36	115.79	85.09	1.35	9.12

量的比例最高，为 63.20%。日本的商贸零售业的能源使用量占 5 个国家总能源使用量的比例最高，为 57.27%。

6.2.4 碳排放趋势

1. *碳排放*

图 6.16 为全世界和各个国家或地区的碳排放趋势。从图中可以看出，全球碳排放总量在 2010~2100 年模拟期间呈现出先上升后下降的趋势，其中 2010~2069 年的增长速度较快，年均增长率约为 0.88%，此后碳排放量开始下降，在 2070~2100 年的年均下降速率为 0.17%。整个模拟期间，世界碳排放从 2010 年的 9.97GtC 上升到 2100 年的 13.78GtC，期间的年均增长速率为 0.36%。对于不同的国家或地区而言，呈现出先上升后下降趋势的国家为中等偏下收入国家、中等偏上收入国家、欧盟、高收入国家；呈现出一直上升趋势的国家为低收入国家、印度；呈现出先下降后上升趋势的国家为日本、中国；呈现出一直下降趋势的国家为美国、俄罗斯。在技术进步历史演变情景下，2100 年各个国家或地区碳排放量的排序为中等偏下收入国家、中等偏上收入国家、印度、欧盟、低收入国家、高收入国家、中国、美国、日本、俄罗斯。各个国家或地区在 2010 年、2030 年、2050 年及 2100 年的碳排放分布见图 6.17。

从各个国家或地区的角度来说，中国的碳排放在技术进步历史演变情景下在整个模拟期间的碳排放年均下降速率为 1.32%，美国的年均下降速率为 1.32%，日本的年均增加速率为 0.08%。值得注意的是中国和日本的碳排放在模拟后期出现了轻微的增加现象，究其原因，是由于在采用历史推演的方法对产业的能源强度进行预测时，有个别产业的能源排放强度是有所增加的，而在模拟过程中，没有相应的机制对产业进行优化调整，因此导致能源排放强度高的产业在模拟后期发展中拥有较高的排放导致总排放的增加。这也再一次表明，采用历史数据推演的模拟方式对于长期政策模拟是不准确的。高收入国家的碳排放在技术进步历史演变情景下于 2036 年达到高峰，碳排放高峰为 1.22GtC，

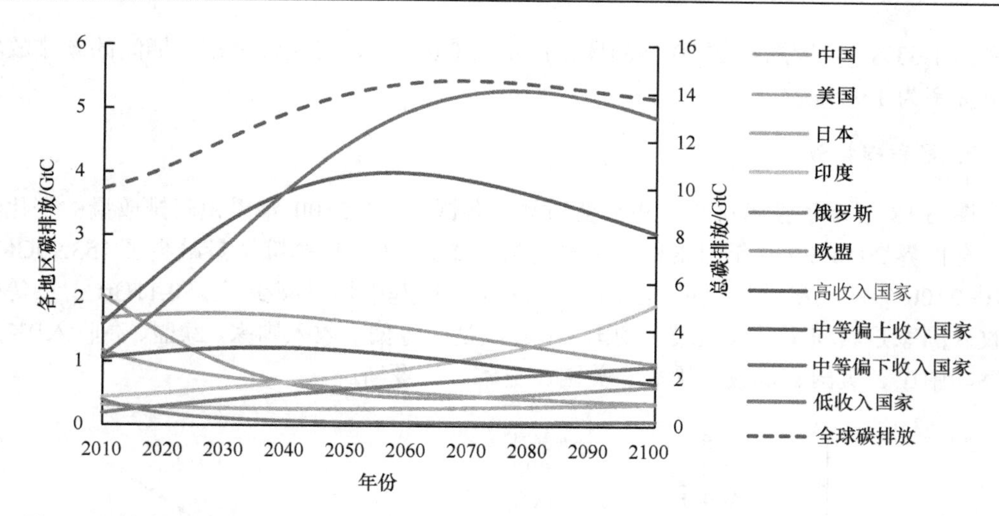

图 6.16　技术进步历史演变情景下世界各国家或地区的碳排放（彩图扫描封底二维码获取）

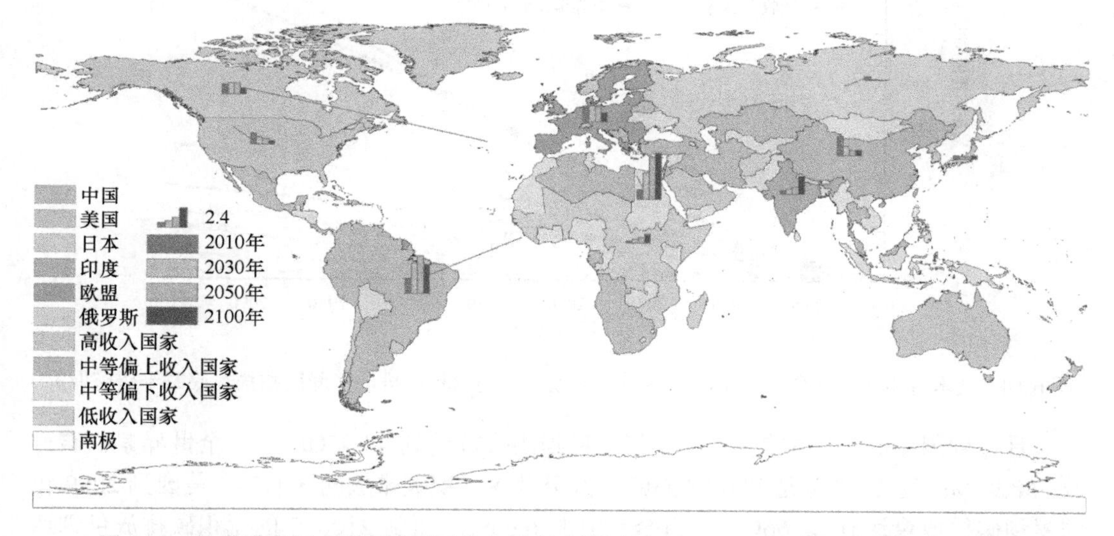

图 6.17　技术进步历史演变情景下各个国家或地区 2010/2030/2050/2100 年的碳排放分布
（彩图扫描封底二维码获取）

与基准情景碳排放高峰年份一致；其在整个模拟期间的碳排放年均下降速率为 0.52%。中等偏上收入国家的碳排放在技术进步历史演变情景下于 2057 年达到高峰，碳排放高峰为 4.00GtC，与基准情景下的碳排放高峰年份一致；其在整个模拟期间的碳排放年均增长率为 0.72%。中等偏下收入国家的碳排放在技术进步历史演变情景下于 2077 年达到高峰，碳排放高峰为 5.29GtC，与基准情景下的碳排放高峰年份比较接近；其在整个模拟期间的碳排放年均增长率为 1.68%。欧盟的碳排放在技术进步历史演变情景下于 2028 年达到高峰，碳排放高峰为 1.76GtC，与基准情景下的碳排放高峰年份一致；其在整个模拟期间的碳排放年均下降速率为 0.60%。

低收入国家在 2100 年的碳排放量为 0.94GtC，其在整个模拟期间的碳排放年均增长率为 1.80%。印度在 2100 年的碳排放量为 1.91GtC，其在整个模拟期间的碳排放年均增长率为 1.63%。俄罗斯在 2100 年的碳排放量为 0.07GtC，其在整个模拟期间的碳排放年均下降率为 1.93%。

2. 累积碳排放

图 6.18 展示了技术进步历史演变情景下各国 2010~2100 年累积碳排放量的变化情况。全世界 2010~2050 年的累积碳排放达到 492.25GtC，比基准情景减少了 153.90GtC，2010~2100 年的累积碳排放量达到 1206.12GtC，比基准情景减少了 270.11GtC。中等偏下收入国家是累积碳排放量最大的国家；其次是中等偏上收入国家、欧盟、高收入国家、印度、中国、美国、低收入国家、美国、日本、俄罗斯。

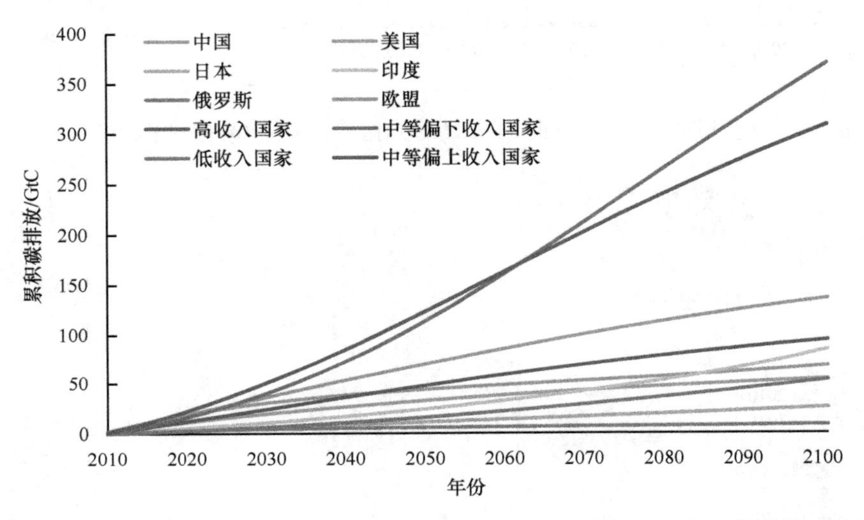

图 6.18　技术进步历史演变情景下世界各个国家或地区的累积碳排放（彩图扫描封底二维码获取）

具体到国家而言，中国到 2050 年的累积碳排放达到 43.95GtC，占全世界累积碳排放的 8.93%；到 2100 年达到 68.82GtC，占全世界累积碳排放的 5.71%。美国到 2050 年的累积碳排放量达到 32.66GtC，占全世界的 6.63%；而到 2100 年的累积碳排放量则达到 54.99GtC，占全世界的 4.56%。欧盟 2010~2050 年的累积碳排放量达到 70.72GtC，占全世界的 14.37%；而到 2100 年的累积碳排放量达到 136.44GtC，占全世界的 11.31%。日本由于经济发展速度缓慢，其累积碳排放量较小，其 2010~2100 年的累积碳排放量只有 25.69GtC，占全世界的 2.13%。高收入国家从 2010~2100 年的累积碳排放量为 94.82GtC，占全世界的 7.86%。俄罗斯从 2010~2100 年的累积碳排放量为 8.29GtC，占全世界的 0.69%。印度 2010~2100 年的累积碳排放量为 85.49GtC，占全世界的 7.09%。中等偏上收入国家到 2100 年的累积碳排放量为 308.21GtC，占全世界的 25.55%。中等偏下收入国家从 2010~2100 年的累积碳排放量为 369.30GtC，占全世界的 30.62%。低收入国家从 2010~2100 年的累积碳排放量为 54.06GtC，占全世界的 4.48%。

3. 人均碳排放

图 6.19 为技术进步历史演变情景下全世界和各个国家或地区 2010~2100 年人均碳排

放量的变化情况。在 2100 年，全世界人均碳排放量最高的国家是日本，其次是高收入国家和中等偏上收入国家，之后分别是中等偏下收入国家、欧盟、印度、中国、俄罗斯和低收入国家。在模拟过程中，美国、欧盟的人均碳排放呈现出始终下降的趋势；印度、低收入国家的人均碳排放呈现出一直上升的趋势；中等偏下收入国家、中等偏上收入国家、高收入国家的人均碳排放呈现出先上升后下降的趋势。日本、俄罗斯、中国的人均碳排放呈现出先下降后上升的趋势。

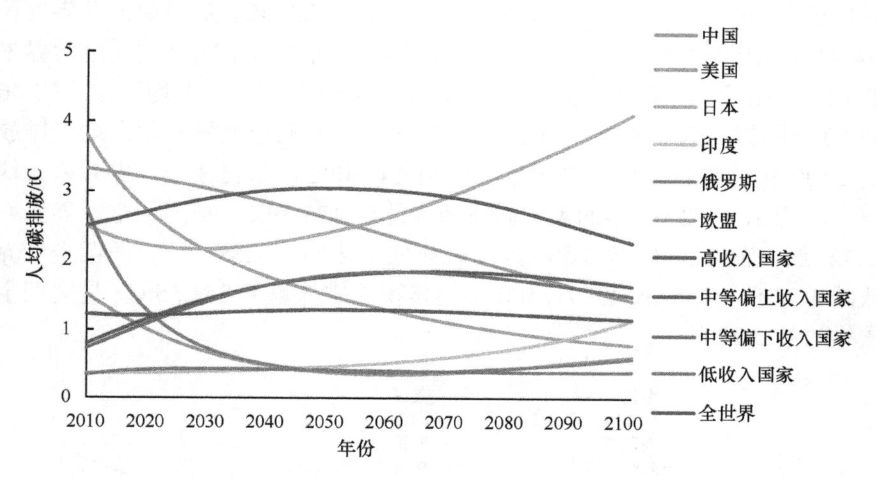

图 6.19　技术进步历史演变情景下全世界及各国家或地区的人均碳排放（彩图扫描封底二维码获取）

俄罗斯的人均碳排放在整个模拟期间的年均下降速率为 1.71%，其在 2100 年的人均碳排放量为 0.58 tC。印度的人均碳排放在整个模拟期间的年均上升速率为 1.30%，其在 2100 年的人均碳排放量为 1.15 tC。日本的人均碳排放在整个模拟期间的年均增长速率为 0.55%，其在 2100 年的人均碳排放量为 4.1 tC，为所有国家中最高。低收入国家的人均碳排放在整个模拟期间的年均上升速率为 0.13%，其在 2100 年的人均碳排放量为 0.38 tC。

中国的人均碳排放在整个模拟期间的年均下降速率为 1.01%，其在 2100 年的人均碳排放量为 0.61tC。美国的人均碳排放在整个模拟期间的年均下降速率为 1.73%，其在 2100 年的人均碳排放量为 0.79tC。高收入国家的人均碳排放在整个模拟期间的年均下降速率为 0.11%，其在 2100 年的人均碳排放量为 2.27tC，其人均碳排放在 2051 年达到高峰值。中等偏上收入国家的人均碳排放在整个模拟期间的年均上升速率为 0.80%，其在 2100 年的人均碳排放量为 1.64tC，其人均碳排放在 2067 年达到高峰值。中等偏下收入国家的人均碳排放在整个模拟期间的年均上升速率为 0.79%，其在 2100 年的人均碳排放量为 1.49tC，其人均碳排放在 2062 年达到高峰值。欧盟的人均碳排放在整个模拟期间的年均下降速率为 0.93%，其在 2100 年的人均碳排放量为 1.43tC。

4. 累积人均碳排放

图 6.20 为全世界和各个国家或地区 2010~2100 年累积人均碳排放量的变化情况。全世界 2010~2050 年的累积人均碳排放量为 51.08tC，到 2100 年，全世界的累积人均碳

排放量为 113.20tC。高收入国家为所有国家中累积人均碳排放量最高的国家，其次为日本、欧盟、美国、中等偏上收入国家、中等偏下收入国家、俄罗斯、中国、印度、低收入国家。

具体到国家而言，印度从 2010~2050 年的累积人均碳排放达到 16.03tC，是同期全世界累积人均碳排放的 31.37%；到 2100 年的累积人均碳排放量为 51.62GtC，为同期全世界累积人均碳排放的 45.60%。俄罗斯到 2050 年的累积人均碳排放达到 40.36tC，是同期全世界累积人均碳排放的 79.01%；到 2100 年达到 62.20tC，是同期全世界累积人均碳排放的 54.94%。中国到 2050 年的累积人均碳排放达到 31.48tC，是同期全世界累积人均碳排放的 61.61%；到 2100 年达到 53.07tC，是同期全世界累积人均碳排放的 46.87%。美国到 2050 年的累积人均碳排放量达到 94.21tC，是同期全世界累积人均碳排放的 1.84 倍，而到 2100 年的累积人均碳排放量则达到 147.40tC，是同期全世界累积人均碳排放的 1.30 倍。欧盟 2010~2050 年的累积碳排放量达到 123.39tC，是同期全世界累积人均碳排放的 2.42 倍；而到 2100 年的累积人均碳排放量达到 222.88tC，为同期全世界累积人均碳排放的 1.97 倍。日本从 2010~2100 年的累积碳排放量为 251.55tC，是同期全世界累积人均碳排放的 2.22 倍。

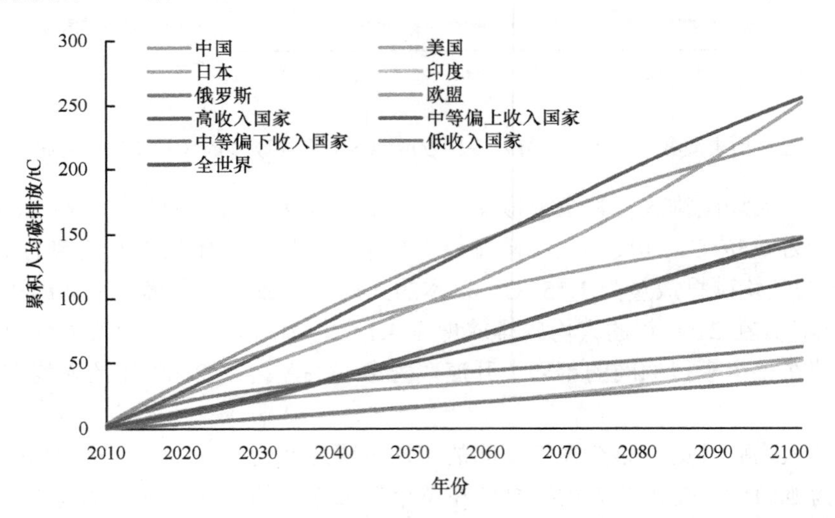

图 6.20　技术进步历史演变情景下全世界及各个国家或地区的累积人均碳排放
（彩图扫描封底二维码获取）

高收入国家从 2010~2100 年的累积人均碳排放量为 255.28tC，是同期全世界累积人均碳排放的 2.26 倍。中等偏上收入国家到 2100 年的累积人均碳排放量为 146.32tC，是全世界的 1.29 倍。中等偏下收入国家从 2010~2100 年的累积人均碳排放量为 142.36tC，为全世界的 1.26 倍。低收入国家从 2010~2100 年的累积人均碳排放量为 36.12tC，占全世界的 31.91%。

6.2.5　全球气候变化

如图 6.21 所示，在技术进步历史演变情景下，其碳排放浓度和全球地表温度升幅均比基准情景有所下降。尽管全球地表温度较工业革命前水平的上升幅度仍呈现稳定上升的趋势，到 2100 年，全球地表温度上升幅度为 3.06℃，与基准情景相比下降了 0.31℃，但这一情景依然无法满足大多数研究所要求的在 2100 年将地表温度控制在 2℃以内的目标。在技术进步历史演变情景下的大气中 CO_2 浓度也呈现稳定的上升趋势，到 2100 年，全球 CO_2 浓度上升到 590.55ppmv，比基准情景的全球 CO_2 浓度下降了 53.87ppmv，超过了国际上提倡的 CO_2 当量浓度控制范围 450~500ppmv 标准的范围。

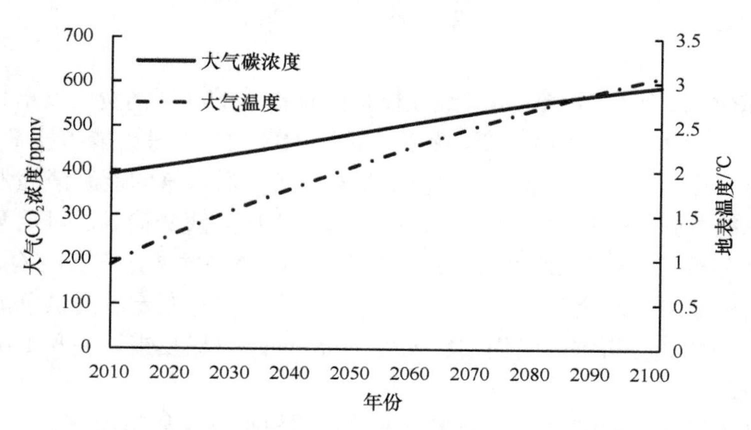

图 6.21　技术进步历史演变情景下地表温度较工业革命前上升幅度与大气 CO_2 浓度变化

6.2.6　累积效用

在技术进步历史演变情景下，世界各个国家或地区的累积效用值如图 6.22 所示。到 2100 年，中国的累积效用值最大，从 2010 年的 7284.24 上升为 2100 年 707703.22，期间分别于 2057 年超过美国，2076 年超过欧盟。其次为欧盟，从 2010 年的 15868.88 上升为 2100 年的 617180.28。累积效用值排名第三的国家为美国，从 2010 年的 13249.63 上升为 2100 年的 532059.19。中等偏下收入国家和中等偏上收入国家的累积效用值分别

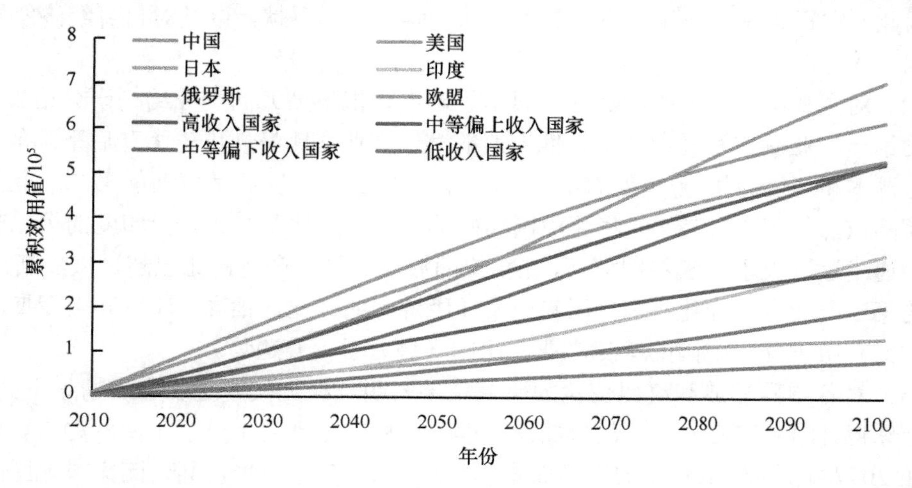

图 6.22　技术进步历史演变情景下世界各个国家或地区的累积效用值（彩图扫描封底二维码获取）

排在第 4 位和第 5 位，其在模拟期间累积效用值的年均增长速度分别为 6.38%和 5.71%。印度在 2100 年的累积效用值排在第 6 位。高收入国家的累积效用值上升速度较慢，2100 年的累积效用值为 295207.02，排在第 7 位，于 2092 年被印度所超过。低收入国家、日本、俄罗斯的累积效用值排在最后，其中低收入国家在模拟期间的年均增长速率相对较大，模拟期间的年均增长率为 6.41%，但由于其初始效用值小，在 2065 年超过日本。

6.3 小 结

基于 EMRICES-2017 系统，本章继续模拟两种极端的能源消费强度情景，一是各国能源消耗系数保持 2009 年的值不变，持续发展到 2100 年，不考虑能源技术进步的影响，即无技术进步自由情景；二是基于历史能源消耗强度，对未来的能源消耗强度发展做出预测，不考虑能源强度变化的可实现性，即技术进步历史演变情景。对这两种情景下的模拟结果进行分析，包括从 2010~2100 年世界各国的经济发展、产业结构、能源使用、碳排放量、累积效用值及全球气候变化的趋势，旨在为政策制定者提供可能发生的情景分析。在这两种情景分析中，我们依然采用 Nordhaus 气候反馈模块和单层碳循环系统组成的气候系统。

基于无技术进步自由情景，对未来发展趋势的模拟结果显示如下。

（1）与基准情景相比，各国的 GDP 均有较大改变，中国、美国、欧盟、中等偏上收入国家、日本这些国家或地区的 GDP 在模拟期间呈现出先上升后下降的趋势，表明在无技术进步自由情景下，气候系统的负面反馈将导致经济增长的衰退。其中，中国在 2087 年左右经济增长出现衰退，而美国的经济则在 2074 年左右呈现出下降趋势，欧盟、日本和中等偏上收入国家的经济分别在 2082 年、2054 年和 2088 年左右呈现出下降趋势。这一结果表明，当前有些关于气候变化怀疑论或气候阴谋论的论调是不正确的，如果当前主要国家（中国、美国、日本、印度、俄罗斯）按照 2009 年的能源消耗系数矩阵，不减少其 CO_2 的排放，自由地进行发展，势必会在未来对世界的经济增长产生不利的影响。因此，实行碳减排政策，不仅是对全球气候治理的贡献，更是对自身经济发展的一种贡献。

（2）对主要国家（中国、美国、日本、印度、俄罗斯）的产业结构研究结果表明，美国的第一产业占比有轻微增加，俄罗斯的第一产业占比呈现出先上升后下降的趋势，中国、日本和印度的第一产业占比均有所下降。中国、印度和俄罗斯的第二产业占比在模拟期间依然保持上升趋势，尽管中国初始第二产业占比基数大，但印度的第二产业占比增加速度远远大于中国和俄罗斯，在模拟的后期其第二产业占比已超过俄罗斯。美国、日本的第三产业占比变化不大，因其原本在经济中的占比已很高，印度和俄罗斯的第三产业占比有所下降，中国的第三产业占比则一直处于上升趋势。

（3）对各国碳排放和气候变化的研究结果表明，在无技术进步自由情景下到 2100 年，全球将升温 4.92℃。全球碳排放量在模拟过程中呈现先上升后下降的趋势，碳高峰出现在 2097 年，但 2100 年的碳排放量仍然高于 2010 年水平，其他国家或地区的碳排放高峰年份为，中国的碳高峰出现在 2086 年，美国的碳排放高峰出现在 2073 年，日本的碳排放高峰出现在2053年，高收入国家的碳高峰出现在2036年，中等偏上收入国家的碳高峰出现在2056年，中等偏下收入国家的碳高峰出现在2074年。印度、俄罗斯、低收入国家的碳排放则呈现出一直上升的趋势。能源使用量的变化趋势与碳排放变化趋势一致。

基于历史演化情景，对未来发展趋势的模拟结果显示如下。

（1）中国的GDP将在2041年超过美国，在2046年超过欧盟成为全球第一大经济体，到2100年其GDP占全世界的22.72%；而美国、欧盟等发达国家的经济发展速度较慢，到2100年美国GDP在所有国家中排在第4位，欧盟则排在了第3位；中等偏下收入国家GDP增加较明显，在2100年为世界第二大经济体。尽管GDP的增长速度较低，美国的人均GDP仍保持了较高的水平，高于其他国家。

（2）对主要国家（中国、美国、日本、印度、俄罗斯）的产业结构研究结果表明，美国的第一产业占比有轻微增加，俄罗斯呈现出先上升后下降趋势，中国、日本和印度第一产业占比均有所下降，下降是大多数国家经济结构发展的基本规律。中国、印度和俄罗斯的第二产业占比在模拟期间依然保持上升趋势，尽管中国初始第二产业占比基数大，但印度的第二产业占比增加速度远远大于中国和俄罗斯，在模拟的后期其第二产业占比已超过俄罗斯，这一结果与以上情景相似。日本第二产业占比呈现出先下降后上升的趋势，且最终的第二产业占比相较于模拟初期是上升的，与基准情景下日本的第二产业发展情景相似。美国、日本的第三产业占比变化不大，因其原本在经济中的占比已很高，印度和俄罗斯的第三产业占比有所下降，中国的第三产业占比则一直处于上升趋势。

（3）对各国碳排放和气候变化的研究结果表明，在技术进步历史演变情景下到2100年，全球地表温度上升幅度为3.06℃，与基准情景相比下降了0.31℃。但这里需要指出的是，技术进步历史演变情景并未考虑到能源强度下降速度的下降速率，即假定能源强度以同样的下降速度而下降，这一点在现实中明显是不可能的。中国和日本的碳排放则是呈现出先下降后上升的趋势。全球碳排放量在模拟过程中呈现先上升后下降的趋势，2069年达到碳排放高峰。美国、俄罗斯的碳排放一直为下降趋势；低收入国家、印度的碳排放一直为上升趋势；中等偏下收入国家、中等偏上收入国家、欧盟、高收入国家呈现出先上升后下降的趋势，中等偏上收入国家的碳高峰出现在2057年，中等偏下收入国家的碳高峰出现在2077年，欧盟的碳高峰出现在2028年，高收入国家的碳高峰出现在2036年。

第 7 章　INDC 约束情景下的经济增长和碳排放

2016 年 9 月正式实施的《巴黎协定》（*Paris Agreement*）要求缔约方以“国家自主贡献”（intended nationally determined contributions，INDCs）的形式进行自主减排，以争取将全球平均气温升幅控制在较工业化前水平提高 2℃以内，并努力将气温升幅限制在较工业化前水平提高 1.5℃以内（UNFCC，2015）。截至 2016 年 6 月，已有超过 190 个国家/地区正式提交了“国家自主贡献预案”，给出了详细的中短期减排目标和方式，成为 UNFCC 提出的减排措施的重要组成部分（Fawcett et al.，2015）。这些国家或地区在 2012 年由能源使用带来的 CO_2 排放约为 98%的全球碳排放，标志着全球气候保护合作已经进入到具体实施的阶段。

已有学者对各个国家或地区如何实现其 INDC 减排目标进行了研究。Siagian 等（2017）采用 AIM/CGE 对印度尼西亚实现 2030 年减排目标的不同情景进行分析，认为采取提高能源效率或者发展低碳排放产业是实现 2030 年低碳能源体系的两种方法。Wan 等（2016）基于投入产出分析，研究主要国家实施 INDC 碳减排后对其水资源消耗量的影响。Qi 和 Weng（2016）基于多区域可计算一般均衡模型，对实现 INDC 目标的碳交易系统进行评估，得出全球碳市场的均衡 CO_2 价格在 2030 年为 29.83 美元/tCO_2，且这个价格低于美国和欧盟的 CO_2 价格，与中国的接近，高于印度和俄罗斯。Wu 等（2016）则基于可计算一般均衡模型，对中国某一地区（上海市）的产业间碳交易进行评估，并对碳交易可能导致的社会经济影响进行评估，表明对于实现中国的 INDC 减排目标而言，碳交易是一个可行的方法。然而目前关于世界各个国家达到 INDC 减排目标所带来的长期经济影响还没有相关研究。而对于长期的气候减排政策的效用评估，常常采用集成评估模型（Rogelj et al.，2011；Luderer et al.，2013；Blanford et al.，2014）。因此我们首先针对当前各个国家所提出的 INDC 减排目标进行核算，基于上文开发的气候集成评估模型，设置减排情景为，在 2030 年实现 INDC 减排目标并保持碳排放量不增加的减排政策发展到 2100 年，对全球气候和经济增长趋势进行模拟分析。

7.1　核算 INDC 碳排放目标

根据《巴黎协定》，当前各国提出的 INDC 减排目标，地表温度升温控制在 2℃是很难实现的（UNFCC，2015），因此本节依据各国在 INDC 中所提出的最严格减排目标，对各个国家和地区的减排目标进行核算。具体的各个国家的 INDC 目标碳排放核算过程如下所述。

中国提出的 INDC 目标为 2030 年的碳排放强度相比较于 2005 年的碳排放强度下降 60%~65%，因此本研究采取下降 65%核算，由世界银行数据计算得到中国在 2005 年的碳排放强度为 2.55tCO_2/1000 美元，因此在 INDC 减排目标下中国在 2030 年的碳排放强度应该下降到 0.8933tCO_2/1000 美元。由上文的预测我们可知，基准情景下模拟所得中国在 2030 年的 GDP 为 15.57 万亿美元，因此可得中国在 2030 年的目标碳排放量为 3789.86MtC。

美国提出的 INDC 目标为 2025 年的碳排放量相比较于 2005 年的碳排放量下降 26%，由世界银行数据得到美国在 2005 年的碳排放量为 5795.16MtCO_2，因此可得美国在 2025 年的目标碳排放量为 1169.57MtC。

印度提出的 INDC 目标为 2030 年的碳排放强度相比较于 2005 年的碳排放强度下降 35%。由世界银行数据计算得到印度在 2005 年的碳排放强度为 1.6916tCO_2/1000 美元，因此可得印度在 2030 年的碳排放强度应该下降到 1.100tCO_2/1000 美元。由上文的预测我们可知，基准情景下模拟所得印度在 2030 年的 GDP 为 3.90 万亿美元，因此可得印度在 2030 年的目标碳排放量为 1170.76MtC。

日本提出的 INDC 目标为 2030 年的碳排放量相比较于 2005 年的碳排放量下降 25.4%，由世界银行数据得到日本在 2005 年的碳排放量为 1237.62MtCO_2，因此可得日本在 2030 年的目标碳排放量为 251.80MtC。

俄罗斯提出的 INDC 目标为 2030 年的碳排放量相比较于 1990 年的碳排放量下降 25%，由世界银行数据得到俄罗斯在 1992 年[①]的碳排放量为 2081.84MtCO_2，因此可得俄罗斯在 2030 年的目标碳排放量为 425.83MtC。

欧盟提出的 INDC 目标为 2030 年的碳排放量相比较于 1990 年的碳排放量下降 40%，由世界银行数据核算得到欧盟在 1990 年的碳排放量为 3960MtCO_2，因此可得欧盟在 2030 年的目标碳排放量为 648.00MtC。

对于高收入国家、中等偏上收入国家、中等偏下收入国家和低收入国家的 INDC 减排目标核算，由于这些地区的部分国家尚未提交自主贡献预案（如朝鲜），或者已提交的部分国家并没有给出明确的减排目标（如埃及、玻利维亚等），且其成员国家或地区间存在大量不同减排基准年份和差别化的减排目标，作为整体的减排目标尚较难给出一个准确值。因此本研究通过比较总体碳排放减排率与主要国家的减排目标来判断。高收入国家中，加拿大的 INDC 目标为在 2030 年较 2005 年减排 30%，新西兰的 INDC 减排目标为 2030 年较 2005 年减排 30%，澳大利亚的 INDC 减排目标为 2030 年较 2005 年减排 28%，挪威的 INDC 减排目标为 2030 年较 1990 年减排 40%，新加坡的 INDC 减排目标为 2030 年较 2005 年减排 36%。总体上，各国的碳减排率较 2005 年减排 30%左右，折合碳排放量为 301.86MtC。

中等偏上收入国家、中等偏下收入国家和低收入国家的 INDC 目标以碳排放强度和较基准情景的减排率为主，但各国的减排目标差异极大。各主要碳排放国家中，乌克兰的 INDC 减排目标为 2030 年较 1990 年减排 40%，折合后约为较基准情景减排 40%，巴西的 INDC 减排目标为 2030 年较 2005 年减排 43%，南非的 INDC 减排目标为 2030 年较基准情景减排 30%左右，墨西哥的 INDC 减排目标为 2030 年较基准情景减排 22%，土耳其的 INDC 减排目标为 2030 年较基准情景减排 21%，泰国的 INDC 减排目标为 2030 年较基准情景减排 20%，印度尼西亚的 INDC 减排目标为 2030 年较基准情景下降 29%，乌克兰的 INDC 减排目标为 2030 年不超过 1990 年碳排放量的 60%，埃塞俄比亚的 INDC

① 因世界银行公布的碳排放数据中没有俄罗斯 1990 年数据，因此采用 1992 年数据进行代替。

减排目标为2030年较基准情景减排64%，安哥拉的INDC减排目标为2030年较基准情景减排35%，越南的INDC减排目标为2030年较2005年减排8%，折合后约为较基准情景减排60%，喀麦隆的INDC减排目标为2035年较基准情景减排32%。综合考虑各国的碳排放基数，本研究认为中等偏上收入国家、中等偏下收入国家和低收入国家2030年的碳减排率较基准情景下降35%左右。整合后各个国家或地区具体的INDC目标、目标年份和目标碳排放量见表7.1。

表7.1　INDC目标与目标年份折算碳排放量

国家或地区	INDC目标	基准年份	目标年份	目标年碳排放量/MtC
中国	碳排放强度下降65%	2005	2030	3786.89
美国	碳排放量下降26%	2005	2025	1169.57
日本	碳排放量下降25.4%	2005	2030	251.80
欧盟	碳排放量下降40%	1990	2030	648.00
印度	碳排放强度下降35%	2005	2030	1170.76
俄罗斯	碳排放量下降25%	1990	2030	425.83
高收入国家	碳排放量下降30%	2005	2030	301.86
中等偏上收入国家	碳排放量下降35%	基准情景	2030	1169.31
中等偏下收入国家	碳排放量下降35%	基准情景	2030	739.39
低收入国家	碳排放量下降35%	基准情景	2030	207.33

需要指出的是，在《巴黎协定》中所提出的减排措施是基于温室气体的排放量而设定的，而本研究模型中仅考虑CO_2的排放量。依据世界资源研究所所提供的CAIT气候数据①，全球温室气体的排放与CO_2的排放之间存在着68%~70%的比例关系，且该比例相对稳定，因此本节采用这一固定比例进行核算。基于当前各国的INDC目标，UNFCC认为全球温室气体到2030年的排放量为550亿t左右，而2010年的全球温室气体排放量为500亿t左右。CAIT数据则表明2010年全球温室气体排放量为457亿t。本书综合考虑采用2010年全球温室气体排放量为475亿t左右，因此2030年的温室气体相比较于2010年上升了15.79%。本节核算的到INDC目标年份2030年（美国的目标年份为2025年）的全球CO_2排放总量为361.93亿t，而依据EIA所公布的数据，全球在2010年因为消耗能源而导致的CO_2排放量为311.54亿t，可以得出2030年的CO_2排放量比2010年上升了16.17%。与同期温室气体预测的变化幅度基本一致。

7.2　碳排放模拟结果

由上节对各国INDC减排目标的核算可知，目前各国的减排任务设定的目标年份为2030年或2025年，但全球最终需实现的目标为到2100年实现温度下降2℃。因此，本节设定的INDC约束情景为各国从2017年开始减排，实现各自的INDC减排目标；实现INDC减排目标后至2100年碳减排的方案设定为保持INDC减排目标，即若在2030（2025）~2100年的碳排放量高于设定的INDC排放目标，则实行减排至INDC减排目标，若低于INDC

① http://cait.wri.org. World Resources Institute. 2015. CAIT Climate Data Explorer.

设定的目标排放量，则不减排；气候响应模块采用 Nordhaus 气候反馈模块，全球碳循环模块采用单层碳循环系统。观测在这样一个减排情景下，各国的经济增长、碳排放及全球气候变化情况。

7.2.1 碳排放趋势

1. 碳排放

依据上面的情景设置，各国在规定的减排年份达到 INDC 减排目标，除美国为 2025 年外，其他国家为 2030 年，之后保持碳排放不超过其 INDC 减排目标，图 7.1 展示了 INDC 减排情景下 2031~2100 年世界各国的碳排放情形，同时图 7.2 分别将 2010 年（模拟起始年份）、

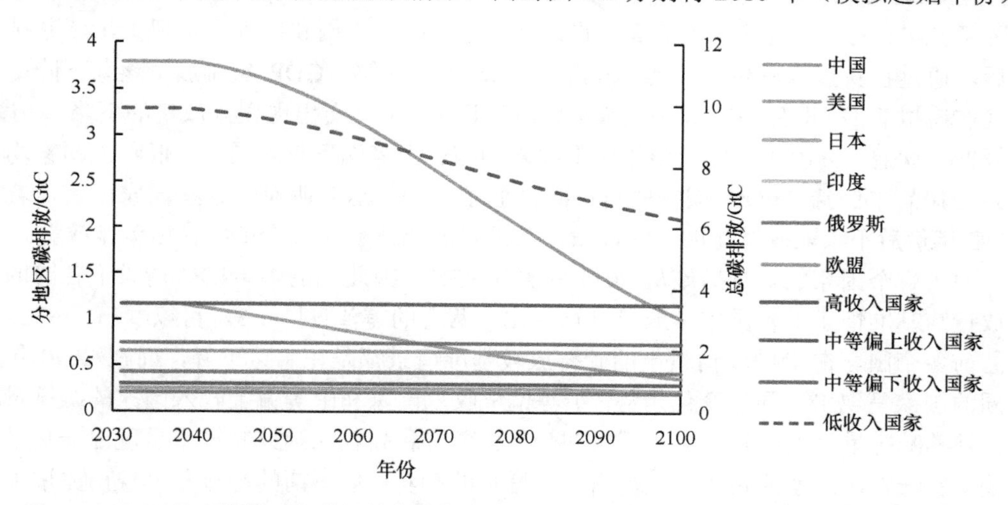

图 7.1 INDC 约束情景下全世界各个国家或地区的碳排放趋势（彩图扫描封底二维码获取）

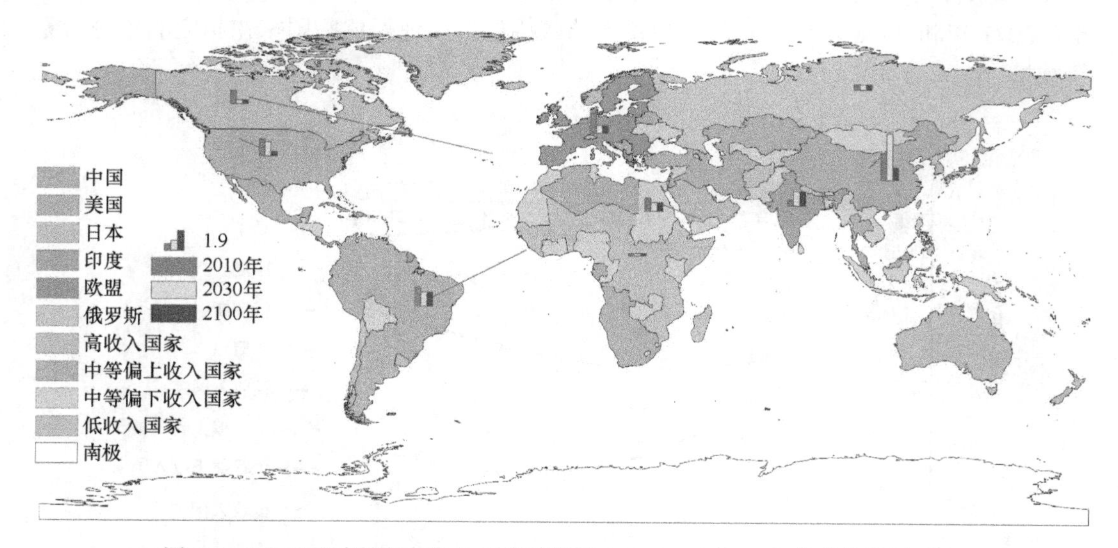

图 7.2 INDC 约束情景下各个国家或地区 2010/2030/2100 年的碳排放量对比
（彩图扫描封底二维码获取）

2030 年（INDC 减排目标年份）和 2100 年（模拟终止年份）在地图上显示。可以看出，有个别国家（中国、美国和日本）终止年份 2100 年的碳排放量并未保持其 2030 年实现的 INDC 减排目标，而是有所下降。全球碳排放在 2031~2038 年保持不变，从 2038 年开始呈现出下降趋势，到 2100 年全球碳排放量约比 2010 年下降了 4.14GtC。中国的碳排放在 2031~2039 年保持不变，2040~2100 年碳排放呈现出下降趋势，2100 年的碳排放量为 1.02GtC，相比于 2010 年下降了 1.21GtC，比基准情景下中国 2100 年的碳排放量下降了 0.23GtC。美国的碳排放量在 2031~2038 年保持不变，在 2039~2100 年呈现出下降趋势，2100 年的碳排放量为 0.37GtC，相比于 2010 年下降了 1.00GtC，同样地，相比于基准情景下的美国碳排放量下降了 0.04GtC。日本的碳排放量在 2031~2084 年保持不变，在 2085~2100 年呈现出下降趋势，2100 年的碳排放量为 0.23GtC，相比于 2010 年下降了 0.07GtC。出现这样的情况，我们认为是中国、美国和日本在实现 INDC 减排目标后，通过自身技术进步的带动，在经济发展的后期单位 GDP 碳排放量逐渐下降，导致其在模拟后期，即使不对碳排放量进行政策调控，依然会出现碳排放量的下降。印度、俄罗斯、欧盟、高收入国家、中等偏上收入国家、中等偏下收入国家、低收入国家均在 2031~2100 年保持 INDC 减排的目标碳排放量不变。这表明对于这些国家而言，若在 INDC 年份后不采取碳减排的控制政策，其碳排放仍然会超过 INDC 目标碳排放量。

由于各个国家的减排措施从 2017 年开始实施，因此我们将 INDC 情景下各国的碳排放量与基准情景下各国碳排放量进行对比，两者的差值见图 7.3。可以看出，在 2030 年之前各个国家在 INDC 情景下的碳排放较基准情景都是在急速下降，而在 2030 年，不同的国家呈现出不同的变化趋势：中等偏下收入国家和中等偏上收入国家的减排量较多，且其减排量呈现出先增加后减少的趋势；欧盟和高收入国家减排量呈现出一直下降的趋势；低收入国家的减排量呈现出一直增加的趋势；俄罗斯的减排量呈现出先增加后下降的趋势；中国、美国、日本和印度的 INDC 目标碳排放量则是分别在 2038 年、2038 年、2071 年和 2098 年超过其基准情景下的碳排放量，使得这些国家在相应的年份后无须减排。

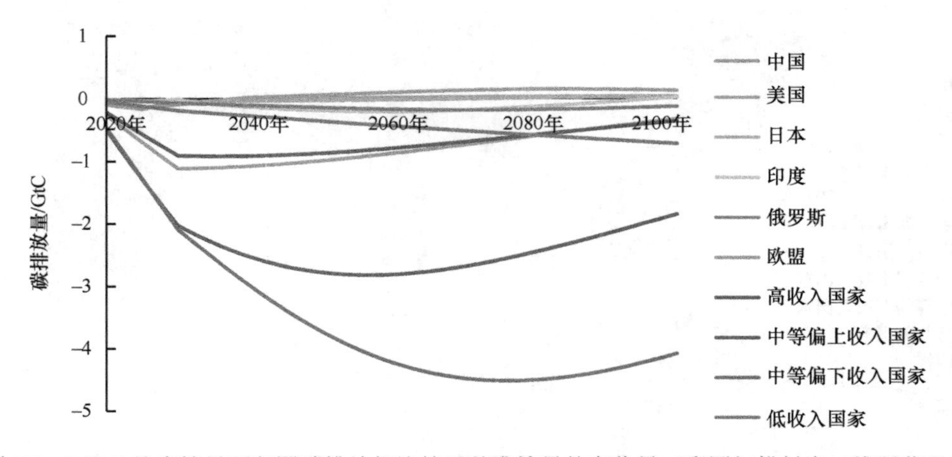

图 7.3 INDC 约束情景下各国碳排放相比较于基准情景的变化量（彩图扫描封底二维码获取）

2. 累积碳排放

图 7.4 展示了 INDC 约束情景下各国 2010~2100 年累积碳排放量的变化情况。全世界 2010~2050 年的累积碳排放达到 438.12GtC，比基准情景减少了 208.03GtC，2010~2100 年的累积碳排放量达到 830.31GtC，比基准情景减少了 645.92GtC。中国是累积碳排放量最大的国家；其次是中等偏上收入国家、印度、美国、中等偏下收入国家、欧盟、俄罗斯、高收入国家、日本、低收入国家。相比较于基准情景，这一排序有较明显的变化。

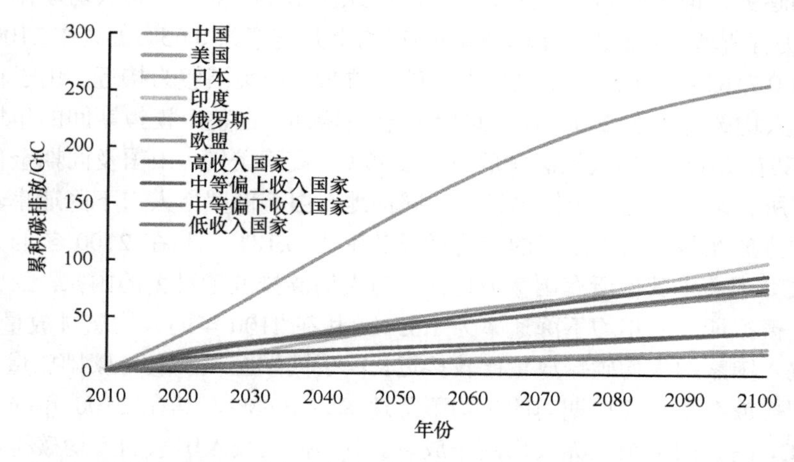

图 7.4　INDC 约束情景下各个国家或地区的累积碳排放（彩图扫描封底二维码获取）

具体到国家而言，中国到 2050 年的累积碳排放达到 143.73GtC，占全世界累积碳排放的 32.81%；到 2100 年达到 257.87GtC，占全世界累积碳排放的 31.06%。美国到 2050 年的累积碳排放量达到 49.03GtC，占全世界的 11.12%；而到 2100 年的累积碳排放量则达到 81.64GtC，占全世界的 9.83%。欧盟 2010~2050 年的累积碳排放量达到 41.51GtC，占全世界的 9.48%；而到 2100 年的累积碳排放量达到 73.91GtC，占全世界的 8.90%。日本由于经济发展速度缓慢，其累积碳排放量较小，其 2010~2100 年的累积碳排放量只有 23.29GtC，占全世界的 2.80%。高收入国家从 2010~2100 年的累积碳排放量为 38.76GtC，占全世界的 4.67%。俄罗斯从 2010~2100 年的累积碳排放量为 38.96GtC，占全世界的 4.69%。印度 2010~2100 年的累积碳排放量为 100.41 GtC，占全世界的 12.09%。中等偏上收入国家到 2100 年的累积碳排放量为 118.48GtC，占全世界的 14.27%。中等偏下收入国家从 2010~2100 年的累积碳排放量为 77.60GtC，占全世界的 9.35%。低收入国家从 2010~2100 年的累积碳排放量为 19.39GtC，占全世界的 2.34%。

3. 人均碳排放

图 7.5 展示了 INDC 约束情景下 2010~2100 年世界各个国家或地区的人均碳排放情形。由于本节采取的减排措施在 2017 年开始实行，因此可以看出，各个国家的人均碳排放量在 2017 年前后有明显的差别。在 2030 年后，各个国家或地区仍保持其 INDC 目标减排量或低于其目标减排量，全世界的人均碳排放量呈现出一直下降的趋势，整个模拟期间的年均下降速率为 0.98%，到 2100 年全球人均碳排放量下降为 0.53tC。美国在

2040 年左右人均碳排放下降幅度显著提高，这是由于在之前年份其一直保持 INDC 的目标减排量，而在 2039 年后由于自身技术进步的作用碳排放量一直下降，从而导致其人均碳排放量的下降幅度变大，但由于其基数较大，其在整个模拟期间的人均碳排放的年均下降速率为 1.85%，到 2100 年其人均碳排放为 0.82tC，仍远高于全世界人均碳排放水平。中国的人均碳排放在整个模拟期间的年均下降速率为 0.56%，其在 2100 年的人均碳排放量为 1.00 tC，高于同期全球人均碳排放量。印度的人均碳排放在 2030 年之后呈现出下降的趋势，但由于其下降速率较慢，因此在 2100 年时，其人均碳排放量相比较于 2010 年仍有所增加，在整个模拟期间的年均上升速率为 0.65%，其在 2100 年的人均碳排放量为 0.71tC，高于同期全世界人均碳排放量，与美国较为接近。由于日本人口数的减少，其人均碳排放在 2100 年较 2010 年有所增加，在整个模拟期间的年均增长速率为 0.19%，其在 2100 年的人均碳排放量为 2.79tC，高于美国、中国及同期全世界人均碳排放量，在所有国家或地区中排名第二。同样地，由于俄罗斯人口下降速率较快，俄罗斯的人均碳排放在整个模拟期间的年均增长速率为 0.18%，其在 2100 年的人均碳排放量为 3.62 tC，远高于其他所有国家或地区，为人均碳排放量最大的国家。欧盟的人均碳排放在整个模拟期间的年均下降速率为 1.39%，其在 2100 年的人均碳排放量为 0.95 tC，与同期高收入国家的人均碳排放量比较接近，高于同期全世界人均碳排放量。高收入国家的人均碳排放在整个模拟期间的年均下降速率为 0.98%，其在 2100 年的人均碳排放量为 1.03 tC，高于同期全世界人均碳排放量。中等偏上收入国家的人均碳排放在整个模拟期间的年均下降速率为 0.27%，其在 2100 年的人均碳排放量为 0.63 tC，略高于同期全世界人均碳排放量。中等偏下收入国家的人均碳排放在整个模拟期间的年均下降速率为 1.30%，其在 2100 年的人均碳排放量为 0.23tC，远远低于同期全世界人均碳排放量。低收入国家的人均碳排放在整个模拟期间的年均下降速率为 1.54%，其在 2100 年的人均碳排放量为 0.08tC，远远低于同期全世界人均碳排放量。

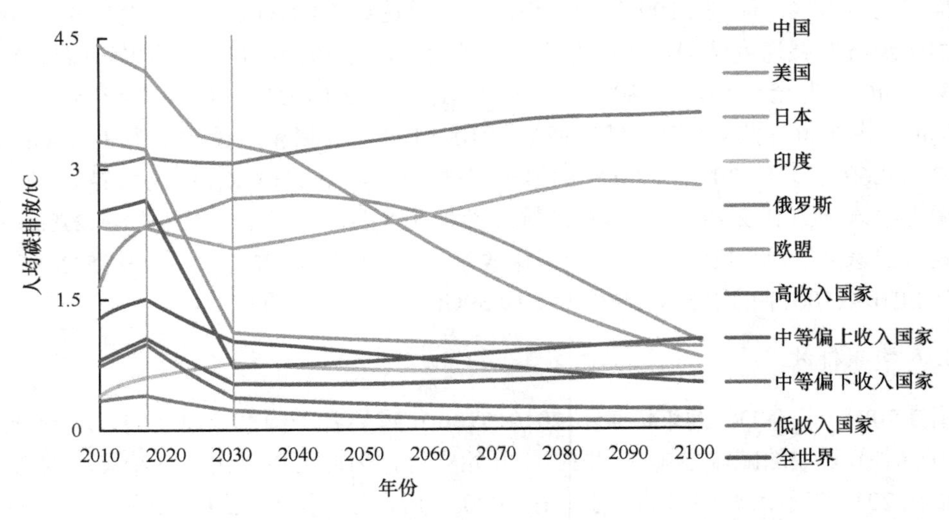

图 7.5　INDC 约束情景下全世界各个国家或地区的人均碳排放（彩图扫描封底二维码获取）

4. 累积人均碳排放

图 7.6 展示了 INDC 约束情景下全世界和各个国家或地区 2010~2100 年累积人均碳排放量的变化情况。全世界 2010~2050 年的累积人均碳排放量为 46.22tC，相比较于基准情景下降了 20.58tC；到 2100 年，全世界的累积人均碳排放量为 80.45tC，相比较于基准情景下降了 58.73tC。

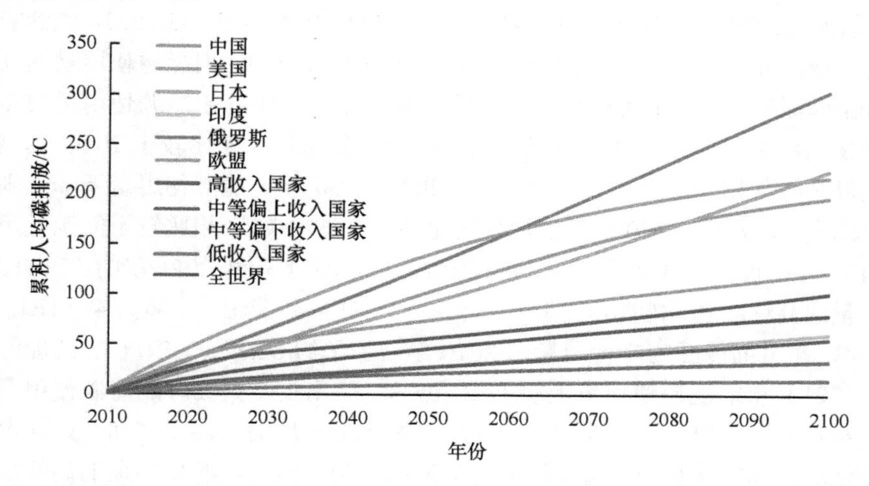

图 7.6　INDC 约束情景下全世界和各个国家或地区的累积人均碳排放（彩图扫描封底二维码获取）

俄罗斯为所有国家中累积人均碳排放量最高的国家，其次为日本、美国、中国、欧盟、高收入国家，均显著高于全球累积人均碳排放的值，印度、中等偏上收入国家、中等偏下收入国家、低收入国家的累积人均碳排放量排在后四位。

具体到国家而言，俄罗斯从 2010~2050 年的累积人均碳排放达到 128.79tC，是同期全世界累积人均碳排放的 2.79 倍；到 2100 年的累积碳排放量为 304.63tC，是同期全世界累积人均碳排放的 3.79 倍。中国到 2050 年的累积人均碳排放达到 102.67tC，是同期全世界累积人均碳排放的 2.22 倍；2100 年达到 197.95tC，是同期全世界累积人均碳排放的 2.46 倍。美国到 2050 年的累积人均碳排放量达到 140.27tC，是同期全世界累积人均碳排放的 3.03 倍，2100 年的累积人均碳排放量则达到 218.38tC，是同期全世界累积人均碳排放的 2.71 倍。欧盟 2010~2050 年的累积碳排放量达到 74.35tC，是同期全世界累积人均碳排放的 1.61 倍；2100 年的累积碳排放量达到 123.22tC，是同期全世界累积人均碳排放的 1.53 倍。日本从 2010~2100 年的累积碳排放量为 224.91tC，是同期全世界累积人均碳排放的 2.80 倍。高收入国家从 2010~2100 年的累积人均碳排放量为 102.00tC，是同期全世界累积人均碳排放的 1.27 倍。印度 2010~2100 年的累积碳排放量为 61.49tC，约占同期全世界累积人均碳排放的 76.44%。中等偏上收入国家到 2100 年的累积碳排放量为 56.43tC，占全世界累积人均碳排放的 70.15%。中等偏下收入国家从 2010~2100 年的累积碳排放量为 34.33tC，占全世界累积人均碳排放的 42.67%。低收入国家从 2010~2100 年的累积碳排放量为 15.82tC，占全世界累积人均碳排放的 19.67%。

7.2.2 能源使用

1. 总能源使用

图 7.7 为 INDC 约束情景下主要国家在模拟期间的总能源使用情况。美国、俄罗斯、日本的能源使用量处于一直下降的趋势，中国、印度的能源使用量呈现出先升后降的趋势。中国的能源使用量从 2010 年的 118.25EJ 上升到 2034 年的 143.39EJ，达到能源使用量的高峰，相比较于基准情景，能源使用高峰年份并未改变，但能源使用量的高峰值相比较于基准情景有所提升；之后能源使用量开始下降，在 2100 年能源使用量为 44.26EJ，这一能源使用量也显著高于基准情景下同期的能源使用量。相比较于 2010 年，2034 年中国的能源高峰使用量上升了 21.26%。而 2034~2100 年的能源使用量下降量则比较明显，相比较于 2010 年，2100 年的能源使用量下降了 62.57%，相比较于能源使用高峰下降了 69.13%。印度的能源使用量从 2010 年的 32.38EJ 上升到 2051 年的 52.69EJ，达到能源使用量的高峰，之后能源使用量开始下降，在 2100 年能源使用量为 43.61EJ。相比较于 2010 年，印度的能源高峰使用量比 2010 年增加了约 62.72%。2100 年的能源使用量相比较于 2010 年的能源使用量上升了 34.67%，但比较于高峰时的能源使用量下降了 17.24%。与基准情景相比，印度的能源使用高峰年份有所滞后。总体而言，印度的能源使用量变化趋势和中国相似，都呈现先升后降的趋势，但其能源使用量的高峰出现时间较晚，且后期能源使用的下降速率很小，明显低于中国。

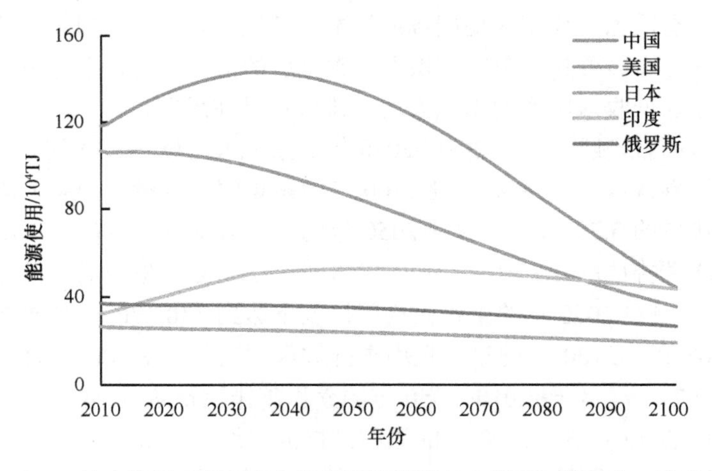

图 7.7 INDC 约束情景下主要国家的能源使用情况（彩图扫描封底二维码获取）

美国的能源使用量从 2010 年的 106.58EJ 下降到 2050 年的 84.78EJ，比 2010 年下降了 20.46%，2100 年下降至 35.51EJ，比 2010 年下降了 66.69%。日本的能源使用量从 2010 年的 26.38EJ 下降到 2050 年的 23.67EJ，比 2010 年下降了 10.29%，2100 年下降至 18.90EJ，比 2010 年下降了 28.35%。俄罗斯的能源使用量从 2010 年的 37.17EJ 下降到 2050 年的 34.97EJ，比 2010 年下降了 5.91%，2100 年下降至 26.48EJ，比 2010 年下降了 28.75%。

2. 分产业能源使用

图 7.8 展示了 2010 年、2030 年和 2100 年主要国家的分产业能源使用占其总能源使用量的比例。从中可以看出，能源产业的能源使用量在 5 个国家中所占的比例一直很大，美国的化工业的能源使用量在其总能源使用量中次之，中国、日本、印度和俄罗斯的重工业能源使用量在其总能源使用中比例次之。印度、俄罗斯的重工业能源使用比例在模拟期间有上升趋势。

图 7.8　INDC 约束情景下主要国家 2010/2030/2100 年的分产业能源消耗占比
（彩图扫描封底二维码获取）

考察分行业能源使用高峰情况，表 7.2 为 INDC 约束情景下主要国家分部门的能源使用量高峰量及其出现年份，与基准情景相比，能源使用量的变化趋势大体一致，

表 7.2　INDC 约束情景下各国各部门能源使用高峰（年）与高峰值（MTJ）

部门	中国	美国	日本	俄罗斯	印度
农业	2037（3.62）	/	/	2039（0.74）	2033（2.27）
食品加工业	2038（2.35）	2022（1.77）	/	2031（0.43）	2063（4.70）
能源产业	2035（69.92）	2024（53.59）	/	/	2054（26.00）
轻工业	2030（3.47）	/	/	2033（0.57）	2046（1.71）
化学工业	2040（13.75）	2024（9.20）	/	2045（4.79）	2057（5.12）
重工业	2035（38.84）	2020（5.60）	/	2042（5.04）	2056（8.72）
建筑业	2033（2.31）	/	/	/	2033（1.69）
商贸零售业	2031（1.58）	/	/	/	2033（1.05）
交通运输业	/	/	/	/	2033（1.69）
金融保险业	/	/	/	/	2043（0.24）
其他服务业	2033（1.93）	/	/	/	2038（0.12）

注：“/”表示在当前情景下，该国的能源使用高峰在 2010 年之前

具有能源使用高峰的产业仍为基准情景下的相关产业；除俄罗斯的食品加工业、能源产业高峰年份有轻微提前，其他国家能源高峰年的出现均有所推迟；而对于能源使用量的高峰值而言，均比基准情景有所增加。这是由于能源使用量的多少与各部门自身 GDP 的增长速度和对能源产品的需求系数的下降速度有关，而在该情景下，主要国家整体的 GDP 发展都要高于基准情景，导致其各部门的能源使用量提升。

3. 累积能源使用

表 7.3 展示了 INDC 约束情景下主要国家各部门的累积能源使用情况。对于各个国家的累积能源使用情况而言，能源产业依然为其主要的能源消耗部门。与基准情景相比，中国、日本能源产业的累积能源使用比例有所增加，美国能源产业该比例有所下降，印度和俄罗斯能源产业的该比例与基准情景下基本一致，未有太大变化。

表 7.3　INDC 约束情景下主要国家各部门累积能源使用　（单位：EJ）

部门	中国	美国	日本	印度	俄罗斯
农业	251.41	86.76	22.64	168.02	60.34
食品加工业	163.92	127.45	26.18	393.79	35.22
能源产业	5081.11	3813.65	1014.84	2169.30	1722.42
轻工业	242.97	260.33	45.18	145.59	45.23
化学工业	984.02	643.77	230.63	422.39	398.11
重工业	2728.20	382.39	267.32	705.35	428.62
建筑业	162.16	102.47	41.51	125.81	34.59
商贸零售业	111.45	346.91	110.93	86.76	50.41
交通运输业	297.74	483.95	174.68	125.40	187.13
金融保险业	95.89	557.67	104.19	19.84	53.95
其他服务业	133.09	284.58	79.64	10.08	45.47

从分行业的累积能源使用在 5 个国家中的分布情况来看，与基准情景相比，农业、能源产业、轻工业、化学工业、重工业、建筑业、商贸零售业、交通运输业、金融保险业和其他服务业的累积能源使用方面，中国、日本、印度的占比有所增加，而美国和俄罗斯的占比则有些许下降；对于食品加工业而言，中国、美国和俄罗斯的占比有所下降，而日本和印度的比例有所上升。

7.2.3　能源消费结构

本节将讨论主要国家在 INDC 情景约束下的能源消费结构在模拟期间的变化情况，其中 2010 年、2030 年和 2100 年的能源消费结构见图 7.9。可以看出，这 5 个主要国家的能源消费结构有较明显的改变。具体每个国家的能源消费结构变化情况将讨论如下。

1. 中国能源消费结构

表 7.4 展示了 INDC 约束情景下中国 2010~2100 年能源消费结构的变化趋势。煤的

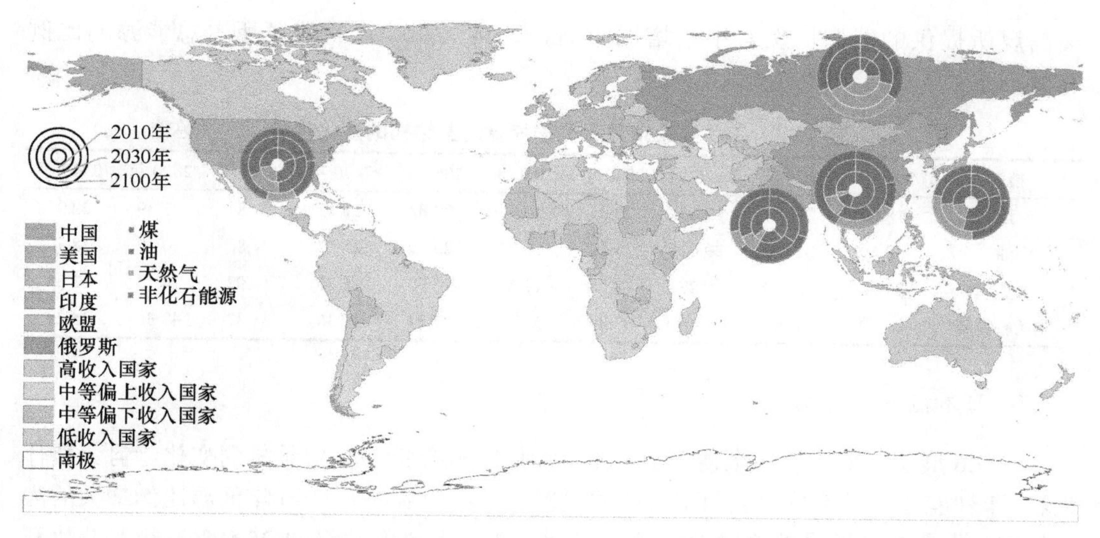

图 7.9　INDC 约束情景下主要国家 2010/2030/2100 年能源消费结构变化情况
（彩图扫描封底二维码获取）

表 7.4　INDC 约束情景下中国能源消费结构的变化趋势　（单位：%）

能源	2010 年	2020 年	2030 年	2040 年	2050 年	2060 年	2070 年	2080 年	2090 年	2100 年
煤	54.09	46.15	39.84	35.00	31.36	28.64	26.37	24.45	22.81	21.41
油	14.59	17.18	19.25	20.52	20.69	19.53	17.35	14.87	12.71	11.19
天然气	4.32	7.84	11.77	15.76	19.29	21.99	23.81	24.80	25.20	25.19
非化石能源	27.00	28.83	29.15	28.73	28.67	29.85	32.46	35.87	39.29	42.21

比重有显著下降，其在 2100 年时中国能源消费结构中的占比超过油，低于天然气和非化石能源。油在能源消费结构中的比重也有所下降，从 2010 年的 14.59%下降至 2100 年的 11.19%。天然气提供能源占比在 2020 年为 7.84%，略低于中国在 INDC 目标中提出的天然气使用比例，但天然气所占的比例一直保持上升趋势，在 2030 年左右超过总能源的 10%，并在模拟后期达到 25.19%。非化石能源在能源消费结构中所占的比例在模拟期间不断增加，成为中国第一大能源来源，2100 年在中国能源消费结构中占 42.21%。

2. 美国能源消费结构

表 7.5 展示了 INDC 约束情景下美国 2010~2100 年能源消费结构的变化趋势。在模拟期间，煤在能源消费结构中所占的比例有上升趋势，2100 年煤所占的比重比其在 2010 年的比重增加了 4.31%。油在能源消费结构中所占的比例呈现出下降趋势，2100 年油所占的比重比其在 2010 年的比重下降了 14.10%。天然气在能源消费结构中所占的比例有轻微下降，2100 年天然气所占的比重比其在 2010 年的比重下降了 7.61%。非化石能源在能源消费结构中所占的比例呈现出显著上升趋势，2100 年的比重较 2010 年上升了 17.39%，从而使得非化石能源替代油成为美国最大的能源来源。与基准情景相比，

美国煤所提供的能源比例有小幅增加，油、天然气和非化石能源所占总能源的比例有微小下降。

表 7.5 INDC 约束情景下美国能源消费结构的变化趋势 （单位：%）

能源	2010 年	2020 年	2030 年	2040 年	2050 年	2060 年	2070 年	2080 年	2090 年	2100 年
煤	18.64	19.14	19.60	20.05	20.46	20.88	21.33	21.84	22.39	22.95
油	32.50	31.03	29.62	28.19	26.73	25.19	23.57	21.86	20.12	18.40
天然气	20.96	20.15	19.27	18.38	17.47	16.60	15.74	14.92	14.13	13.35
非化石能源	27.90	29.68	31.50	33.39	35.34	37.34	39.36	41.37	43.36	45.29

3. 日本能源消费结构

表 7.6 展示了 INDC 约束情景下日本 2010~2100 年能源消费结构的变化趋势。整体来看，4 种能源在日本总的能源中所占的比例差别不明显，在 2100 年能源比例最大的为天然气，占其总能源量的 28.58%，其次为油，约占其能源总量的 25.52%，煤和非化石能源排在第 3 位和第 4 位，分别提供 23.91%和 22.00%的能源。煤在模拟期间所占的比重呈现出缓慢上升的趋势，油和非化石能源所占的比重呈现出下降的趋势，天然气所占的比重上升的幅度较大。与基准情景相比，日本煤所占的比重有所增加，而油、天然气和非化石能源所占总能源的比例有微小下降。

表 7.6 INDC 约束情景下日本能源消费结构的变化趋势 （单位：%）

能源	2010 年	2020 年	2030 年	2040 年	2050 年	2060 年	2070 年	2080 年	2090 年	2100 年
煤	19.43	20.03	20.63	21.20	21.73	22.23	22.70	23.13	23.53	23.91
油	36.08	34.87	33.65	32.44	31.24	30.06	28.89	27.75	26.63	25.52
天然气	16.37	17.94	19.49	21.01	22.48	23.88	25.20	26.42	27.54	28.58
非化石能源	28.12	27.16	26.23	25.35	24.54	23.83	23.21	22.70	22.30	22.00

4. 印度能源消费结构

表 7.7 展示了 INDC 约束情景下印度 2010~2100 年能源消费结构的变化趋势。总体来看，在 2100 年，印度的能源主要由煤、油和非化石能源提供，非化石能源所占的比重在模拟期间呈现出下降趋势，在 2100 年其在总能源中约占 28.00%。天然气所占的比重在模拟期间呈现上升的趋势，从 2010 年的 6.83%上升至 2100 年的 8.27%。油所占的比重在模拟期间呈现出上升趋势，从 2010 年的 20.46%上升至 2100 年的 33.78%。煤所占的比重在模拟期间有所下降，但下降速度较慢，使得煤依然为印度的主要能源供应品种。

表 7.7 INDC 约束情景下印度能源消费结构的变化趋势 （单位：%）

能源	2010 年	2020 年	2030 年	2040 年	2050 年	2060 年	2070 年	2080 年	2090 年	2100 年
煤	37.46	35.94	34.27	32.60	31.30	30.53	30.15	29.96	29.86	29.96
油	20.46	21.78	23.61	26.01	28.43	30.43	31.78	32.75	33.45	33.78
天然气	6.83	8.60	10.29	11.54	12.11	11.99	11.39	10.45	9.37	8.27
非化石能源	35.25	33.68	31.83	29.86	28.16	27.05	26.68	26.84	27.33	28.00

5. 俄罗斯能源消费结构

表 7.8 展示了 INDC 约束情景下俄罗斯 2010~2100 年能源消费结构的变化趋势。煤在能源中所占的比例在模拟期间呈现出上升趋势，从 2010 年的 7.95%上升至 2100 年的 15.71%。天然气和非化石能源在能源中所占的比重有轻微下降，而在 2100 年这两类能源所占的能源比重较高，依然为俄罗斯主要能源种类。油在总能源中所占的比重有所上升，在模拟后期，油所占的能源比重与煤的比较接近。

表 7.8　INDC 约束情景下俄罗斯能源消费结构的变化趋势　（单位：%）

能源	2010 年	2020 年	2030 年	2040 年	2050 年	2060 年	2070 年	2080 年	2090 年	2100 年
煤	7.95	9.10	10.15	11.13	12.06	12.95	13.75	14.48	15.11	15.71
油	16.23	17.81	18.76	19.11	18.94	18.58	18.32	18.22	18.28	18.39
天然气	39.88	39.26	38.50	37.66	36.94	36.30	35.81	35.48	35.23	35.03
非化石能源	35.93	33.83	32.59	32.09	32.07	32.17	32.12	31.82	31.38	30.88

7.2.4　全球气候变化

如图 7.10 所示，在 INDC 约束情景下，碳排放浓度和全球地表温度升幅均比基准情景有所下降。尽管全球地表温度较工业革命前水平的上升幅度仍呈现稳定上升的趋势，到 2100 年，全球地表温度上升幅度为 2.61℃，虽然相比较于基准情景下降了 0.76℃，但这一情景依然无法满足大多数研究所要求的在 2100 年将地表温度增幅控制在 2℃以内的目标。这一结果与现有的关于 INDC 引起的气候变化研究结果一致（Peters et al.，2015；du Pont et al.，2017），在现行的 INDC 气候政策标准下，到 2100 年全球温度升温将在 2.6~3.1℃（Rogelj et al.，2016）。在 INDC 约束情景下的大气中 CO_2 浓度也呈现稳定的上升趋势，到 2100 年，全球 CO_2 浓度上升到 500.57ppmv，比基准情景下的全球 CO_2 浓度下降了 143.90ppmv，处在国际上提倡的 CO_2 当量浓度控制范围 450~500ppmv 标准的临界值。这表明，当前各国在 INDC 的减排目标下仍需继续加大减排力度，才有

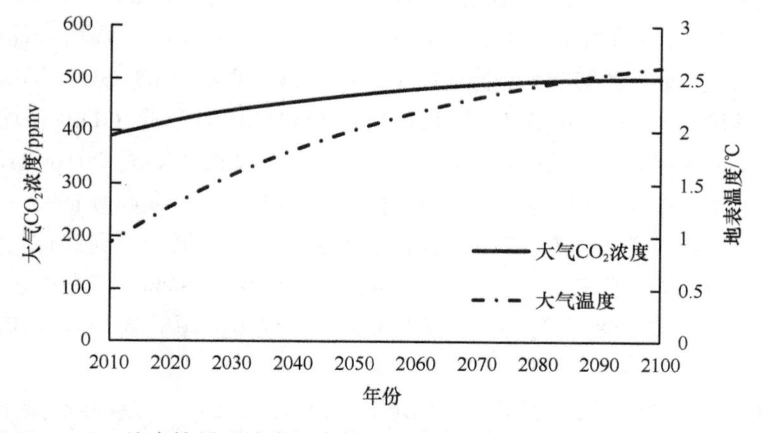

图 7.10　INDC 约束情景下地表温度较工业革命前上升幅度与大气 CO_2 浓度变化

可能在 2100 年实现全球气温升温 2℃的目标。Kuramochia 等（2017）对日本 INDC 减排目标的分析也表明，当前日本的减排目标对于实现全球升温 2℃是不可行的，需要继续采取更大的减排力度。而对于中国而言，若想实现升温 2℃，或许需要在 2050 年左右实现零排放（Pan et al.，2017）。

7.3 INDC 约束下经济增长模拟结果

7.3.1 经济增长

1. GDP

首先我们考虑在 2030 年世界各个国家或地区的经济排名顺序，依次为美国、欧盟、中国、中等偏上收入国家、高收入国家、中等偏下收入国家、日本、印度、低收入国家、俄罗斯，与基准情景下各个国家或地区 GDP 的排序保持一致。在 2050 年世界各个国家或地区的经济排名顺序依次为美国、中国、欧盟、中等偏上收入国家、中等偏下收入国家、高收入国家、印度、日本、低收入国家、俄罗斯。与基准情景下各个国家或地区 GDP 的排序保持一致，这表明在 INDC 约束情景下各个国的总体经济排位顺序在短期内不受影响。到了模拟后期，2100 年世界国家或地区的经济排名顺序为中国、美国、印度、中等偏下收入国家、欧盟、中等偏上收入国家、高收入国家、低收入国家、日本、俄罗斯。与基准情景相比，印度的经济有所提升，超越中等偏下收入国家成为世界第三大经济体。在不同模拟节点的各国 GDP 发展情况见图 7.11。考虑到经济总量，中国、美国、日本、印度、俄罗斯、欧盟、高收入国家、中等偏上收入国家在 2100 年的 GDP 相比较于在基准情景下的 GDP 均有所增加，这表明碳排放带来的负面作用由于减排政策的实施而有所下降。而中等偏下收入国家和低收入国家在 2100 年的 GDP 比基准情景下有所下降，这是由于对于这两类国家而言，为了保持 INDC 目标碳排放所付出的代价要高于其由于气候损失变小而带来的经济增长。

图 7.12 展示了在 INDC 约束情景下全世界及国家或地区的 2010~2100 年的 GDP 发展趋势。在 INDC 约束情景下，中国的 GDP 在 2010~2030 年的年均增长速率为 5.48%，与基准情景下的中国同期 GDP 增长速率一致；2030~2050 年的 GDP 年均增长速率为 3.74%，高于基准情景下同期 GDP 增长速率；2050~2100 年的 GDP 年均增长速率为 1.68%，略高于同期基准情景下的 GDP 增长速率；整个模拟期间 2010~2100 年中国的 GDP 增长速率为 2.97%，约比基准情景下的同期 GDP 增长速率高 0.15%。在此情景下，中国 GDP 于 2044 年超过欧盟，2051 年超过美国成为世界第一大经济体，2100 年中国的 GDP 总量为 746770 亿美元，占当期世界总 GDP 的 22.64%，但是中国的人均 GDP 距美国的人均 GDP（10.58 万美元）还有很大差距，仅为美国的约 2/3，与近邻日本相比也有很大差距。

美国的 GDP 在 2010~2030 年的年均增长速率为 2.41%，与基准情景下美国的同期 GDP 增长速率一致；2030~2050 年的 GDP 年均增长速率为 1.67%，略高于基准情景下同期 GDP 增长速率；2050~2100 年的 GDP 年均增长速率为 0.76%，高于同期基准情景

图 7.11　INDC 约束情景下各国家或地区 2010/2030/2050/2100 年的 GDP 对比
（彩图扫描封底二维码获取）

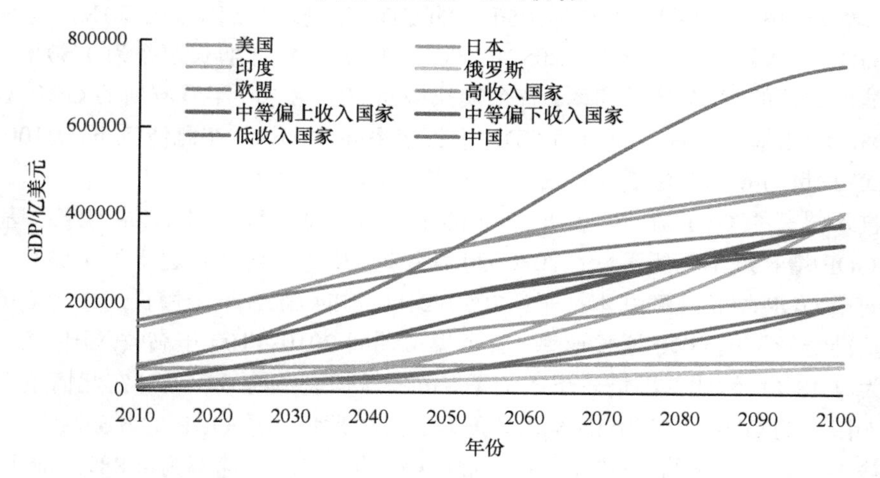

图 7.12　INDC 约束情景下各国家或地区的 GDP（单位：十亿美元）
（彩图扫描封底二维码获取）

下的 GDP 增长速率；整个模拟期间 2010~2100 年美国的 GDP 增长速率为 1.33%，约比基准情景下的同期 GDP 增长速率高 0.11%。在此情景下，美国 GDP 于 2051 年被中国超越后，一直为世界第二大经济体，2100 年美国的 GDP 总量为 476370 亿美元，占当期世界总 GDP 的 14.44%。

印度的 GDP 在 2010~2030 年的年均增长速率为 5.50%，与基准情景下印度的同期 GDP 增长速率基本一致；2030~2050 年的 GDP 年均增长速率为 4.18%，略高于基准情景下同期 GDP 增长速率；2050~2100 年的 GDP 年均增长速率为 3.12%，高于同期基准情景下的 GDP 增长速率；整个模拟期间 2010~2100 年印度的 GDP 增长速率为 3.88%，约比基准情景下的同期 GDP 增长速率高 0.12%。在此情景下，印度 GDP 于 2039 超过日本，2072 年超过高收入国家，2097 年超过欧盟，成为世界第三大经济体，2100 年印度的 GDP 总量为 411240 亿美元，占当期世界总 GDP 的 12.47%。

日本的 GDP 在 2010~2030 年的年均增长速率为 0.53%，与基准情景下日本的同期 GDP 增长速率一致；2030~2050 年的 GDP 年均增长速率为 0.54%，高于基准情景下同期 GDP 增长速率；2050~2100 年的 GDP 年均增长速率为 0.34%，高于同期基准情景下的 GDP 增长速率；整个模拟期间 2010~2100 年日本的 GDP 增长速率为 0.42%，约比基准情景下的同期 GDP 增长速率高 0.13%。在此情景下，2100 年日本的 GDP 总量为 72450 亿美元，占当期世界总 GDP 的 2.20%。

欧盟的 GDP 在 2010~2030 年的年均增长速率为 1.71%，相比较于基准情景下同期 GDP 增长速率有所下降；2030~2050 年的 GDP 年均增长速率为 1.20%，与基准情景下同期 GDP 增长速率基本持平；2050~2100 年的 GDP 年均增长速率为 0.59%，高于同期基准情景下的 GDP 增长速率；整个模拟期间 2010~2100 年欧盟的 GDP 增长速率为 0.97%，约比基准情景下的同期 GDP 增长速率高 0.06%。在此情景下，2100 年欧盟的 GDP 总量为 380760 亿美元，占当期世界总 GDP 的 11.55%。

俄罗斯的 GDP 在 2010~2030 年的年均增长速率为 2.47%，相比较于基准情景下同期 GDP 增长速率基本持平；2030~2050 年的 GDP 年均增长速率为 2.20%，与基准情景下同期 GDP 增长速率基本持平；2050~2100 年的 GDP 年均增长速率为 1.60%，略高于同期基准情景下的 GDP 增长速率；整个模拟期间 2010~2100 年俄罗斯的 GDP 增长速率为 1.93%，约比基准情景下的同期 GDP 增长速率高 0.05%。在此情景下，2100 年俄罗斯的 GDP 总量为 61880 亿美元，占当期世界总 GDP 的 1.88%。

高收入国家的 GDP 在 2010~2030 年的年均增长速率为 2.54%，相比较于基准情景下同期 GDP 增长速率有所下降；2030~2050 年的 GDP 年均增长速率为 1.83%，与基准情景下同期 GDP 增长速率基本持平；2050~2100 年的 GDP 年均增长速率为 0.91%，高于同期基准情景下的 GDP 增长速率；整个模拟期间 2010~2100 年高收入国家的 GDP 增长速率为 1.48%，约比基准情景下的同期 GDP 增长速率高 0.05%。在此情景下，2100 年高收入国家的 GDP 总量为 220640 亿美元，占当期世界总 GDP 的 6.69%。

中等偏上收入国家的 GDP 在 2010~2030 年的年均增长速率为 4.88%，相比较于基准情景下同期 GDP 增长速率有所下降；2030~2050 年的 GDP 年均增长速率为 2.34%，与基准情景下同期 GDP 增长速率基本持平；2050~2100 年的 GDP 年均增长速率为 0.87%，高于同期基准情景下的 GDP 增长速率；整个模拟期间 2010~2100 年中等偏上收入国家的 GDP 增长速率为 2.07%，相比较于基准情景下的同期 GDP 增长速率基本一致。在此情景下，2100 年中等偏上收入国家的 GDP 总量为 337680 亿美元，占当期世界总 GDP 的 10.24%。

中等偏下收入国家的 GDP 在 2010~2030 年的年均增长速率为 6.32%，相比较于基准情景下同期 GDP 增长速率有所下降；2030~2050 年的 GDP 年均增长速率为 3.73%，略低于基准情景下同期 GDP 增长速率；2050~2100 年的 GDP 年均增长速率为 1.74%，略高于同期基准情景下的 GDP 增长速率；整个模拟期间 2010~2100 年中等偏下收入国家的 GDP 增长速率为 3.18%，略低于基准情景下的同期 GDP 增长速率。在此情景下，2100 年中等偏下收入国家的 GDP 总量为 387160 亿美元，占当期世界总 GDP 的 11.74%。

低收入国家的 GDP 在 2010~2030 年的年均增长速率为 5.83%，相比较于基准情景下同期 GDP 增长速率有所下降；2030~2050 年的 GDP 年均增长速率为 3.63%，相比较于基准情景下同期 GDP 增长速率有所增加；2050~2100 年的 GDP 年均增长速率为 2.89%，略低于同期基准情景下的 GDP 增长速率；整个模拟期间 2010~2100 年低收入国家的 GDP 增长速率为 3.70%，约比基准情景下的同期 GDP 增长速率下降 0.17%。在此情景下，2100 年低收入国家的 GDP 总量为 202900 亿美元，占当期世界总 GDP 的 6.15%。

图 7.13 为 INDC 约束情景下的 GDP 与基准情景相比的变化量，可以看出有些国家的经济在 INDC 的约束下有所增加，而有些国家的经济受损，这说明减排所带来的经济影响既有正面也有负面的。从整个模拟期间来看，各个国家或地区在模拟早期经济是受到负面影响的，但随着模拟的进行，气候反馈所导致的经济损失慢慢变小，到后期部分国家的经济出现受益。在 2100 年较基准情景经济有所增加的国家为中国、美国、印度、欧盟、日本、高收入国家和中等偏上收入国家，而中等偏下收入国家和低收入国家的经济有所损失。在经济受益的国家中，中国的经济增加量最为显著，美国次之。

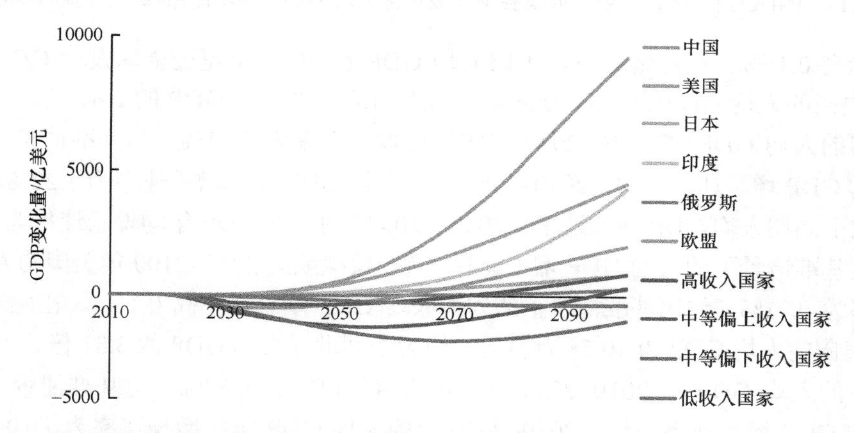

图 7.13　INDC 约束情景下各国 GDP 相比较于基准情景的变化量（彩图扫描封底二维码获取）

2. 人均 GDP

图 7.14 展示了在 INDC 约束情景下全世界及各个国家或地区的 2010~2100 年的人均 GDP 发展趋势。在 2030 年，世界各个国家或地区的人均 GDP 排名顺序，依次为美国、日本、欧盟、高收入国家、俄罗斯、中国、中等偏上收入国家、中等偏下收入国家、低收入国家、印度。2100 年，世界各个国家或地区的人均 GDP 排名顺序，依次为美国、日本、高收入国家、中国、欧盟、俄罗斯、印度、中等偏上收入国家、中等偏下收入国家、低收入国家，与基准情景下 2100 年世界各个国家或地区的人均 GDP 排序一致，表明 INDC 约束情景并未对世界各个国家或地区的人均 GDP 排序产生影响。

具体到各个国家或地区来看，中国的人均 GDP 在 2010~2030 年的年均增长速率为 5.20%，与基准情景下的中国同期人均 GDP 增长速率一致；2030~2050 年的人均 GDP 年均增长速率为 3.99%，略高于基准情景下同期人均 GDP 增长速率；2050~2100 年的人均 GDP 年均增长速率为 2.28%，高于同期基准情景下的人均 GDP 增长速率；整个模拟期间 2010~2100 年中国的人均 GDP 增长速率为 3.30%，约比基准情景下的同期人均 GDP

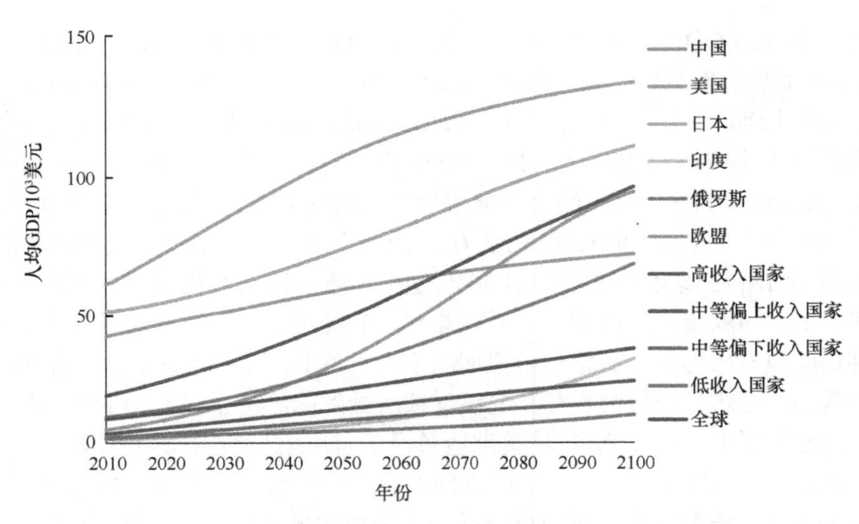

图 7.14　INDC 约束情景下全世界及各国家或地区人均 GDP（彩图扫描封底二维码获取）

增长速率高 0.15%。在此情景下，中国人均 GDP 在 2031 年超过全球人均 GDP 水平，2100 年中国的人均 GDP 为 7.37 万美元，约为当期世界人均 GDP 的 2.67 倍。

美国的人均 GDP 在 2010~2030 年的年均增长速率为 1.71%，与基准情景下的美国同期人均 GDP 增长速率一致；2030~2050 年的人均 GDP 年均增长速率为 1.22%，略高于基准情景下同期人均 GDP 增长速率；2050~2100 年的人均 GDP 年均增长速率为 0.46%，高于同期基准情景下的人均 GDP 增长速率；整个模拟期间 2010~2100 年美国的人均 GDP 增长速率为 0.91%，约比基准情景下的同期人均 GDP 增长速率高 0.11%。在此情景下，2100 年美国的人均 GDP 为 10.58 万美元，约为当期世界人均 GDP 的 3.81 倍。

日本的人均 GDP 在 2010~2030 年的年均增长速率为 0.82%，与基准情景下的日本同期人均 GDP 增长速率一致；2030~2050 年的人均 GDP 年均增长速率为 1.10%，略高于基准情景下同期人均 GDP 增长速率；2050~2100 年的人均 GDP 年均增长速率为 0.85%，高于同期基准情景下的人均 GDP 增长速率；整个模拟期间 2010~2100 年日本的人均 GDP 增长速率为 0.90%，约比基准情景下的同期人均 GDP 增长速率高 0.13%。在此情景下，2100 年日本的人均 GDP 为 8.71 万美元，约为当期世界人均 GDP 的 3.14 倍。

印度的人均 GDP 在 2010~2030 年的年均增长速率为 4.36%，与基准情景下的印度同期人均 GDP 增长速率一致；2030~2050 年的人均 GDP 年均增长速率为 3.61%，略高于基准情景下同期人均 GDP 增长速率；2050~2100 年的人均 GDP 年均增长速率为 3.18%，高于同期基准情景下的人均 GDP 增长速率；整个模拟期间 2010~2100 年印度的人均 GDP 增长速率为 3.53%，约比基准情景下的同期人均 GDP 增长速率高 0.12%。在此情景下，2100 年印度的人均 GDP 为 2.48 万美元，低于当期世界人均水平，约为当期世界人均 GDP 的 89.32%。

欧盟的人均 GDP 在 2010~2030 年的年均增长速率为 1.02%，相比较于基准情景有所下降，这与其同期的 GDP 增长速率的下降有关；2030~2050 年的人均 GDP 年均增长速率为 0.79%，与基准情景基本持平；2050~2100 年的人均 GDP 年均增长速率为 0.42%，高于同期基准情景下的人均 GDP 增长速率；整个模拟期间 2010~2100 年欧盟的人均 GDP 增长速率为 0.63%，约比基准情景高 0.06%。在此情景下，2100 年欧盟的人均 GDP 为 5.56 万美元，约为当期世界人均 GDP 的 2.00 倍。

俄罗斯的人均 GDP 在 2010~2030 年的年均增长速率为 2.64%，与基准情景增长速率一致；2030~2050 年的人均 GDP 年均增长速率为 2.59%，相比较于基准情景下同期人均 GDP 增长速率略微有所增加（约 0.01%）；2050~2100 年的人均 GDP 年均增长速率为 1.79%，高于同期基准情景下的人均 GDP 增长速率；整个模拟期间 2010~2100 年俄罗斯的人均 GDP 增长速率为 2.15%，约比基准情景下的同期人均 GDP 增长速率高 0.05%。在此情景下，2100 年俄罗斯的人均 GDP 为 5.27 万美元，约为当期世界人均 GDP 的 1.90 倍。

高收入国家的人均 GDP 在 2010~2030 年的年均增长速率为 2.60%，相比较于基准情景下的高收入国家同期人均 GDP 增长速率有所下降，与其同期的 GDP 增长速率的下降有关；2030~2050 年的人均 GDP 年均增长速率为 2.23%，相比较于基准情景下同期人均 GDP 增长速率基本持平；2050~2100 年的人均 GDP 年均增长速率为 1.47%，高于同期基准情景下的人均 GDP 增长速率；整个模拟期间 2010~2100 年高收入国家的人均 GDP 增长速率为 1.89%，约比基准情景下的同期人均 GDP 增长速率高 0.05%。在此情景下，2100 年高收入国家的人均 GDP 为 7.52 万美元，约为当期世界人均 GDP 的 2.71 倍。

中等偏上收入国家的人均 GDP 在 2010~2030 年的年均增长速率为 4.31%，相比较于基准情景下的中等偏上收入国家同期人均 GDP 增长速率有所下降，与其同期的 GDP 增长速率的下降有关；2030~2050 年的人均 GDP 年均增长速率为 2.29%，相比较于基准情景下同期人均 GDP 增长速率仍有所下降；2050~2100 年的人均 GDP 年均增长速率为 1.24%，略高于同期基准情景下的人均 GDP 增长速率；整个模拟期间 2010~2100 年中等偏上收入国家的人均 GDP 增长速率为 2.15%，与基准情景下的同期人均 GDP 增长速率基本持平。在此情景下，2100 年中等偏上收入国家的人均 GDP 为 1.82 万美元，约占当期世界人均 GDP 的 65.53%。

中等偏下收入国家的人均 GDP 在 2010~2030 年的年均增长速率为 4.71%，相比较于基准情景下的中等偏下收入国家同期人均 GDP 增长速率有所下降；2030~2050 年的人均 GDP 年均增长速率为 2.60%，相比较于基准情景下同期人均 GDP 增长速率仍然有所下降；2050~2100 年的人均 GDP 年均增长速率为 1.20%，略高于同期基准情景下的人均 GDP 增长速率；整个模拟期间 2010~2100 年中等偏下收入国家的人均 GDP 增长速率为 2.00%，低于基准情景下的同期人均 GDP 增长速率（约 0.31%）。在此情景下，2100 年中等偏下收入国家的人均 GDP 为 1.19 万美元，约占当期世界人均 GDP 的 42.86%。

低收入国家的人均 GDP 在 2010~2030 年的年均增长速率为 3.20%，相比较于基准情景下的低收入国家同期人均 GDP 增长速率有所下降；2030~2050 年的人均 GDP 年均增长速率为 1.54%，仍低于基准情景下同期人均 GDP 增长速率；2050~2100 年的人均 GDP 年均增长速率为 1.71%，略高于基准情景下的同期人均 GDP 增长速率（约 0.04%）；整个模拟期间 2010~2100 年高收入国家的人均 GDP 增长速率为 2.00%，约比基准情景下的同期人均 GDP 增长速率低 0.02%，基本与之持平。在此情景下，2100 年低收入国家的人均 GDP 为 0.82 万美元，约占当期世界人均 GDP 的 29.59%。

7.3.2 产业结构

与上文一样，关于产业结构变化趋势的分析，本节仅关注经济模型细化为 CGE 模型的 5 个主要国家：中国、美国、日本、俄罗斯和印度。图 7.15 展示了在 INDC 约束情景下 2010 年、2030 年和 2100 年主要国家分产业占比的情况。

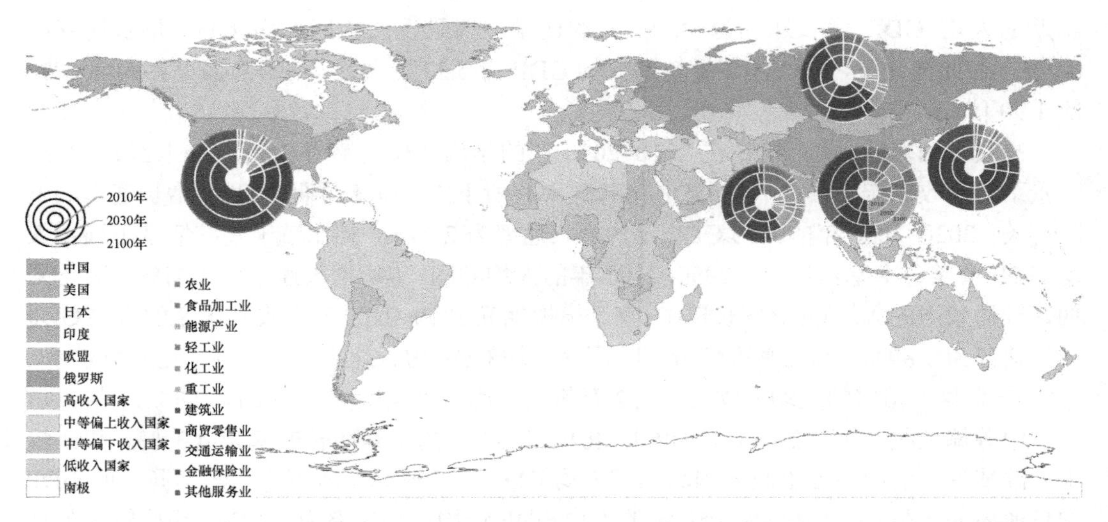

图 7.15 INDC 约束情景下主要国家 2010/2030/2100 年的分产业占比（彩图扫描封底二维码获取）

1. 中国产业结构

表 7.9 为 INDC 约束情景下中国的三大产业结构变化趋势。第一产业占比一直处于下降趋势，从 2010 年的 10.15%下降至 2100 年的 3.28%；第二产业的占比则呈现出先上升后下降的趋势，在 2050 年左右第二产业的占比达到最大值，随后开始逐渐下降，但在 2100 年第二产业的占比相比较于 2010 年仍是有所增加的；第三产业占比一直处于上升趋势，从 2010 年的 43.43%上升至 2100 年的 48.98%，超过第二产业，成为中国主要的经济支柱。

表 7.9 INDC 约束情景下中国三大产业结构的变化趋势 （单位：%）

产业	2010 年	2020 年	2030 年	2040 年	2050 年	2060 年	2070 年	2080 年	2090 年	2100 年
第一产业	10.15	8.32	6.80	5.65	4.80	4.18	3.75	3.46	3.31	3.28
第二产业	46.41	47.37	47.91	48.13	48.16	48.08	47.96	47.84	47.76	47.73
第三产业	43.43	44.31	45.29	46.22	47.04	47.74	48.30	48.70	48.93	48.98

具体到各个产业的 GDP 变化情况，表 7.10 为在 INDC 约束情景下中国各个产业的 GDP 相比较于基准情景的变化率，可以看出，在 2030 年各个产业相比较于基准情景有轻微的增加，增加比例不超过 0.1%；到 2050 年，各个产业均有小幅度的上升；在 2100 年，GDP 相对于基准情景下的变化率较大，其中房地产业、旅游业和邮电通信业增加幅

度最大，已超过 15%，农林牧渔业、社会保障业、教育业增加较少，均在 10%以下，其他产业的增幅介于 10%和 15%之间。

表 7.10　INDC 约束情景下中国分产业的 GDP 变化　（单位：%）

编号	部门	2030 年	2050 年	2100 年
1	农林牧渔业	0.08	1.43	8.75
2	采掘业	0.09	1.72	13.77
3	食品、饮料和烟草业	0.09	1.75	14.33
4	纺织及纺织制造业	0.08	1.69	13.29
5	皮革和制鞋业	0.08	1.70	13.29
6	木材业	0.09	1.73	13.90
7	纸、纸浆、造纸和印刷业	0.09	1.74	14.10
8	炼焦、成品油和核燃料业	0.09	1.75	14.31
9	化学工业	0.09	1.76	14.43
10	橡胶及塑料产品	0.09	1.74	14.12
11	其他非金属矿产业	0.09	1.73	13.85
12	金属制品业	0.09	1.76	14.50
13	机械设备业	0.09	1.72	13.67
14	电机及光学设备业	0.09	1.74	14.05
15	交通运输设备制造业	0.08	1.70	13.37
16	制造业	0.09	1.81	15.30
17	电力、燃气及水的供应业	0.09	1.79	14.95
18	建筑业	0.08	1.62	12.09
19	批发贸易和代办贸易	0.09	1.76	14.53
20	零售业，除了汽车和摩托车；家庭商品维修	0.09	1.78	14.75
21	住宿和餐饮业	0.09	1.77	14.54
22	陆运	0.09	1.77	14.52
23	水运	0.09	1.79	14.98
24	空运	0.09	1.78	14.84
25	其他支持和辅助运输业，旅游业	0.09	1.81	15.33
26	邮电通信业	0.09	1.81	15.24
27	金融业	0.09	1.74	14.22
28	房地产业	0.09	1.89	16.61
29	租赁业和其他商业活动	0.08	1.66	12.84
30	公共管理和国防，社会保障业	0.08	1.42	8.86
31	教育业	0.08	1.48	9.77
32	卫生和社会工作	0.08	1.54	10.70
33	其他社区及个人服务业	0.09	1.78	14.70

2. 美国产业结构

表 7.11 为美国在 INDC 约束情景下的三大产业结构变化趋势。第一产业占比一直处于上升趋势，从 2010 年的 0.95%上升至 2100 年的 1.03%；第二产业的占比则一直呈现

出下降的趋势，从 2010 年的 18.95%下降至 2100 年的 18.08%；第三产业占比一直处于上升趋势，从 2010 年的 80.10%上升至 2100 年的 80.89%。美国第三产业的占比在整个模拟期间的变化幅度不大，这是由于其第三产业在整个国民经济中所占的比重本来就已经很高，其在整个国民经济中的作用也将保持在这个比重不再有大幅上升。

表 7.11　INDC 约束情景下美国三大产业结构的变化趋势　　（单位：%）

产业	2010 年	2020 年	2030 年	2040 年	2050 年	2060 年	2070 年	2080 年	2090 年	2100 年
第一产业	0.95	0.97	0.98	1.00	1.01	1.01	1.02	1.02	1.02	1.03
第二产业	18.95	18.75	18.60	18.47	18.37	18.29	18.22	18.77	18.12	18.08
第三产业	80.10	80.28	80.42	80.53	80.62	80.70	80.76	80.81	80.86	80.89

表 7.12 为在 INDC 约束情景下美国各个产业的 GDP 相比较于基准情景的变化率，可以看出在 2030 年除采掘业、房地产业有轻微下降外，其他产业相比较于基准情景均没有明显变化；2050 年各个产业相比较于基准情景有轻微上升，上升比例约为 1%；2100 年各个产业相比较于基准情景变化率略有不同，值得注意的是，美国上升幅度较大的多为与第二产业相关，如采掘业，炼焦、成品油和核燃料业，电力、燃气及水的供应业；第三产业中的水运、邮电通信业、房地产业也有较明显的增加。

表 7.12　INDC 约束情景下美国分产业的 GDP 变化　　（单位：%）

编号	部门	2030 年	2050 年	2100 年
1	农林牧渔业	0.00	1.35	10.25
2	采掘业	–0.01	1.48	12.10
3	食品、饮料和烟草业	0.00	1.29	9.58
4	纺织及纺织制造业	0.00	1.26	8.87
5	皮革和制鞋业	0.00	1.25	8.67
6	木材业	0.00	1.23	8.40
7	纸、纸浆、造纸和印刷业	0.00	1.29	9.46
8	炼焦、成品油和核燃料业	0.00	1.39	11.25
9	化学工业	0.00	1.31	9.97
10	橡胶及塑料产品	0.00	1.28	9.24
11	其他非金属矿产业	0.00	1.30	9.64
12	金属制品业	0.00	1.26	8.98
13	机械设备业	0.00	1.35	10.31
14	电机及光学设备业	0.00	1.20	8.28
15	交通运输设备制造业	0.00	1.29	9.52
16	制造业	0.00	1.31	9.83
17	电力、燃气及水的供应业	0.00	1.42	11.44
18	建筑业	0.00	1.18	7.84
19	销售、保养和维修汽车和摩托车；零售燃料	0.00	1.14	7.39
20	批发贸易和代办贸易，不含汽车和摩托车	0.00	1.27	9.32
21	零售业，不含汽车和摩托车；家庭商品维修	0.00	1.29	9.38

续表

编号	部门	2030 年	2050 年	2100 年
22	住宿和餐饮业	0.00	1.31	9.49
23	陆运	0.00	1.26	9.03
24	水运	0.00	1.34	10.31
25	空运	0.00	1.24	8.70
26	其他支持和辅助运输业，旅游业	0.00	1.23	8.54
27	邮电通信业	0.00	1.34	10.21
28	金融业	0.00	1.26	9.25
29	房地产业	–0.01	1.58	13.64
30	租赁业和其他商业活动	0.00	1.22	8.49
31	公共管理和国防，社会保障业	0.00	1.21	8.23
32	教育业	0.00	1.22	8.14
33	卫生和社会工作	0.00	1.28	9.15
34	其他社区及个人服务业	0.00	1.27	9.06

3. 日本产业结构

表 7.13 为日本在 INDC 约束情景下的三大产业结构变化趋势。总体而言，日本三大产业占比的变化不明显。第一产业占比在整个模拟期间一直保持在 1.34%；第二产业的占比则一直呈现出缓慢上升的趋势，从 2010 年的 25.79%上升至 2100 年的 26.00%；第三产业占比一直处于轻微下降趋势，从 2010 年的 72.86%下降至 2100 年的 72.66%。

表 7.13　INDC 约束情景下日本三大产业结构的变化趋势　（单位：%）

产业	2010 年	2020 年	2030 年	2040 年	2050 年	2060 年	2070 年	2080 年	2090 年	2100 年
第一产业	1.35	1.34	1.34	1.34	1.34	1.34	1.34	1.34	1.34	1.34
第二产业	25.79	25.82	25.85	25.89	25.92	25.95	25.97	25.99	25.99	26.00
第三产业	72.86	72.84	72.80	72.77	72.73	72.70	72.68	72.67	72.66	72.66

表 7.14 为在 INDC 约束情景下日本各个产业的 GDP 相比较于基准情景的变化率，可以看出在 2030 年与美国类似，日本的各个产业相比于基准情景并无明显变化；在 2050 年约有 1%的增加；2100 年第二产业中增幅明显的产业有电力、燃气及水的供应业，炼焦、成品油和核燃料业，电机及光学设备业，交通运输设备制造业，其他非金属矿产业，而第三产业中的房地产业、邮电通信业、卫生和社会服务业有较明显的上升。

表 7.14　INDC 约束情景下日本分产业的 GDP 变化　（单位：%）

编号	部门	2030 年	2050 年	2100 年
1	农林牧渔业	0.00	1.39	13.30
2	采掘业	0.00	1.35	12.61
3	食品、饮料和烟草业	0.00	1.37	12.94
4	纺织及纺织制造业	0.00	1.32	11.32
5	皮革和制鞋业	0.00	1.34	11.97

续表

编号	部门	2030 年	2050 年	2100 年
6	木材业	0.00	1.34	12.15
7	纸、纸浆、造纸和印刷业	0.00	1.40	13.36
8	炼焦、成品油和核燃料业	0.00	1.45	14.73
9	化学工业	0.00	1.42	13.90
10	橡胶及塑料产品	0.00	1.37	12.64
11	其他非金属矿产业	0.00	1.43	13.90
12	金属制品业	0.00	1.38	13.02
13	机械设备业	0.00	1.39	13.23
14	电机及光学设备业	0.00	1.44	13.98
15	交通运输设备制造业	0.00	1.45	14.38
16	制造业	0.00	1.40	13.13
17	电力、燃气及水的供应业	0.00	1.50	15.40
18	建筑业	0.00	1.28	11.15
19	销售、保养和维修汽车和摩托车；零售燃料	0.00	1.18	9.33
20	批发贸易和代办贸易，不含汽车和摩托车	0.00	1.28	11.43
21	零售业，不含汽车和摩托车；家庭商品维修	0.00	1.35	12.18
22	住宿和餐饮业	0.00	1.40	13.21
23	陆运	0.00	1.36	12.57
24	水运	0.00	1.32	12.09
25	空运	0.00	1.33	12.32
26	其他支持和辅助运输业，旅游业	0.00	1.07	7.20
27	邮电通信业	0.00	1.50	15.46
28	金融业	0.00	1.30	11.85
29	房地产业	0.00	1.55	16.38
30	租赁业和其他商业活动	0.00	1.31	11.63
31	公共管理和国防，社会保障业	0.00	1.29	11.40
32	教育业	0.00	1.26	10.74
33	卫生和社会工作	0.00	1.41	13.48
34	其他社区及个人服务业	0.00	1.34	12.28

4. 印度产业结构

表 7.15 为印度在 INDC 约束情景下的三大产业结构变化趋势。第一产业占比在整个模拟期间呈现出下降趋势，从 2010 年的 16.92%下降至 2100 年的 12.62%；第二产业的占比则一直呈现出显著上升的趋势，从 2010 年的 28.14%上升至 2100 年的 36.80%；第三产业占比呈现出轻微的下降趋势，从 2010 年的 54.94%下降至 2100 年的 50.59%。对于印度而言，第二产业在其产业中所占的比重逐渐增加，将在国民经济中发挥越来越重要的作用。

表 7.15　INDC 约束情景下印度三大产业结构的变化趋势　（单位：%）

产业	2010 年	2020 年	2030 年	2040 年	2050 年	2060 年	2070 年	2080 年	2090 年	2100 年
第一产业	16.92	16.96	16.73	16.32	15.80	15.22	14.60	13.95	13.29	12.62
第二产业	28.14	29.25	30.28	31.26	32.21	33.14	34.07	34.98	35.89	36.80
第三产业	54.94	53.79	52.99	52.42	51.99	51.64	51.34	51.07	50.82	50.59

表 7.16 为在 INDC 约束情景下印度各个产业的 GDP 相比较于基准情景的变化率，可以看出在 2030 年与中国类似，印度的各个产业 GDP 均有约 0.1%的增加；而 2050 年的各个产业 GDP 相比较于基准情景则有 1%的增加；在 2100 年，印度第二产业的增加幅度相对明显，如炼焦、成品油和核燃料业，化学工业，金属制品业，交通运输设备制造业，第三产业中增加相对明显的为租赁业和其他商业活动、陆运、批发贸易和代办贸易业。

表 7.16　INDC 约束情景下印度分产业的 GDP 变化　（单位：%）

编号	部门	2030 年	2050 年	2100 年
1	农林牧渔业	0.09	1.36	10.20
2	采掘业	0.09	1.48	11.92
3	食品、饮料和烟草业	0.09	1.44	11.25
4	纺织及纺织制造业	0.09	1.28	9.01
5	皮革和制鞋业	0.09	1.29	9.09
6	木材业	0.09	1.25	8.56
7	纸、纸浆、造纸和印刷业	0.09	1.40	10.58
8	炼焦、成品油和核燃料业	0.09	1.59	13.50
9	化学工业	0.09	1.52	12.36
10	橡胶及塑料产品	0.09	1.37	10.20
11	其他非金属矿产业	0.09	1.42	10.98
12	金属制品业	0.09	1.49	12.01
13	机械设备业	0.09	1.41	10.93
14	电机及光学设备业	0.09	1.46	11.57
15	交通运输设备制造业	0.09	1.52	12.40
16	制造业	0.09	1.35	9.92
17	电力、燃气及水的供应业	0.09	1.39	10.55
18	建筑业	0.09	1.25	8.64
19	销售、保养和维修汽车和摩托车；零售燃料	0.09	1.33	9.77
20	批发贸易和代办贸易，不含汽车和摩托车	0.09	1.42	11.14
21	零售业，不含汽车和摩托车；家庭商品维修	0.09	1.21	8.14
22	住宿和餐饮业	0.09	1.40	10.74
23	陆运	0.09	1.42	11.04
24	水运	0.09	1.41	10.89
25	空运	0.09	1.41	10.87
26	其他支持和辅助运输业，旅游业	0.09	1.41	10.95
27	邮电通信业	0.09	1.38	10.40

续表

编号	部门	2030 年	2050 年	2100 年
28	金融业	0.09	1.38	10.61
29	房地产业	0.09	1.53	12.59
30	租赁业和其他商业活动	0.09	1.44	11.29
31	公共管理和国防，社会保障业	0.09	1.31	9.43
32	教育业	0.09	1.36	10.24
33	卫生和社会工作	0.09	1.26	8.87
34	其他社区及个人服务业	0.09	1.43	11.06

5. 俄罗斯产业结构

表 7.17 为俄罗斯在 INDC 约束情景下的三大产业结构变化趋势。第一产业占比在整个模拟期间呈现出先上升后下降的趋势，在 2040 年左右达到最大值 4.94%，之后逐渐下降至 2100 年的 4.53%；第二产业的占比则一直呈现出缓慢上升的趋势，从 2010 年的 32.84%上升至 2100 年的 37.03%；第三产业占比一直处于轻微下降趋势，从 2010 年的 62.45%下降至 2100 年的 58.44%。与印度一样，俄罗斯的第二产业也呈现出上升的趋势，但其上升速度明显大于印度。

表 7.17　INDC 约束情景下俄罗斯三大产业结构的变化趋势　（单位：%）

产业	2010 年	2020 年	2030 年	2040 年	2050 年	2060 年	2070 年	2080 年	2090 年	2100 年
第一产业	4.71	4.83	4.91	4.94	4.92	4.87	4.81	4.72	4.63	4.53
第二产业	32.84	33.18	33.68	34.24	34.79	35.31	35.79	36.24	36.65	37.03
第三产业	62.45	61.99	61.41	60.83	60.29	59.82	59.40	59.04	58.72	58.44

表 7.18 为在 INDC 约束情景下俄罗斯各个产业的 GDP 相比较于基准情景的变化率，与其他 4 个国家不同，在 2030 年俄罗斯的各个产业 GDP 有所下降，下降幅度约为 0.1%；这种情况到了 2050 年得到改善，其各个产业 GDP 相比较基准情景有轻微增加；在 2100 年，第二产业中增幅比较明显的产业为炼焦、成品油和核燃料业，电力、燃气及水的供应业，其他非金属矿产业，第三产业中增幅比较明显的产业为房地产业、邮电通信业、陆运。

表 7.18　INDC 约束情景下俄罗斯分产业的 GDP 变化　（单位：%）

编号	部门	2030 年	2050 年	2100 年
1	农林牧渔业	–0.09	0.12	4.48
2	采掘业	–0.09	0.12	4.68
3	食品、饮料和烟草业	–0.10	0.12	4.90
4	纺织及纺织制造业	–0.09	0.13	4.36
5	皮革和制鞋业	–0.09	0.13	4.30
6	木材业	–0.09	0.13	4.30
7	纸、纸浆、造纸和印刷业	–0.09	0.13	4.56
8	炼焦、成品油和核燃料业	–0.10	0.12	5.41
9	化学工业	–0.10	0.12	4.99

续表

编号	部门	2030 年	2050 年	2100 年
10	橡胶及塑料产品	−0.10	0.12	4.86
11	其他非金属矿产业	−0.10	0.12	5.00
12	金属制品业	−0.09	0.12	4.68
13	机械设备业	−0.09	0.13	4.44
14	电机及光学设备业	−0.09	0.13	4.42
15	交通运输设备制造业	−0.10	0.12	5.05
16	制造业	−0.09	0.13	4.48
17	电力、燃气及水的供应业	−0.10	0.11	5.74
18	建筑业	−0.09	0.13	4.14
19	销售、保养和维修汽车和摩托车；零售燃料	−0.09	0.13	4.34
20	批发贸易和代办贸易，不含汽车和摩托车	−0.09	0.13	4.37
21	零售业，不含汽车和摩托车；家庭商品维修	−0.09	0.13	3.96
22	住宿和餐饮业	−0.09	0.13	3.97
23	陆运	−0.10	0.12	5.09
24	水运	−0.10	0.12	5.04
25	空运	−0.10	0.12	5.05
26	其他支持和辅助运输业，旅游业	−0.10	0.12	5.03
27	邮电通信业	−0.10	0.12	5.27
28	金融业	−0.09	0.13	4.52
29	房地产业	−0.10	0.11	5.81
30	租赁业和其他商业活动	−0.09	0.13	3.83
31	公共管理和国防，社会保障业	−0.09	0.13	4.01
32	教育业	−0.09	0.13	4.19
33	卫生和社会工作	−0.09	0.13	4.11
34	其他社区及个人服务业	−0.10	0.12	4.75

7.3.3　地缘政治经济结构

地缘政治经济学是全球经济治理的基础，各国在国际政治上的立场随着经济立场的不同而有所改变，产业利益决定国家的国际立场，通过分析产业发展情况，从而对各国的地缘经济立场进行分析（王铮等，2015）。全球碳减排的目标实现，难免给各个减排国家的经济带来影响，继而影响其在国际谈判中的地位。因此，对全球碳减排所带来的全球经济影响，可采用在国家尺度对其产业的区位商进行计算与分析，从而寻找在全球碳减排过程中对某个区域相关产业的利益关系，进而揭示不同国家在减排过程中的利益权衡。本节区位商的计算方法如下（王铮等，2015）：

$$\mathrm{LQ}_{ij} = \frac{L_{ij} \Big/ \sum_{i=1}^{m} L_{ij}}{\sum_{i=1}^{m} L_{ij} \Big/ \sum_{i=1}^{n} \sum_{j=1}^{m} L_{ij}} \tag{7.1}$$

式中，LQ_{ij} 为 i 国家第 j 产业的区位商；n 为区域个数；m 为产业数；L_{ij} 为 i 国家第 j 产业的产出。考虑到产业的细分程度，本节分别计算了2010年、2030年、2050年和2100年中国、美国、印度、日本和俄罗斯的制造业区位商和金融业区位商，见表7.19。

表 7.19　主要国家的制造业和金融业区位商

国家	制造业区位商				金融业区位商			
	2010年	2030年	2050年	2100年	2010年	2030年	2050年	2100年
中国	1.82	1.73	1.56	1.35	0.77	0.79	0.85	0.95
美国	0.64	0.57	0.50	0.43	1.35	1.26	1.28	1.36
日本	0.85	0.77	0.69	0.60	0.78	0.77	0.80	0.87
印度	0.89	0.97	1.00	1.11	0.81	0.75	0.76	0.74
俄罗斯	1.28	1.09	0.99	0.89	0.60	0.71	0.72	0.73

结果表明，从2010~2100年，中国制造业区位商逐渐趋于减小，但在2100年的值仍大于1，表明其制造业部门的相对集中度和专业化水平较高，与全球制造业相比，具有更高的发展水平，对中国的发展起着比较重要的作用，有着良好的发展状况。美国、日本和俄罗斯的制造业区位商有所下降，其中俄罗斯在最开始的制造业区位商大于1，即其制造业发展水平高于全球平均水平，但在后期逐渐下降至全球平均水平之后。印度的制造业区位商处于不断上升阶段，在模拟后期高于全球平均水平，与中国共同成为制造业发展良好的国家。上述结果表明，在模拟期间，中国和印度是具有制造业优势的国家，而美国、日本等发达国家的制造业地位正逐渐丧失。对于金融业而言，中国的金融业区位商在模拟期间处于不断上升的趋势，尽管在2100年其金融业的发展水平仍略低于全球平均水平，但金融业发展势头良好，表明中国建立“亚投行”及“自主知识产权”的新经济政策在一定程度上会推动金融业发展。美国的金融业发展在模拟期间始终保持高于全球平均水平，模拟中间有短暂的下降，但后期增加至模拟初期的区位商水平，在金融业上的区位优势仍然很明显。日本的金融业区位商在模拟期间同样处于上升趋势，但始终低于全球平均发展水平。印度的金融业区位商不断下降，其金融业发展水平低于全球发展水平。俄罗斯的金融业区位商不断增加，在模拟期间始终低于全球发展水平。

7.3.4　累积效用

在INDC约束情景下，世界各个国家或地区的累积效用值如图7.16所示。到2100年，中国的累积效用值最大，从2010年的7284.24上升为2100年的725235.58，期间分别于2067年超过美国，2073年超过欧盟。其次为欧盟，从2010年的15868.88上升为2100年的617015.87。累积效用值排名第三的国家为美国，从2010年的13358.32上升为2100年的608329.80。中等偏上收入国家和中等偏下收入国家的累积效用值分别排在第4位和第5位，其在模拟期间累积效用值的年均增长速度分别为4.84%和5.47%。高收入国家的累积效用值上升速度较慢，2100年的累积效用值为293209.70，排在第7位，于2079年被印度超过。印度在2100年的累积效用值排在第6位。低收入国家、日本、俄罗斯的累积效用值排在最后，其中低收入国家在模拟期间的年均增长速率相对较大，但由于其初始效用值小，其在 2070 年超过日本。

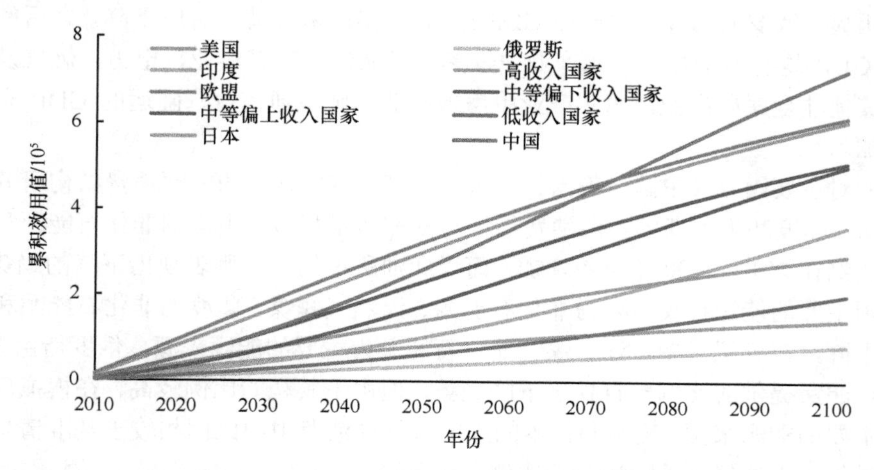

图 7.16　INDC 约束情景下世界各个国家或地区的累积效用值（彩图扫描封底二维码获取）

7.4　小　　结

针对当前世界各国提出的 INDC 减排目标，本章首先对各个国家或地区的目标减排量进行核算，再基于本书开发的系统，对世界各国目前提出的 INDC 减排目标，并将 INDC 减排目标保持至 2100 年的发展策略进行模拟，研究在 INDC 约束减排的情况下，世界各国从 2010~2100 年的经济发展、产业结构、能源使用、能源消费结构、碳排放量、累积效应值及全球气候变化的趋势。与基准情景一致，我们采用 Nordhaus 气候反馈模块和单层碳循环系统组成 INDC 约束情景下的气候系统。

在 INDC 约束情景下，对未来发展趋势的模拟结果显示如下。

（1）中国的 GDP 将在 2044 年超过欧盟，在 2051 年超过美国成为全球第一大经济体，到 2100 年其 GDP 占全世界的 22.64%；而美国、欧盟等发达国家的经济发展速度较慢，到 2100 年美国 GDP 在所有国家中排在第 2 位，欧盟则排在了第 6 位。与基准情景相比，中国、美国、日本、印度、俄罗斯、欧盟、高收入国家、中等偏上收入国家在 2100 年的 GDP 相比较于在基准情景下均有所增加，这表明碳排放带来的负面作用由于减排政策的实施而有所下降。

（2）对主要国家（中国、美国、日本、印度、俄罗斯）的产业结构研究结果表明，相比较于基准情景：中国各个产业的 GDP 均有不同程度的增加，其中房地产业、旅游业和邮电通信业增加幅度最大，农林牧渔业、社会保障业、教育业增加较少；美国采掘业、房地产业的 GDP 在 2030 年有轻微下降，之后的发展中各个产业的 GDP 均有所增加，其中增加幅度较大的如第二产业中的炼焦、成品油和核燃料业，电力、燃气及水的供应业；第三产业中的水运、邮电通信业；日本第二产业中的电力、燃气及水的供应业，炼焦、成品油和核燃料业，电机及光学设备业，交通运输设备制造业，其他非金属矿产业，第三产业中的房地产业、邮电通信业、卫生和社会服务业的 GDP 有较明显的上升；

印度第二产业的炼焦、成品油和核燃料业，化学工业，金属制品业，交通运输设备制造业，第三产业中的租赁业和其他商业活动、陆运、批发贸易和代办贸易业 GDP 上升幅度比较明显；俄罗斯的各部门产业 GDP 在 2030 年比基准情景有所下降，之后的发展中各产业 GDP 均有所增加，第二产业中炼焦、成品油和核燃料业，电力、燃气及水的供应业，其他非金属矿产业，第三产业中房地产业、邮电通信业、陆运的 GDP 有比较明显的增加。

（3）对主要国家（中国、美国、日本、印度、俄罗斯）的能源消费结构研究结果表明，中国、印度和俄罗斯的能源消费结构与基准情景相似，中国的非化石能源和天然气所占的比例在 2010~2100 年不断增加，而煤和油所占的比例则表现出下降的趋势，模拟后期中国主要的能源种类主要为非化石能源、天然气和煤。印度的非化石能源和煤的比例有所下降，在模拟后期，油、煤、非化石能源为主要的能源来源。俄罗斯由天然气、非化石能源所提供的比例一直处于下降趋势，但由于其初始比例较高，在模拟后期仍为俄罗斯主要的能源来源。美国和日本的煤所占能源消费中的比例相较于基准情景有轻微上升，而油、天然气在总能源中的比例有所下降。

（4）对主要国家（中国、美国、日本、印度、俄罗斯）制造业和金融业区位商的研究结果表明，中国的制造业区位商在模拟期间呈现出下降趋势，但其制造业在 2100 年的相对集中度和专业化水平依然高于全球平均水平。印度的制造业发展水平在 2100 年也高于全球平均水平。在金融业方面，美国的金融业区位商一直大于 1，高于全球平均发展水平；中国的金融业发展势头良好。

（5）对各国碳排放和气候变化的研究结果表明，在 INDC 约束情景下到 2100 年，全球将升温 2.61℃，相比较于基准情景下降了 0.76℃，但仍然无法实现升温 2℃的目标，全球面临严峻的碳减排形势。若要实现升温 2℃，各国需提出在 2030~2100 年的更加严格的减排方案和目标。全球碳排放量在 2030~2100 年呈现先不变后下降的趋势，2100 年的碳排放量仍然高于 2010 年水平。目标年份过后各个国家或地区的碳排放情况如下：欧盟、俄罗斯、印度、中等偏上收入国家、中等偏下收入国家、低收入国家的碳排放量将在 2030~2100 年保持其 INDC 目标排放，中国、美国和日本的碳排放则分别在 2040 年、2039 年和 2085 年后开始低于其 INDC 目标碳排放。这一现象的产生表明对于这三个国家而言，在实现 INDC 减排目标后，通过自身技术进步的带动，在经济发展的后期单位 GDP 碳排放量逐渐下降，导致其即使不对碳排放量进行政策调控，依然会出现碳排放量的下降。

参考文献

王铮，韩钰，胡敏，等. 2015. 面向全球经济治理的世界地缘政治经济结构探析. 中国科学院院刊, (06): 824-838.

Blanford G, Kriegler E, Tavoni M. 2014. Harmonization vs. fragmentation: overview of climate policy scenarios in EMF27. Climatic Change, 123(3): 383-396.

du Pont Y, Jeffery M, Gütschow J, et al. 2017. Equitable mitigation to achieve the Paris Agreement goals. Nature climate change, 7(1): 38-43.

Fawcett A, Iyer G C, Clarke L, et al. 2015. Can Paris pledges avert severe climate change. Science,

350(6265): 1168-1169.

Kuramochia T, Wakiyamab T, Kuriyama A. 2017. Assessment of national greenhouse gas mitigation targets for 2030 through meta-analysis of bottom-up energy and emission scenarios: a case of Japan. Renewable and Sustainable Energy Reviews. 77(9): 924-944.

Luderer G, Christoph R, Kriegler E, et al. 2013. Economic mitigation challenges: how further delay closes the door for achieving climate targets. Environmental Research Letters, 8(3): 34033.

Pan X, Chen W, Clarke L, et al. 2017. China's energy system transformation towards the 2 °C goal: Implications of different effort-sharing principles. Energy Policy, 103: 116-126.

Peters G P, Andrew R M, Solomon S, et al. 2015. Measuring a fair and ambitious climate agreement using cumulative emissions. Environmental Research Letters, 10(10): 105004.

Qi T, Weng Y. 2016. Economic impacts of an international carbon market in achieving the INDC targets. Energy, 109: 886-893.

Rogelj J, den Elzen M, Höhne N, et al. 2016. Paris Agreement climate proposals need a boost to keep warming well below 2℃. Nature, 534(7609): 631-639.

Rogelj J, Hare W, Lowe J, et al. 2011. Emission pathways consistent with a 2℃ global temperature limit[J]. Nature Climate Change, 1(8): 413-418.

Siagian U, Yuwono B, Fujimori S, et al. 2017. Low-carbon energy development in Indonesia in alignment with intended nationally determined contribution(INDC)by 2030. Energies, 10(1): 52.

UNFCC. 2015. Adoption of the Paris Agreement.

Wan L, Wang C, Cai W. 2016. Impacts on water consumption of power sector in major emitting economies under INDC and longer term mitigation scenarios: an input-output based hybrid approach. Applied Energy, 184: 26-39.

Wu R, Dai H, Geng Y, et al. 2016. Achieving China's INDC through carbon cap-and-trade: insights from Shanghai. Applied Energy, 184: 1114-1122.

第 8 章　总结与讨论

8.1　总　　结

为应对当前越来越严重的全球气候变化问题，人类社会积极采取措施，相互合作，以减缓气候变化。在这个过程中，对全球气候变化趋势进行预测，研究气候变化对环境、生态和经济产生的影响，分析气候变化和经济发展之间的相互作用，评估气候保护政策对于全球气候保护合作来说非常重要。在目前综合研究气候变化过程中物理学和经济学机制的模型以集成评估模型（IAM）为代表，但已有的 IAM 均存在一些缺陷，如模型中的经济体系过分简化、碳排放模块缺乏对能源消费结构的反映、技术进步模式没有内生化等。

针对当前 IAM 中存在的种种不足，本书基于动态可计算一般均衡模型，添加能源-碳排放模块，构建了一个包含经济系统、全球碳循环系统、气候反馈模块及相应的统计辅助模块的新型集成评估模型：EMRICES-2017。需要指出的是，本书的系统是在王铮课题组前期大量工作的基础上开发完成的。与之前的 MRICES 模型相比，EMRICES-2017 最大的改进之处首先在于其经济模块可以选择可计算一般均衡模型，从而能够更加准确地反映国家产业间的经济发展联系，并且在理论上保障不会由于“可行”的减排措施而引起经济危机，从而更加符合当前世界经济逆全球化的发展现象；其次，刻画了技术进步的发生，更深入反映技术进步的作用：调整产业结构和提高能源效率。

除核心的经济系统外，EMRICES-2017 系统引入 3 种全球碳循环系统（单层碳循环系统、三层碳循环系统和 S 碳循环系统）作为模型的气候系统，Nordhaus 模式和 Weitzman 模式两种气候对各国经济的反馈模式供使用者在建立模拟情景时选择。

本研究在 Visual Studio 平台下使用 C#语言，调用 Matlab 计算程序编写了 EMRICES-2017 系统，结合 ArcEngine 对计算结果进行地图展示，实现了模块选择、基础参数调整、多国碳减排方案设置、模拟结果图形显示等功能，满足模拟运行的需求。

基于 EMRICES-2017 系统，本书首先设置基准情景，各国无减排方案的约束，技术进步的速率由当年总资本存量决定，能源技术冲击采用与真实碳排放数据拟合度最高的方差值，并采用相关性分析、方差分析和 Z 检验对基准情景下 2009~2014 年的 GDP 和碳排放模拟结果与世界银行的真实值进行对比，结果表明，EMRICES-2017 模型的模拟结果与真实值之间不存在显著差异，具有良好的一致性，能够真实地反映现实世界中各国的经济和能源发展情况。本书第 5 章对无碳排放约束情景下的全世界各国发展至 2100 年的经济发展、产业结构、能源消费结构、碳排放、能源使用及全球气候变化的情况进行了基准情景的模拟。第 6 章考虑在不同的能源技术进步反映形式（①以 2009 年的能源消耗系数矩阵保持不变发展至 2100 年，无技术进步对能源消费强度的改进，②依据历史能源消费强度演化规律递推至 2100 年，能源强度变化的速率由近 15 年的速率决定）下，对全世界各国的经济发展能源使用及全球气候变化情况进行模拟，为政策制定者提供不同能源技术进步情景的参考依据。第 7 章针对当下各国提出的 INDC 减排目标，对实现 INDC 减排目标后发展至 21 世纪末的世界各国的经济发展、能源使用及全球气候变化情况进行模拟。本书得出的结论如下所述。

8.1.1　基准情景

本书的基准情景没有碳排放政策的约束，能源技术进步的随机冲击值采用与现实碳排放数据最为接近时的取值，得到的结果如下所述。

（1）中国的 GDP 将在 2046 年超过欧盟，在 2051 年超过美国成为全球第一大经济体。在 2100 年，10 个国家或地区的 GDP 总量排序为中国、美国、中等偏下收入国家、印度、欧盟、中等偏上收入国家、高收入国家、低收入国家、日本、俄罗斯。

（2）第一产业占比下降是大多数国家经济结构发展的基本规律，其中，中国、印度的第一产业占比下降较明显；发展中国家的产业结构变动幅度往往要大于发达国家，而变动幅度随着模拟时间的推移逐渐减小。中国、印度和俄罗斯的第二产业占比在模拟期间依然保持上升趋势，尽管中国初始第二产业占比基数大，但印度的第二产业占比增加速度远远大于中国和俄罗斯，在模拟的后期其第二产业占比与中国的第二产业占比接近。在模拟的后期，随着发展中国家经济的快速发展，发达国家逐渐失去其在国际经济体系中的地位，继而无法支撑其原有的产业结构。本书所模拟的产业结构变化趋势与基于全球一般均衡模型所得的结果有所不同，差别最大的为第三产业并未表现出一直增加的趋势，这表明在各国一般均衡框架下，各个国家会倾向于做出对本国经济有利的选择。

（3）中国的能源种类中，非化石能源和天然气所占的比例在 2010~2100 年不断增加，而煤所占的比例则整体上表现出下降的趋势，油所占的比例则整体上表现出先上升后下降的趋势，模拟后期煤、天然气和非化石能源成为中国主要的能源种类。美国的非化石能源比例在模拟过程中呈现出上升趋势，成为其主要的能源种类，同样处于上升趋势的能源为煤，成为第二大能源种类，油和天然气所占的比例处于一直下降的趋势。日本 4 种类型能源的分配比较接近，每种能源所占的比例约为总能源的 1/4。印度的非化石能源比例一直处于下降趋势，在模拟后期，煤、油为其主要的能源来源。俄罗斯由油提供的能源比例一直处于下降趋势，且在模拟后期在总量中占的比例很小，俄罗斯煤和油所提供的能源在模拟期间增长缓慢，其主要能源种类为天然气和非化石能源。

（4）到 2100 年，全球地表温度将升高 3.37℃。中国碳高峰出现在 2033 年，欧盟的碳高峰出现在 2028 年，俄罗斯的碳高峰出现在 2072 年，印度的碳高峰出现在 2059 年，中等偏上收入国家的碳高峰出现在 2057 年，中等偏下收入国家的碳高峰出现在 2076 年，低收入国家的碳排放量保持不断上升的趋势，美国和日本的碳排放则呈现出一直下降的趋势。能源产业、化学工业和重工业的减排潜力和减排空间较大，食品加工业和建筑业的减排潜力较小。

8.1.2　不同技术进步情景

对于不同技术进步水平对能源强度影响的描述，本书进行了两种极端情景的模拟。一种为无技术进步自由情景：能源技术没有任何进步，即各个国家的能源消耗系数矩阵保持 2009 年的水平不变发展至 2100 年；一种为技术进步历史演变情景，能源技术进步的速率保持最近 15 年的速率不变发展至 2100 年，即能源强度的数据由历史能源强度数据对数拟合而来。

基于无技术进步自由排放情景，对未来发展趋势的模拟结果显示如下。

（1）与基准情景相比，各国的 GDP 均有较大改变。其中，中国在 2087 年左右经济增长出现衰退，而美国的经济则在 2074 年左右呈现出下降趋势，欧盟、日本和中等偏上收入国家的经济分别在 2082 年、2054 年和 2088 年左右呈现出下降趋势。这一结果表明，如果当前世界各国不减少其 CO_2 的排放，自由地进行排放，势必会在未来对世界的经济增长产生不利的影响。因此，实行碳减排政策，不仅是对全球气候治理的贡献，更是对自身经济发展的一种贡献。

（2）美国的第一产业占比有轻微增加，俄罗斯的第一产业占比呈现出先上升后下降的趋势，中国、日本和印度的第一产业占比均有所下降。中国、印度和俄罗斯的第二产业占比在模拟期间依然保持上升趋势，印度的第二产业占比增加速度远远大于中国和俄罗斯，在模拟的后期其第二产业占比已超过俄罗斯。美国、日本的第三产业占比变化不大，印度和俄罗斯的第三产业占比有所下降，中国的第三产业占比则一直处于上升趋势。

（3）到 2100 年，全球将升温 4.92℃，这也是最大限度的升温值。中国的碳高峰出现在 2086 年，美国的碳排放高峰出现在 2073 年，日本的碳排放高峰出现在 2053 年，高收入国家的碳高峰出现在 2036 年，中等偏上收入国家的碳高峰出现在 2056 年，中等偏下收入国家的碳高峰出现在 2074 年。印度、俄罗斯、低收入国家的碳排放则呈现出一直上升的趋势。

基于历史演化情景，对未来发展趋势的模拟结果显示如下。

（1）中国的 GDP 将在 2041 年超过美国，在 2046 年超过欧盟成为全球第一大经济体，2100 年，10 个国家或地区的 GDP 总量排序为中国、中等偏下收入国家、欧盟、美国、中等偏上收入国家、印度、高收入国家、低收入国家、俄罗斯、日本。

（2）第一产业占比下降是大多数国家经济结构发展的基本规律。中国、印度和俄罗斯的第二产业占比在模拟期间依然保持上升趋势，尽管中国初始第二产业占比基数大，但印度的第二产业占比增加速度远远大于中国和俄罗斯，在模拟的后期其第二产业占比已超过俄罗斯。日本第二产业占比呈现出先下降后上升的趋势，与基准情景下日本的第二产业发展情景相似。美国、日本的第三产业占比变化不大，印度和俄罗斯的第三产业占比有所下降，中国的第三产业占比则一直处于上升趋势。

（3）到 2100 年，全球地表温度上升幅度为 3.06℃，与基准情景相比下降了 0.31℃。中国和日本的碳排放则是呈现出先下降后上升的趋势。全球碳排放量在模拟过程中呈现先上升后下降的趋势，2069 年达到碳排放高峰。美国、俄罗斯的碳排放一直为下降趋势，低收入国家、印度的碳排放一直为上升趋势，中等偏下收入国家、中等偏上收入国家、欧盟、高收入国家呈现出先上升后下降的趋势，中等偏上收入国家的碳高峰出现在 2057 年，中等偏下收入国家的碳高峰出现在 2077 年，欧盟的碳高峰出现在 2028 年，高收入国家的碳高峰出现在 2036 年。

8.1.3　INDC 约束情景

在 INDC 约束情景下，各个国家减排方案的设置分为两阶段，自 2017~2030 年（美国为 2025 年），各国依据其 INDC 目标进行减排约束；2030 年后各国保持其 INDC 减排目标不增加保持至 2100 年，模拟的结果显示如下。

（1）中国的 GDP 将在 2044 年超过欧盟，在 2051 年超过美国成为全球第一大经济体。2100 年世界国家或地区的经济排名顺序为中国、美国、印度、中等偏下收入国家、欧盟、中等偏上收入国家、高收入国家、低收入国家、日本、俄罗斯。与基准情景相比，印度的经济有所提升，超越中等偏下收入国家成为世界第三大经济体。与基准情景相比，中国、美国、日本、印度、俄罗斯、欧盟、高收入国家、中等偏上收入国家在 2100 年的 GDP 相比较于在基准情景下均有所增加，这表明碳排放带来的负面作用由于减排政策的实施而有所下降。

（2）相比较于基准情景，中国各个产业的 GDP 均有不同程度的增加，其中房地产业、旅游业和邮电通信业增加幅度最大，农林牧渔业、社会保障业、教育业增加较少；美国采掘业、房地产业的 GDP 在 2030 年有轻微下降，之后的发展中各个产业的 GDP 均有所增加，其中增加幅度较大的有第二产业中的炼焦、成品油和核燃料业，电力、燃气及水的供应业，第三产业中的水运、邮电通信业；日本第二产业中的电力、燃气及水的供应业，炼焦、成品油和核燃料业，电机及光学设备业，交通运输设备制造业，其他非金属矿产业，第三产业中的房地产业、邮电通信业、卫生和社会服务业的 GDP 有较明显的上升；印度第二产业中的炼焦、成品油和核燃料业，化学工业，金属制品业，交通运输设备制造业，第三产业中的租赁业和其他商业活动、陆运、批发贸易和代办贸易业 GDP 上升幅度比较明显；俄罗斯的各部门产业 GDP 在 2030 年比基准情景有所下降，之后的发展中各产业 GDP 均有所增加，第二产业中炼焦、成品油和核燃料业，电力、燃气及水的供应业，其他非金属矿产业，第三产业中房地产业、邮电通信业、陆运的 GDP 有比较明显的增加。

（3）中国、印度和俄罗斯的能源消费结构与基准情景相似，中国的非化石能源和天然气所占的比例在 2010~2100 年不断增加，而煤和油所占的比例则表现出下降的趋势，模拟后期中国主要的能源种类主要为非化石能源、天然气和煤。印度的非化石能源和煤的比例有所下降，在模拟后期，油、煤、非化石能源为主要的能源来源。俄罗斯由天然气、非化石能源所提供的比例一直处于下降趋势，但由于其初始比例较高，在模拟后期仍为俄罗斯主要的能源来源。美国和日本的煤占能源消费中的比例相较于基准情景有轻微上升，而油、天然气在总能源中的比例有所下降。

（4）对金融业和制造业的区位商模拟结果表明，模拟期间，中国和印度的制造业发展良好，拥有较高相对集中度和专业化水平；中国的金融业在模拟期间发展良好，美国在金融业方面的优势在模拟期间始终很高。

（5）到 2100 年，全球气温将升高 2.61℃，相比较于基准情景下降了 0.76℃。若要实现升温 2℃，各国在 2030~2100 年需提出更加严格的减排方案和目标。

8.2　与全球经济一体化的对比

本书所开发的系统最大的创新点在于实现了自主经济体经济增长特征的描述，通过 GDP 溢出将不同的经济体间进行关联，不同于以往的全球经济一般均衡发展的模型，可以详细刻画各个经济体达到均衡时的国际发展情况。同时实现技术进步内生化，在能源技术进步中引入随机冲击，从而更加细致地刻画单个经济体的碳排放。将本书得到的模拟结果与全球经济一般均衡发展的模型所得到的结果（顾高翔，2014）进行对比分析，由于两种模型的地区分类略有不同，因此对地区的结果对比仅包含中国、美国、日本、印度、俄罗斯和欧盟，主要的对比分析结果如下所述。

（1）从国家 GDP 的模拟角度来看，在本书各国经济自治的模型中，模拟所得的中国、俄罗斯和印度的 GDP 略低于全球一般均衡模型中同期的 GDP 值；而美国、欧盟和日本的 GDP 在各国经济自治模型中则略高于全球一般均衡模型中同期的 GDP 值。我们认为其中一个原因是在全球一般均衡模型中，其 GDP 采用的是 2005 年不变价格的产值，而本书采用的是 2009 年不变价格的产值。

（2）从单一国家碳排放量的模拟角度来看，本书模拟所得的中国碳高峰年份与基于全球一般均衡模型的模拟年份接近，但碳高峰时的碳排放量低于全球一般均衡的结果；本书模型中欧盟在模拟期间的碳排放下降比例（41.67%）略低于各国全球一般均衡的模拟结果（53.09%）；俄罗斯的碳排放高峰要远远晚于全球一般均衡模型的模拟结果，且在模拟后期的碳排放量高于全球一般均衡的碳排放量；本书的模拟结果中美国在模拟期间碳排放的下降比例（75.18%）要高于全球一般均衡发展框架下同期比例（50.08%）；本书得到的日本碳排放量在模拟期间下降了 33.33%，低于全球一般均衡发展框架下同期下降比例（68.75%）；本书的印度碳排放量的上升比例要小于全球一般均衡发展的上升比例。

（3）基准情景对全球碳排放浓度模拟结果表明，本书模拟的 2100 年全球 CO_2 浓度上升到 644.42ppmv，与基于全球一般均衡发展的集成评估模型得到 2100 年全球 CO_2 浓度上升到 632.34ppmv 基本一致，均表明在当前发展情景下，全球面临着十分严峻的减排形势。

（4）与全球一般均衡发展的模拟结果相比，大多数国家的产业结构变化均有所不同，区别较大的在于在自主经济体均衡发展的条件下，个别国家的第三产业并没有表现出持续增加，第二产业也未能呈现持续下降的趋势，如中国和印度的第二产业在整个模拟期间一直保持增加趋势。这表明优先考虑国内经济一般均衡发展的情况下，国家的经济发展状况与优先考虑全球一体化经济发展的状况是不一致的。

（5）这里需要特别指出的是，基于各国经济自治的发展模型，在无技术冲击的自由排放情景下，美国的 GDP 将在 2074 年出现衰退，这表明若不采取减排措施，不采取相应的技术进步，美国的经济在 2100 年将相比较于基准情景下降 160560 亿美元。这一点在全球一般均衡发展的模型中是模拟不出来的。

8.3　讨　论

本书通过构建主要国家的 CGE 模型以反映现实经济的“各顾各”发展特点，增加了能源消费结构以细致地描述碳排放量的计算，完成了 EMRICES-2017 系统的开发，并基于该系统，探讨了不同情景下的全球气候变化及经济发展趋势。但无论是对于模型的发展还是全球减排的研究，还有许多地方有待进一步完善。

（1）限于数据的获取问题，本书开发的 EMRICES-2017 系统中仅将中国、美国、日本、印度、俄罗斯的经济模块扩展为 CGE 模型，而未能实现所有国家或地区的经济模块更新为 CGE 模型。

（2）在对能源技术进步的模拟方面仍有很大的发展空间，本书主要讨论的是能源消费结构对碳排放的影响，但是从能源供给方面来看，未考虑到不同能源品种的能源技术及不同能源间的替代成本，如清洁能源和传统能源的不同，煤炭利用效率及发电技术差异。

（3）对 INDC 减排目标的情景分析中，我们假定各个国家均可以实现其 INDC 减排目标，但并未对其如何实现进行相应的分析研究，后续的研究中可考虑碳税等减排政策如何实施，才能帮助各个国家或地区实现 INDC 减排目标。

（4）对于全球减排而言，目前 INDC 的约束下，到 2100 年仍然不能实现地表温度上升 2℃的目标，因此，各个国家或地区在 2030~2100 年如何设置减排方案以实现 2℃目标，同样值得在未来进行探索研究。

参 考 文 献

顾高翔. 2014. 全球经济互动与产业进化条件下的气候变化经济学集成评估模型及减排战略——CINCIA 的研发与应用. 中国科学院大学博士学位论文.

附录 A　EMRICES-2017 中区域划分表

	名称	包含国家
0	中国	中国
1	美国	美国
2	日本	日本
3	欧盟	奥地利、比利时、保加利亚、爱沙尼亚、爱尔兰、马耳他、塞浦路斯、克罗地亚、捷克共和国、丹麦、芬兰、法国、德国、希腊、匈牙利、意大利、拉脱维亚、立陶宛、卢森堡、荷兰、波兰、葡萄牙、罗马尼亚、斯洛伐克共和国、斯洛文尼亚、西班牙、瑞典、英国①
4	俄罗斯	俄罗斯
5	印度	印度
6	高收入国家	阿拉伯联合酋长国、阿鲁巴、阿曼、安道尔共和国、安提瓜和巴布达、澳大利亚、巴巴多斯、巴哈马、巴林、百慕大、北马里亚纳群岛、冰岛、波多黎各、大韩民国、法罗群岛、法属波利尼西亚、格陵兰、关岛、海峡群岛、加拿大、卡塔尔、开曼群岛、科威特、库拉索、列支敦士登、马恩岛、美属维京群岛、摩纳哥、瑙鲁共和国、挪威、瑞士、塞舌尔、沙特阿拉伯、圣基茨和尼维斯、圣马丁（法属）、圣马丁(荷属)、圣马力诺、特克斯科斯群岛、特立尼达和多巴哥、文莱达鲁萨兰国、乌拉圭、新加坡、新喀里多尼亚、新西兰、以色列、英属维尔京群岛、直布罗陀、智利
7	中等偏上收入国家	阿尔及利亚、阿根廷、阿塞拜疆、安哥拉、巴拉圭、巴拿马、巴西、白俄罗斯、波斯尼亚和黑塞哥维那、伯利兹、博茨瓦纳、赤道几内亚、多米尼加共和国、多米尼克、厄瓜多尔、斐济、哥伦比亚、哥斯达黎加、格林纳达、格鲁吉亚、古巴、圭亚那、哈萨克斯坦、黑山、加蓬、黎巴嫩、利比亚、马尔代夫、马来西亚、马其顿共和国、马绍尔群岛、毛里求斯、美属萨摩亚、秘鲁、墨西哥、纳米比亚、南非、帕劳、塞尔维亚、圣卢西亚、圣文森特和格林纳丁斯、苏里南、泰国、图瓦卢、土耳其、土库曼斯坦、委内瑞拉玻利瓦尔共和国、牙买加、伊拉克、伊朗伊斯兰共和国、约旦
8	中等偏下收入国家	阿拉伯埃及共和国、阿拉伯叙利亚共和国、巴布亚新几内亚、巴基斯坦、玻利维亚、不丹、东帝汶、菲律宾、佛得角、刚果（布）、洪都拉斯、基里巴斯、吉布提、吉尔吉斯斯坦、加纳、柬埔寨、喀麦隆、科索沃、科特迪瓦、肯尼亚、莱索托、老挝、毛里塔尼亚、蒙古、孟加拉国、密克罗尼西亚联邦、缅甸、摩尔多瓦、摩洛哥、尼加拉瓜、尼日利亚、萨尔瓦多、萨摩亚、圣多美和普林西比、斯里兰卡、斯威士兰、苏丹、所罗门群岛、塔吉克斯坦、汤加、突尼斯、瓦努阿图、危地马拉、乌克兰、乌兹别克斯坦、亚美尼亚、也门共和国、印度尼西亚、约旦河西岸和加沙、越南、赞比亚
9	低收入国家	阿富汗、埃塞俄比亚、贝宁、布基纳法索、布隆迪、朝鲜民主主义人民共和国、多哥、厄立特里亚、冈比亚、刚果（金）、海地、几内亚、几内亚比绍共和国、柬埔寨、津巴布韦、科摩罗、利比里亚、卢旺达、马达加斯加、马拉维、马里、莫桑比克、南苏丹、尼泊尔、尼日尔、塞拉利昂、索马里、坦桑尼亚、乌干达、乍得、中非共和国

① 本书采用的数据均为英国未脱欧前，因此在欧盟分类中仍包含英国。

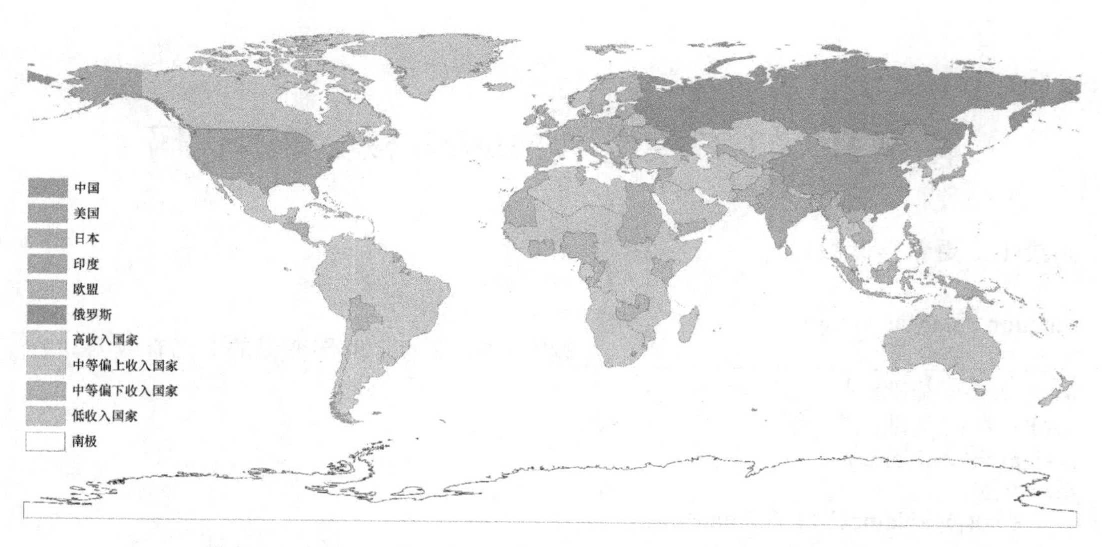

附表　EMRICES-2017中区域划分表（彩图扫描封底二维码获取）

附录B　CGE 模型中 Matlab 核心计算代码

附录 I　更新存储数据

```
function dataMat_Gengxin
%________________________________删除 CGE 国家中美国变量的原已有数据
load('..\所有基础数据\美国\Vrb.mat');
load('..\所有基础数据\美国\VarName.mat');
N=length(VarName);
for i=1:N
    eval([VarName{i,1},'(:,2:end)=[];']);
end
CO2EmissionUSA=[];CEmissionUSA=[];
save('..\所有基础数据\美国
\Vrb.mat','A','AXing','CoG','CoR','E','CO2EmissionUSA','CEmissionUSA','EoE','EoR','EToR','
GToR','II','INV','IU','K','L','M','P','r','SoG','SoE','SoW','TD','TH','TX','w','WoR','X','SoR','VA');
%________________________________删除 CGE 国家中日本变量的原已有数据
load('..\所有基础数据\日本\Vrb.mat');
load('..\所有基础数据\日本\VarName.mat');
N=length(VarName);
for i=1:N
    eval([VarName{i,1},'(:,2:end)=[];']);
end
CO2EmissionJPN=[];CEmissionJPN=[];
save('..\所有基础数据\日本
\Vrb.mat','A','AXing','CoG','CoR','E','CO2EmissionJPN','CEmissionJPN','EoE','EoR','EToR','
GToR','II','INV','IU','K','L','M','P','r','SoG','SoE','SoW','TD','TH','TX','w','WoR','X','SoR','VA');
%________________________________删除 CGE 国家中俄罗斯变量的原已有数据
load('..\所有基础数据\俄罗斯\Vrb.mat');
load('..\所有基础数据\俄罗斯\VarName.mat');
N=length(VarName);
for i=1:N
    eval([VarName{i,1},'(:,2:end)=[];']);
end
CO2EmissionRUS=[];CEmissionRUS=[];
save('..\所有基础数据\俄罗斯
\Vrb.mat','A','AXing','CoG','CoR','E','CO2EmissionRUS','CEmissionRUS','EoE','EoR','EToR','
GToR','II','INV','IU','K','L','M','P','r','SoG','SoE','SoW','TD','TH','TX','w','WoR','X','SoR','VA');
%________________________________删除 CGE 国家中印度变量的原已有数据
load('..\所有基础数据\印度\Vrb.mat');
load('..\所有基础数据\印度\VarName.mat');
N=length(VarName);
```

```
for i=1:N
    eval([VarName{i,1},'(:,2:end)=[];']);
end
CO2EmissionIND=[];CEmissionIND=[];
save('..\所有基础数据\印度
\Vrb.mat','A','AXing','CoG','CoR','E','CO2EmissionIND','CEmissionIND','EoE','EoR','EToR','
GToR','II','INV','IU','K','L','M','P','r','SoG','SoE','SoW','TD','TH','TX','w','WoR','X','SoR','VA');
%________________________________删除 CGE 国家中中国变量的原已有数据
load('..\所有基础数据\中国\Vrb.mat');
load('..\所有基础数据\中国\VarName.mat');
N=length(VarName);
for i=1:N
    eval([VarName{i,1},'(:,2:end)=[];']);
end
CO2EmissionCHN=[];CEmissionCHN=[];
save('..\所有基础数据\中国
\Vrb.mat','A','AXing','CoG','CoR','E','CO2EmissionCHN','CEmissionCHN','EoE','EoR','EToR',
'GToR','II','INV','IU','K','L','M','P','r','SoG','SoE','SoW','TD','TH','TX','w','WoR','X','SoR','VA');

%________________________________删除气候模块已有数据
load('Qihou.mat');
deltaO=[];deltaSo=[];deltaV=[];l=[];M=[];Npp=[];O=[];Of=[];Os=[];So=[];T=[];To=[];V=[];
save('Qihou.mat','deltaO','deltaSo','deltaV','l','M','Npp','O','Of','Os','So','T','To','V');

%________________________________删除其他国家已有数据
load('..\所有基础数据\其他国家\OtherCountry.mat');
A=[];AXing=[];CEmission=[];K=[];L=[];Q=[];speedA=[];speedL=[];Z=[];
save('..\所有基础数据\其他国家
\OtherCountry.mat','A','K','L','Z','Q','speedA','speedL','AXing','CEmission');
```

附录Ⅱ　计算系数矩阵

```
function CGEM=USAComputeCoeff(yearn)
load('a.mat');
%____________________________________________变量赋值并记录变量所占位置
t=yearn-2009+1;
startn=1;
endn=0;
load('Vrb.mat');
load('VarName.mat');
load('ParName.mat');
NVar=length(VarName);
for ii=1:NVar
    n=VarName{ii,3};
    endn=endn+n;
    eval([VarName{ii,1}, '_column', '=[startn:endn];']);
    startn=endn+1;
end
```

```
%==========================================================读取参数的信息
load('Prm.mat');
%==========================================================开始计算系数
矩阵
N34=34; %适用于分产业的方程
N1=1; %适用于不分产业的方程
CGEM=zeros(1,endn);
%------------------------------------------------------------
%f01 X+M-IU-CoR-CoG-INV-E=0
f01=N34; %方程数
   f01_row=(1:f01); %所在行数
  CGEM(f01_row,X_column)=eye(34);
  CGEM(f01_row,M_column)=diag(M(:,t)./X(:,t));
  CGEM(f01_row,IU_column)=-diag(IU(:,t)./X(:,t));
  CGEM(f01_row,CoR_column)=-diag(CoR(:,t)./X(:,t));
  CGEM(f01_row,CoG_column)=-diag(CoG(:,t)./X(:,t));
  CGEM(f01_row,INV_column)=-diag(INV(:,t)./X(:,t));
  CGEM(f01_row,E_column)=-diag(E(:,t)./X(:,t));
%-----------------------------------------------------------------------
  %f02 IU-∑aji*Xi=0
  f02=N34; %方程数
f02_row=(f01_row(f01)+1:f01_row(f01)+f02); %所在行数
  for i=1:34
        for j=1:34
              CoefX02(i,j)=a(i,j)*X(j,t)/IU(i,t);
        end
  end
  CGEM(f02_row,IU_column)=-eye(34);
  CGEM(f02_row,X_column)=CoefX02;
%-----------------------------------------------------------------
  % f03=P*CoR=γ*P+β*（INoR-∑P*γ）
  f03=N34;
  f03_row=(f02_row(f02)+1:f02_row(f02)+f03);
 sum=0;
 for j=1:34
       temp=gamma_R(j,t);
       sum=sum+temp;
 end
 INoR=WoR(1,t)+EoR(1,t)+EToR(1,t)+GToR(1,t);
 for i=1:34
       CoeWoR03(i)=beta_R(i,t)*WoR(1,t)/INoR;
       CoeEoR03(i)=beta_R(i)*EoR(1,t)/INoR;
       CoeEToR03(i)=beta_R(i)*EToR(1,t)/INoR;
       CoeGToR03(i)=beta_R(i)*GToR(1,t)/INoR;
       CoeCoR03(i)=CoR(i,t)/INoR;
 end
  CGEM(f03_row,WoR_column)=CoeWoR03;
  CGEM(f03_row,EoR_column)=CoeEoR03;
```

```
  CGEM(f03_row,EToR_column)=CoeEToR03;
  CGEM(f03_row,GToR_column)=CoeGToR03;
  CGEM(f03_row,CoR_column)=-diag(CoeCoR03);
%------------------------------------------------------------------
% f05 VA=ALαK(1-α)
   f05=N34;
f05_row=(f03_row(f03)+1:f03_row(f03)+f05);
CGEM(f05_row,A_column)=eye(34);
CGEM(f05_row,L_column)=diag(alphaL);
CGEM(f05_row,K_column)=diag(1-alphaL);
CGEM(f05_row,VA_column)=-eye(34);
CGEM(f05_row,AXing_column)=eye(34);
%------------------------------------------------------------------
 % f06 r=(1-α）ALαK(α)
   f06=N34;
f06_row=(f05_row(f05)+1:f05_row(f05)+f06);
CGEM(f06_row,A_column)=eye(34);
CGEM(f06_row,L_column)=diag(alphaL);
CGEM(f06_row,K_column)=-diag(alphaL);
CGEM(f06_row,r_column)=-eye(34);
%CGEM(f06_row,Pva_column)=eye(34);
CGEM(f06_row,AXing_column)=eye(34);
%------------------------------------------------------------------
 % f07 w=αAL(α-1)K(1-α)
   f07=N34;
f07_row=(f06_row(f06)+1:f06_row(f06)+f07);
CGEM(f07_row,A_column)=eye(34);
CGEM(f07_row,L_column)=diag(alphaL-1);
CGEM(f07_row,K_column)=diag(1-alphaL);
CGEM(f07_row,w_column)=-eye(34);
CGEM(f07_row,AXing_column)=eye(34);
%------------------------------------------------------------------
 % f08 TX=Pva*t_TX*VA
   f08=N34;
f08_row=(f07_row(f07)+1:f07_row(f07)+f08);
CGEM(f08_row,VA_column)=eye(34);
CGEM(f08_row,TX_column)=-eye(34);
%------------------------------------------------------------------
 % f09 P*X=Pva*VA+TX+II
   f09=N34;
f09_row=(f08_row(f08)+1:f08_row(f08)+f09);
 for i=1:34
       CoeVA09(i)=VA(i,t)/X(i,t);
       CoeII09(i)=II(i,t)/X(i,t);
       CoeP09(i)=P(i,t);
     CoeX09(i)=P(i,t);
       CoeTX09(i)=TX(i,t)/X(i,t);
 end
 CGEM(f09_row,VA_column)=diag(CoeVA09);
CGEM(f09_row,II_column)=diag(CoeII09);
```

```
 CGEM(f09_row,P_column)=-diag(CoeP09);
 CGEM(f09_row,TX_column)=diag(CoeTX09);
 CGEM(f09_row,X_column)=-diag(CoeX09);
 %-----------------------------------------------------------------
 % f11 WoR=∑wL
  f11=N1;
for j=1:34
     wL(1,j)=w(j,t)*L(j,t)/WoR(1,t);
end
 f11_row=(f09_row(f09)+1:f09_row(f09)+f11);
CGEM(f11_row,WoR_column)=-1;
 CGEM(f11_row,w_column)=wL;
 CGEM(f11_row,L_column)=wL;
 %-----------------------------------------------------------------
 % f12 ∑rK=EoR+EoE
  f12=N1;
for j=1:34
     rK(1,j)=r(j)*K(j,t)/EoR(1,t);
end
  f12_row=(f11_row(f11)+1:f11_row(f11)+f12);
  CGEM(f12_row,r_column)=rK;
  CGEM(f12_row,K_column)=rK;
  CGEM(f12_row,EoR_column)=-1;
  CGEM(f12_row,EoE_column)=-EoE(1,t)/EoR(1,t);
 %-----------------------------------------------------------------
 % f17 WoR+EoR+EToR+GToR=∑CoR+TH+SoR
 f17=N1;
%所在行数
sum=WoR(1,t)+EoR(1,t)+EToR(1,t)+GToR(1,t);
for i=1:34
     CoeCoR17(i)=CoR(i,t)/sum;
     CoeP17(i)=P(i,t)*CoR(i,t)/sum;
end
  f17_row=(f12_row(f12)+1:f12_row(f12)+f17);
  CGEM(f17_row,WoR_column)=-WoR(1,t)/sum;
  CGEM(f17_row,EoR_column)=-EoR(1,t)/sum;
  CGEM(f17_row,EToR_column)=-EToR(1,t)/sum;
  CGEM(f17_row,GToR_column)=-GToR(1,t)/sum;
  CGEM(f17_row,SoR_column)=SoR(1,t)/sum;
  CGEM(f17_row,TH_column)=TH(1,t)/sum;
  CGEM(f17_row,CoR_column)=CoeCoR17;
%-----------------------------------------------------------------
% f21 EoE=TD+SoE+EToR
     f21=N1;
  f21_row=(f17_row(f17)+1:f17_row(f17)+f21);
  CGEM(f21_row,EoE_column)=-1;
  CGEM(f21_row,TD_column)=TD(1,t)/EoE(1,t);
  CGEM(f21_row,SoE_column)=SoE(1,t)/EoE(1,t);
  CGEM(f21_row,EToR_column)=EToR(1,t)/EoE(1,t);
 %-----------------------------------------------------------------
```

```
 % f23 ∑TX+TH+TD=∑CoG+GToR+SoG
    f23=N1;
sum=0;
 for i=1:34
       sum=sum+TX(i,t);
 end
 SumG=sum+TH(1,t)+TD(1,t);
  for i=1:34
        CoeCoG23(1,i)=CoG(i,t)/SumG;
        CoeP23(1,i)=P(i,t)*CoG(i,t)/SumG;
        CoeTX23(1,i)=TX(i,t)/SumG;
  end
  f23_row=(f21_row(f21)+1:f21_row(f21)+f23);
  CGEM(f23_row,TX_column)=CoeTX23;
  CGEM(f23_row,TH_column)=TH(1,t)/SumG;
  CGEM(f23_row,TD_column)=TD(1,t)/SumG;
  CGEM(f23_row,CoG_column)=-CoeCoG23;
  CGEM(f23_row,GToR_column)=-GToR(1,t)/SumG;
  CGEM(f23_row,SoG_column)=-SoG(1,t)/SumG;
%-----------------------------------------------------------------
 % f26 ∑INV=SoR+SoE+SoG+SoW;
    f26=N1;
sum=SoR(1,t)+SoE(1,t)+SoG(1,t)+SoW(1,t);
 for i=1:34
       CoeINV26(1,i)=INV(i,t)/sum;
 end
 f26_row=(f23_row(f23)+1:f23_row(f23)+f26);
  CGEM(f26_row,SoR_column)=-SoR(1,t)/sum;
  CGEM(f26_row,SoE_column)=-SoE(1,t)/sum;
  CGEM(f26_row,SoG_column)=-SoG(1,t)/sum;
  CGEM(f26_row,SoW_column)=-SoW(1,t)/sum;
  CGEM(f26_row,INV_column)=CoeINV26;
%-----------------------------------------------------------------
 % f27 INV=λX
 f27=N34;
  f27_row=(f26_row(f26)+1:f26_row(f26)+f27);
 CGEM(f27_row,INV_column)=eye(34);
 CGEM(f27_row,X_column)=-eye(34);
%-----------------------------------------------------------------
 %   f28 ∑M=∑E+SoW
     f28=N1;
   f28_row=(f27_row(f27)+1:f27_row(f27)+f28);
 sum=0;
  for i=1:34
  sum=sum+M(i,t);
  end
   for i=1:34
         CoeM28(1,i)=M(i,t)/sum;
         CoeE28(1,i)=E(i,t)/sum;
   end
```

```
  CGEM(f28_row,M_column)=-CoeM28;
  CGEM(f28_row,E_column)=CoeE28;
 CGEM(f28_row,SoW_column)=SoW(1,t)/sum;
%--------------------------------------------------------------------
 %f29 II=∑aij*Pi*Xj
 f29=N34;
f29_row=(f28_row(f28)+1:f28_row(f28)+f29);
 CoefX29=zeros(34,1);
for i=1:34
        sum=0;
        for j=1:34
              %Coet=a(j,i);
              Coet=a(j,i)*P(j,t);
              sum=sum+Coet;
        end
              CoefX29(i)=sum;
end
for j=1:34
      for i=1:34
            CoefP29(j,i)=a(i,j)*P(i,t);
      end
end
   CGEM(f29_row,II_column)=-diag(II(:,t)./X(:,t));
   CGEM(f29_row,P_column)=CoefP29;
   CGEM(f29_row,X_column)=diag(CoefX29);
%----------------------------------------------------------------
save('GGEM.mat','CGEM');
```

附录III　获取内外生变量矩阵

```
function [CGEN,CGEX,KFirst,AXingFirst]=USAComputeCGEN(FileRoad,Country)
load([FileRoad,Country,'\CGEM.mat']);
[nrow,ncol]=size(CGEM);
all_col=(1:ncol);
all_row=(1:nrow);
exC=[]; %外生变量所在列
load([FileRoad,Country,'\Vrb.mat']);[a_num,~]=size(A);
load([FileRoad,Country,'\VarName.mat']);
load([FileRoad,Country,'\ParName.mat']);
N=length(VarName);
startn=1;
endn=0;
for i=1:N
      n=VarName{i,3};
      endn=endn+n;
      eval([VarName{i,1}, '_column', '=[startn:endn];']);
      startn=endn+1;
      if(VarName{i,2}==0)   %等于 0 为外生，1 为内生
            exC=[exC,eval([VarName{i,1}, '_column'])];
```

```
    end
end
enC=setdiff(all_col,exC);  %内生变量位置
CGEN=CGEM(all_row,enC);    %内生矩阵
CGEX=CGEM(all_row,exC);    %确立外生矩阵
for i=1:length(exC)
if exC(i)==K_column(1)
    KFirst=i;
end
end
for i=1:length(exC)
if exC(i)==AXing_column(1)
    AXingFirst=i;
end
end
```

附录Ⅳ　CGE运算

```
function [ChangeGDP,CEmissionUSA]=USACGE(yearn,FileRoad,Country,AXingVS)
load([FileRoad,Country,'\delta.mat']);
At1(1)=1;
    load([FileRoad,Country,'\Vrb.mat']);
    load([FileRoad,Country,'\At1.mat']);
    i=yearn-2009+1;
    %______________________________________________计算每年的系数矩阵
    CGEM=USAComputeCoeff(yearn,FileRoad,Country);  %调用计算系数矩阵的方法
    [NN,MM]=size(CGEM);
    NS=-NN+MM;
    ChangeEX=zeros(NS,1);    %设置一个全为0的列矩阵，外生变量变化率矩阵
    [a_num,~]=size(A);
    Ibi=zeros(a_num,1);
    for j=1:a_num
        Ibi(j,i)=K(j,i)/sum(K(:,i));
    end
    Kt1=(1-delta)*K(:,i)+sum(INV(:,i))*Ibi(:,i);
load([FileRoad,Country,'\betaA0.mat']);
load([FileRoad,Country,'\betaA1.mat']);
if i==1
    AjishuZ(1)=betaA1(1)*log(sum(K(:,i)))+betaA1(2);
    Ajishu=zeros(a_num,1);
    for ii=1:a_num
        Ajishu(1,ii)=AjishuZ(1)^(betaA0(ii));
    end
end
    AjishuZ(i+1)=betaA1(1)*log(sum(Kt1))+betaA1(2);
    for ii=1:a_num
            Ajishu(i+1,ii)=AjishuZ(i+1)^(betaA0(ii));
    end
```

```
    if i>1
        AjishuZ(i)=betaA1(1)*log(sum(K(:,i)))+betaA1(2);
        for ii=1:a_num
        Ajishu(i,ii)=AjishuZ(i)^(betaA0(ii));
        end
    end
    ChangeEX(1:a_num)=(Ajishu(i+1,:)-Ajishu(i,:))./Ajishu(i,:);  %全要素生产率的变化速率
    [CGEN,CGEX,KFirst,AXingFirst]=USAComputeCGEN(FileRoad,Country);
    ChangeEX(KFirst:KFirst+a_num-1)=(Kt1-K(:,i))./K(:,i);
    if AXingVS==0
        At1(i+1)=1;
    else
        At1(i+1)=AXingVS;
    end
    ChangeEX(AXingFirst:AXingFirst+33)=(At1(i+1)-At1(i))/At1(i);  %设置 AXing 的变化率
    ChangeV=-inv(CGEN)*(CGEX*ChangeEX);
    [CEmissionUSA]=USAUpdateData(ChangeV,ChangeEX,yearn,FileRoad,Country);
load([FileRoad,Country,'\Vrb.mat']);
    ChangeGDP=sum(VA(:,i+1))*0.001;
save([FileRoad,Country,'\At1.mat'],'At1');
```

附录 V　更新计算结果

```
function [CEmissionUSA]=USAUpdateData(ChangeV,ChangeEX,year,FileRoad,Country)
exv=[];%所有外生变量的流量数据
env=[];%所有内生变量的流量数据
t=year-2009+2;
%____________________________________________________读取流量值
load([FileRoad,Country,'\EmissionIntensity.mat']);
load([FileRoad,Country,'\Vrb.mat']);[a_num,~]=size(A);
load([FileRoad,Country,'\Prm.mat']);
load([FileRoad,Country,'\VarName.mat']);
load([FileRoad,Country,'\ParName.mat']);
N=length(VarName);
startn=1;
endn=0;
for i=1:N
    n=VarName{i,3};
    endn=endn+n;
    startn=endn+1;
    if(VarName{i,2}==0)  %等于 0 为外生，1 为内生
        if VarName{i,3}==a_num
        exv=[exv;eval([VarName{i,1},'(:,t-1)'])];
        elseif VarName{i,3}==1
        exv=[exv;eval([VarName{i,1},'(1,t-1)'])];
        end
```

```
        else
            if VarName{i,3}==a_num
            env=[env;eval([VarName{i,1},'(:,t-1)'])];
            elseif VarName{i,3}==1
            env=[env;eval([VarName{i,1},'(1,t-1)'])];
            end
        end
end
ChangeQVN=env.*(1+ChangeV); %内生变量的流量值
QVX=exv.*(1+ChangeEX); %外生变量的流量值
n1=1;n2=1;%参数赋值储存时年份加 1
for i=1:N
    if(VarName{i,2}==0)  %0 为外生，1 为内生
        n11=VarName{i,3}+n1-1;
        f=QVX(n1:n11);
        if VarName{i,3}==a_num
            eval([VarName{i,1},'(:,t)=f;'])
        elseif VarName{i,3}==1
            eval([VarName{i,1},'(1,t)=f;'])
        end
        n1=1+n11;
    else
        n21=VarName{i,3}+n2-1;
        f=ChangeQVN(n2:n21);
        if VarName{i,3}==a_num
            eval([VarName{i,1},'(:,t)=f;'])
        elseif VarName{i,3}==1
            eval([VarName{i,1},'(1,t)=f;'])
        end
        n2=n21+1;
    end
end
for i=1:a_num
    gamma_R(i,t)=CoR(i,t)*0.37614;
end
sumGamma=0;
for i=1:a_num
    sumGamma=sumGamma+P(i,t)*gamma_R(i,t);
end
for i=1:a_num

beta_R(i,t)=(P(i,t)*CoR(i,t)-P(i,t)*gamma_R(i,t))/(WoR(1,t)+EoR(1,t)+GToR(1,t)+EToR(1,t)-
sumGamma);
end
load([FileRoad,Country,'\EI.mat']);
for ii=1:a_num
    EmissionIntensity(ii,t)=EIa(ii)*(1+EIb(ii))^(year-2009+1);
end
CO2EmissionUSA(t,1)=X(:,t)'*EmissionIntensity(:,t)*10^(-6); %计算得到 CO2 排放量，单位
```

为 GtC.

```
CCEmissionUSA=CO2EmissionUSA*12/44;
CEmissionUSA=CCEmissionUSA(t);
save([FileRoad,Country,'\Vrb.mat'],'A','AXing','CoG','CoR','E','CO2EmissionUSA','CEmission
USA','EoE','EoR','EToR','GToR','II','INV','IU','K','L','M','P','r','SoG','SoE','SoW','TD','TH','TX',
'w','WoR','X','SoR','VA');
save([FileRoad,Country,'\Prm.mat'],'alphaL','beta_R','gamma_R','t_TX');
save([FileRoad,Country,'\EmissionIntensity.mat'],'EmissionIntensity');
```